U0167051

排桩整流技术研究
及其在通航水流条件中的应用

何贞俊　傅志浩　李勇　王建平　张金明　著

中国水利水电出版社
www.waterpub.com.cn
·北京·

内 容 提 要

本书共分为 7 章,内容包括绪论、圆桩水流规律分析、排桩水流特性研究、引航道口门区排桩特性研究、排桩整流技术在水利枢纽工程船闸口门区的应用研究、排桩整流技术在潮汐河口中的应用、结语等。书中着重阐述了排桩整流技术的水流特性和技术原理,并介绍了该技术在枢纽船闸口门区和潮汐河口中的应用情况。

本书既可为从事水利工程、港口航道等工作的工程技术人员进行工程方案设计优化时提供参考,也可为高等院校相关专业的研究生进行学习研究时提供借鉴。

图书在版编目(CIP)数据

排桩整流技术研究及其在通航水流条件中的应用 /
何贞俊等著. -- 北京 : 中国水利水电出版社,2021.1
ISBN 978-7-5170-9409-8

Ⅰ. ①排… Ⅱ. ①何… Ⅲ. ①水利工程－导流－排桩
－研究②水利工程－导流－排桩－应用－通航－水流条件
－研究 Ⅳ. ①TV551.1②U697.1

中国版本图书馆CIP数据核字(2021)第024626号

书　　名	排桩整流技术研究及其在通航水流条件中的应用 PAIZHUANG ZHENGLIU JISHU YANJIU JI QI ZAI TONGHANG SHUILIU TIAOJIAN ZHONG DE YINGYONG
作　　者	何贞俊　傅志浩　李勇　王建平　张金明　著
出版发行	中国水利水电出版社 (北京市海淀区玉渊潭南路 1 号 D 座　100038) 网址:www. waterpub. com. cn E-mail:sales@waterpub. com. cn 电话:(010) 68367658(营销中心)
经　　售	北京科水图书销售中心(零售) 电话:(010) 88383994、63202643、68545874 全国各地新华书店和相关出版物销售网点
排　　版	中国水利水电出版社微机排版中心
印　　刷	清淞永业(天津)印刷有限公司
规　　格	184mm×260mm　16 开本　14.5 印张　353 千字
版　　次	2021 年 1 月第 1 版　2021 年 1 月第 1 次印刷
定　　价	**76.00** 元

前言

在水利开发与航运发展相结合的要求下，交通运输部提出了"以航运为主，航电结合，以电促航"的水利工程建设项目形式，通过在通航河道上修建航电枢纽，分段确保航道水深，通过船闸连接上下游，以达到对整个河流航道渠化的目的。介于船闸引航道和连接段之间的口门区，是沟通船闸进出及河道自由航行河段的起连通纽带作用的区域。在引航道隔流建筑物末端，口门区河段的过流断面因存在突扩或突缩而发生水流扩散或束窄现象，形成口门区斜向流；河道主流与引航道内低流速水体存在相对流速，在压力梯度作用下形成翻滚的回流区。为确保过闸船只、船队的安全通航，相关规范对船闸口门区需满足的水流条件做出了详细的规定。通常需在口门区与河道主流区之间设置整流措施，以调整口门区的水流条件。传统的整流措施功能单一、施工复杂、耗时久且造价高，本书对目前常见的导航墙、隔流墙和导流墩等整流措施进行了概念整合，提出了排桩整流的思路，结合现有的施工技术，在满足通航水流条件的前提下实现船闸口门区整流措施快速、简便地施工。本书即是对排桩整流技术研究和应用的成果总结。

本书围绕船闸口门区排桩整流技术的关键技术问题，对我国航道概况与通航标准进行梳理，以圆桩水流规律和排桩水流特性为基础，对排桩水流影响因素进行分析，通过物理模型试验对排桩在引航道下游口门区的水流特性进行了研究，提出了排桩的推荐布置方法，并成功地应用于西江大藤峡水利枢纽、柳江红花水电站二线船闸、左江山秀水电站二线船闸、潮汐影响下的白花头水利枢纽等工程。

全书共7章，第1章对我国航道概况与通航标准进行了梳理，结合现有的通航整流措施提出了排桩整流的思路；第2章对圆桩水流规律进行了分析；第3章对排桩水流特性进行了分析；第4章通过宽水槽物理模型试验研究了排桩布置角度和间隔对口门区流速分布的影响规律，提出了排桩整流方案的推荐布置原则；第5章主要论述了排桩整流技术在水利枢纽工程船闸口门区的应用；第6章主要论述了排桩整流技术在潮汐河口中的应用；第7章对排桩整流技术的应用限制条件和优化方向进行了补充说明。

　　本书第1章和第7章由何贞俊执笔，第2章、第3章和第4章由张金明执笔，第5章第1节由李勇执笔，第5章第2节和第6章由傅志浩执笔，第5章第3节和第4节由王建平执笔。全书由何贞俊构思、提出编写大纲并统稿，由王建平定稿。

　　书中的主要研究工作是在陈文龙、陈荣力、吴小明教授的悉心指导下完成的，同时还得到了李亮新、谢宇峰、杨芳、何用等领导的关心与支持，在此表示衷心的感谢！

　　最后强调的是，由于通航水流条件非常复杂，诸多问题还有待深入研究，希望本书能起到抛砖引玉的作用。受作者水平等多种因素所限，书中不足之处在所难免，恳请读者批评指正。

作者

2020 年 10 月

目录

第 1 章

绪　　论

内河航运作为一种具有悠久历史的运输方式，在中华五千年文明历史的长河中，对推动社会进步、经济发展、文化交流等都发挥了巨大作用。内河航运是水上运输的一个重要组成部分，也是连接内陆腹地和沿海地区的纽带。与其他运输方式相比，内河航运对环境污染小，设施建设少占或不占地，Ⅳ级以上的航道具有通过能力大、运输成本低、适于开展规模化运输等优势。而且内河航运更适于集装箱、大宗物资、受道路等运输条件限制的大件与重件及危险品的运输。内河航运自身的特点和优势使其成为综合运输体系中的重要运输方式之一。但内河航运也有运输速度慢、运输环节多、受自然条件影响大、服务范围受河流自然分布和航运条件制约等局限性，这就要求不断提高主要航道的技术等级，改善通航条件。

截至 2010 年年末，我国基本达到规划等级的高等级航道约占总里程的 54%，较 2005 年提高约 10%。内河货运市场保持快速增长，内河货运量年均增长速度超过 10%，货物周转量年均增速达到 14.2%。近年来，中央和地方推出了一系列沿江河开发战略，产业沿江河聚集趋势明显，带动了内河货运量快速增长，全国内河货运量年均增速超过 10%，集装箱和汽车滚装港口吞吐量年均增速超过 18%。同时，长江、西江、京杭运河等内河航道条件的改善，为沿线地区承接产业转移提供了重要支撑，内河水运与沿江河产业发展的良吐互动不断增强。

1.1　研究意义

在水利开发与航运发展相结合的要求下，交通运输部提出了"以航运为主，航电结合，以电促航"的水利工程建设项目形式，即内河航电枢纽工程。通过在通航河道上不同的梯度位置建坝，修建航电枢纽，分段确保航道水深，通过船闸连接上下游，以达到对整个河流航道渠化的目的。航电枢纽既可从根本上改善内河航道条件，并利用大坝挡水发电，也能同时兼顾防洪、灌溉、坝顶交通、水产养殖和旅游，充分体现了对水资源的综合利用，同时对实现内河航运的可持续发展，实施流域滚动、综合开发有着十分重要的意义。

天然河道中修建水利枢纽后，为了满足通航要求，经常要设置船闸或者升船机等过船建筑物，在它们的进出口，是介于船闸引航道和连接段之间区域的口门区。口门区是沟通船闸进出及河道自由航行河段的起连通纽带作用的区域，是船舶出入引航道区段的必经之路。该区段沟通引航道里面的静水与河道里面的动水，受到分水、泄水建筑物等条件的影响，使得航道断面在下游口门区放宽，在上游处缩窄，所以这个区段的水流易发生弯曲变形，形成斜向水流。斜向水流作用于船舶侧面，不利于船舶的航行，容易将船舶带离航向，当斜流过大、与航线夹角大于临界值时，将造成船舵失控，甚至发生冲撞翻船等事故。

为了满足一定的目标水流条件，使船舶安全顺畅地进出口门区，国内外工程技术人员研究和开发了多种整流措施，其中浚深河道和拓宽过流断面是最传统的措施，但是其工程量较大，通常不作为首选措施；设置丁坝潜坝整流通常只能改变丁坝潜坝前后局部的水流条件，在通航整治中其应用范围非常有限；设置导航墙、隔流墙和导流墩是目前最常用的措施，已有大量的工程实践，配以其他辅助措施能够基本解决通航中的水流问题。

但是目前对于导航墙、隔流墙和导流墩的研究，完全着眼于改善水流条件，没有与施工相结合，其施工过程都需先做围堰排干施工场地，然后进行地基处理再浇筑，施工复杂、耗时久、造价高。事实上导航墙、隔流墙和导流墩这些整流措施都只具有改善水流条件这一单一功能，如何结合现有的施工技术，在满足水流条件的前提下快速、简便施工，是提出排桩概念的出发点。

1.2　航道概况

内河航运是最古老的运输方式之一，是内陆腹地与沿海地区、内陆地区之间连接的重要纽带，是综合运输体系和水资源综合利用的重要组成部分。积极倡导发展内河水运，符合建设资源节约型、环境友好型社会的要求。与其他运输方式相比，内河航运具有运量大、占地少、成本低、能耗小、污染少等优势。内河航运的基本要素是航道、通航建筑物、港口和船舶。近年来，内河航道、港口设施建设取得了显著成绩，内河航运货运量持续增长，运输船舶大型化、标准化趋势明显，内河航运进入了快速发展的较好时期。目前，全国形成了以长江、珠江、京杭运河、黄河、黑龙江和松辽水系为主体的内河水运布局，"两横一纵两网十八线"的格局初步形成。我国内河航道通航里程如图 1.2.1 所示。

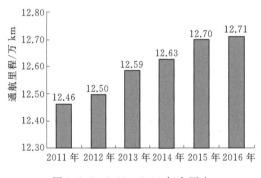

图 1.2.1　2011—2016 年全国内河航道通航里程

与欧洲和美国同等级内河航道相比，我国内河航道里程最短，单位国土面积的密度和人均密度最小。因此，我国内河航道还有较大的发展空间。我国内河船舶船型杂乱（大约有 3000 种），船舶平均吨位较低（约 260t）。欧洲 300~4500t 机动货船只有 16 种基本船型，驳船主要有 4 种船型，机动货船平均吨位 828t。美国驳船主要有 5 种船型，机动货船平均吨位 1700t。我国内河船舶船型杂乱的情况大大削弱了内河航运运量大、能耗小、成本低的优势。

表 1.2.1 美国、欧洲、中国内河航道比较

国家和地区	面积 /万 km²	人口 /亿人	V 级以上内河 航道长度/km	面积密度 /(km/万 km²)	人均密度 /(km/万人)
美国	937	3	41000	43.7	1.33
欧洲	1010	4.59	37000	36.6	0.81
中国	960	13	60400	25.6	0.46

我国内河航运与发达国家的主要差距表现为"三低":高等级航道比重低、船舶平均吨位低、货运周转量密度低。2011 年我国运输物流总费用约为 8.4 万亿元,占 GDP 的比重达 17.8%,远高于发达国家平均 10% 的水平(美国只有 7.7%),其中内河航运发展相对落后、成为综合运输体系的"短板"是一个重要原因。这充分印证了交通运输部关于"我国内河航运发展相对滞后,是综合运输体系中的薄弱环节,直接影响各种运输方式比较优势和组合效率的充分发挥"的科学判断,因此,大力发展内河航运具有重要的现实意义和深远的历史意义。

我国的内河航道主要有长江航道、珠江航道、黄河航道、黑龙江和松花江航道、京杭运河。

(1)长江航道。长江是我国内河运输的大动脉,长江水系通航里程约为 5.7 万 km,与许多铁路、公路干线及海运相连接,组成全国最大的交通运输网,在我国经济、战备上都有极其重要的地位。1998 年水系完成货运量 5.5 亿 t,完成货运周转量 1365 亿 t·km。

宜宾合江门至宜昌下临江坪为上游航道,习称川江,长 1055.0km,属山区河流,多为石质河床,航道弯曲狭窄,滩多流急,流态紊乱。宜宾合江门至重庆羊角滩全长 384km,航道技术等级为 Ⅲ 级,航道养护类别为一类航道养护,航标配布类别为一类航标配布。重庆羊角滩至宜昌下临江坪,全长 671km,目前航道技术等级为 Ⅱ 级,航道养护类别为一类航道养护,航标配布类别为一类航标配布。宜昌下临江坪至武汉长江大桥为中游航道,全长 612.5km,该段有芦家河、枝江、江口、太平口、武桥等 10 多个重点浅水道,航道技术等级为 Ⅱ 级,航道养护类别为一类航道养护,航标配布类别为一类航标配布。武汉长江大桥至浏河口段,全长 1020.1km,目前航道技术等级为 Ⅰ 级,航道养护类别为一类航道养护,航标配布类别为一类航标配布。

(2)珠江航道。1980 年统计,珠江流域有通航河道 1088 条,通航里程计 14156km,其中主要航道 79 条,通航里程 7154km。通航 1000t 级船舶的航道长 757km,通航 300~500t 级航道 948km,通航 100~300t 级航道 1546km。广州至黄埔通航 3000~5000t 级海轮,黄埔至珠江出海航道通航 10000~25000t 级远洋轮船。

(3)黄河航道。黄河航运价值远不如长江、珠江等河流。贵德以上基本不能通航,贵德到中卫间只通皮筏,中卫-银川、西小召-河口、龙门-孟津及孟津-陶城铺间可通木船,陶城铺-垦利间可通小轮,垦利以下航道水浅则不通航。

(4)黑龙江和松花江航道。黑龙江在中国境内的通航里程约 2200km。松花江是黑龙江最大支流,可通航里程达 1500km,航运价值较大。黑龙江、松花江全年有冰封期 5~6 个月,冰封期间虽不能通航船只,但可发展东北地区特有运输方式——冰上运输。

(5)京杭运河。京杭运河是世界上开凿最早、路线最长的一条人工运河。它的修通在

一定程度上弥补了中国缺少南北纵向天然航道之不足，对沟通中国南北物资交流有重要作用。京杭运河自兴修以来，几经变动，20世纪50年代以来不断整治，季节性通航里程已达1100km，自邳县以南660km终年通航。

1.3 通航标准

通航相关规范如下：

(1)《船闸总体设计规范》(JTJ 305—2001)。

(2)《船闸输水系统设计规范》(JTJ 306—2001)。

(3)《渠化工程枢纽总体布置设计规范》(JTS 182-1—2009)。

(4)《内河通航标准》(GB 50139—2014)。

(5)《通航建筑物水力学模拟技术规范》(JTJ/T 235—2003)。

(6)《内河航道与港口水流泥沙模拟技术规程》(JTJ/T 232—1998)。

(7)《长江干线通航标准》(JTS 180—4—2015)。

1.3.1 内河航道相关标准

《通航建筑物应用基础研究》一书中提出了内河航运水流条件判别标准，认为该标准受多种因素的制约，如航道的等级、船舶（队）的操纵性能、船型、船队的组成、载量、驾引技术、航道段特性等。通航水流判别标准在不同的国家，不同的河流和航段，以及船舶技术发展的不同阶段，应有与之相应的通航水流条件判别标准。

20世纪50年代，我国航运部门曾根据当时的船舶航行实践经验，要求流速不超过3m/s。对万吨级船队而言，这个标准难以满足上水航行要求，因为相应的船队静水航速为3.15m/s，在3m/s流速条件下是无法上行的。但对现行川江船队（2×1500t、3×1000t，静水航速4.4~4.9m/s）却又是适合的。因为，航行条件是流态、波浪、流速、水面比降等水力要素共同作用于船体所产生的综合效应，所以，难以硬性规定统一标准。

三峡工程航运专家组进而建议流速2.1m/s、2.3m/s、2.5m/s，相应比降分别为3.0‰、2.0‰、1.0‰，航深3.5m，单行航宽100m，航道曲率半径1000m，流量20000m³/s（保证率大于50%）等指标，为三峡工程规划的万吨船队汉渝直达（上水为半载）的通航水流技术标准，具体见表1.3.1。

1.3.2 船闸引航道相关标准

引航道是船闸的组成部分，它的功能是连接船闸与河流、水库、湖泊中航道的过渡段，我国有关部门为了船舶（队）在引航道的航行、停泊及避让安全，提出了引航道水流条件的限值及系缆力的标准。

(1) 3000t级船闸系缆力应满足：纵向系缆力不大于46kN，横向系缆力不大于32kN。2000t级船舶系缆力应满足：纵向系缆力不大于40kN，横向系缆力不大于20kN。1000t级船舶系缆力应满足：纵向系缆力不大于32kN，横向系缆力不大于16kN。500t级船舶系缆力应满足：纵向系缆力不大于25kN，横向系缆力不大于13kN。

表 1.3.1　　　　　　　　　　　　长江河段几种代表船队技术参数表

船队组成	载重量/t	吃水深/m	对水航速/(m/s)	
			最大值	常用值
1+9×1000t	9000	2.3	3.42	3.24
	4500	1.4	3.75	3.55
	空载	0.6	4.21	3.99
1+6×1000t	6000	2.3	4.02	3.18
	3000	1.4	4.27	4.04
	空载	0.6	4.72	4.47
1+3×1000t	3000	2.3	3.42	3.24
	1500	1.4	3.85	3.65
	空载	0.6	4.37	4.14

（2）引航道导航和调顺段内宜为静水，制动段和停泊段的水面最大流速纵向应不大于 0.5m/s，横向应不大于 0.15m/s。

（3）船闸灌泄水时，上游引航道中最大纵向流速应不大于 0.5～0.8m/s，下游引航道中应不大于 0.8～1.0m/s。

（4）据"八五"国家科技攻关采用标准，引航道内非恒定流水面波动高度小于 0.5m、比降小于 0.4‰。

1.3.3　引航道口门区相关标准

各国学者均提出了口门区通航水流条件的基本要求（标准）。

（1）米哈依诺夫著的《船闸》一书中，提出了安全通航条件的两点规定：①水流方向与航道航线之间的夹角 $\theta \leqslant 15° \sim 20°$；②航道线上水流速度的最大值 $V_y \leqslant 2 \sim 2.5$m/s，横向流速 $V_x \leqslant 0.2 \sim 0.3$m/s，环流（即回流）速度 $V_回 \leqslant 0.4 \sim 0.5$m/s。

（2）苏联《船闸设计规范》（1975 年版）规定，航道上最大纵向流速，对Ⅰ级、Ⅱ级水道 $V_y \leqslant 1.5$m/s，对于各级水道在引航道入口断面（包括引航道内）处，垂直于航道轴线横向流速 $V_x \leqslant 0.25$m/s，在引航道口门区范围内的 $V_x \leqslant 0.4$m/s。进入引航道的自航船及顶推船队，受水流和风力作用，所产生的扭力矩，不应大于船舶（队）舵效所能克服的扭力矩。

（3）苏联《船闸设计规范》（1980 年版）规定，引航道与水库（或河流）的连接段内，超干线及干线上航道允许 $V_y = 2.5$m/s、$V_x \leqslant 0.4$m/s，地方航道及地方小河航道允许 $V_y = 2.0$m/s、$V_x = 0.4$m/s。

（4）美国主要依靠船模航行试验判断水流情况是否影响航行。如俄亥俄河上的贝维利船闸下游引航道口门外纵向流速、横向流速及回流流速分别达 2.28m/s、0.3m/s、0.5m/s，对船队进出口门尚无影响。

（5）美国通过"水电站泄流对船闸下游引航道流场影响"的研究，提出了航行条件的临界允许值。当回流长度为任意值时，回流流速应小于 0.3m/s，当回流长度小于船舶长度的一半时，回流流速应小于 0.61m/s。

（6）美国陆军工程兵团工程师手册《浅水航道规划设计》中提到，经验表明：涡流超过 0.305m/s 是有害的，影响船舶（队）航行安全的程度取决于涡流的强度和驾驶人员的经验。

（7）德意志联邦水工研究所十分重视水利枢纽的平面布置，进行了大量的口门布置形式试验，得出口门区的横向流速一般控制在 0.3m/s 左右。在"莱茵河伊赛次海姆水利枢纽船闸外港的模型试验"一文中，对允许的横向流速进行了严格的研究，除给定条件的水流因素之外，还必须考虑到航道宽度、传动功率、操作灵活程度以及船的航速等因素，在这些因素有利的情况下可允许横向流速超过 0.3m/s。

（8）我国于 20 世纪 50—60 年代，在进行水利枢纽通航建筑物进出口条件试验研究中认识到天然航道水流的复杂性和船舶性能的变化，在寻求安全通航水流条件的同时，从船舶（队）的适航性、稳定性等方面研究船舶（队）的安全指标，提出了航速指标、舵效指标、横移指标、横倾指标、摇摆指标、船舶结构强度指标，以及船舶动力指标等，这些水力指标与船舶航行安全指标，作为优化进出口布置形式的判据，将有效地改善门口区的航行条件。

（9）20 世纪 70 年代，针对葛洲坝水利枢纽中船闸进出口布置，进行了实船和模型试验，研究改善水流条件的措施，规定了流速的限值和范围。在编制《船闸设计规范》（JTJ 261—1987）过程中，对船闸的通航条件进行了较全面的研究，进行了实船、船模及船模动态校核等项试验，得到了船舶（队）进出口门时安全的水力条件，并由试验得到顶推船队不同航速时相应的允许横向流速限值，该关系为 $V_{航}=8.51V_x$，并要求船队在不均匀的横流航区，当发生偏转运动时，船队舵的转动力矩应大于横向流速对船体的转动力矩，这些试验成果为制定船闸设计规范提供了依据。

（10）《船闸总体设计规范》（JTJ 305—2001）规定，引航道口门区水面最大流速限值，对一～四级船闸，平行于航线的纵向流 $V_y \leqslant 2$m/s，垂直于航线的横向流速 $V_x \leqslant 0.3$m/s，回流速度 $V_回 \leqslant 0.4$m/s；对五～七级船闸 $V_y \leqslant 1.5$m/s，$V_x \leqslant 0.25$m/s。

（11）我国自 20 世纪 70 年代开始，应用遥控自航船模及操纵模拟器等新技术，将研究船闸引航道口门区的斜流效应及减小横流的措施提高到一个新水平。同时，提出了相应的规定，如船舶（队）航行漂角 $\beta \leqslant 10°$、船队航行操舵 $\delta \leqslant 20°$ 等。

1.3.4 船闸连接段相关标准

船闸引航道口门外连接段是主航道与引航道口门区间航道的纽带，定义为引航道口门区末端至恢复原河道水流流态和流速分布前的一段航道。

（1）《渠化工程枢纽总体布置设计规范》（JTS 182-1—2009）提出了两点规定：①最大表面纵向流速满足设计船舶船（队）自航通过的要求；②横向流速不影响设计船舶船（队）的安全操纵。水流流速应满足船舶（队）自航要求，就是能满足天然航道的流速，鉴于船舶（队）一般能克服天然航道 2.5～3.0m/s（甚至 3.0m/s 以上）的水流速度，这些要求显然与推轮的功率大小有关。

（2）在《船闸总体设计规范》（JTJ 305—2001）中，对于连接段的通航水流条件，仍参照引航道口门区的标准。另外还要求引航道口门外有足够距离的清晰视野；引航道中心线与河流的主流流向之间的夹角应尽量缩小，在没有足够资料的情况下，此夹角不宜大于25°。

（3）在交通运输部天津水运工程科学研究所"船闸引航道口门外连接段航道通航水流条件研究"专题报告中认为：口门外连接段通航水流条件仍然采用纵向流速、横向流速和回流流速指标衡量，其相应标准建议值为：Ⅲ级航道纵向流速 $V_y \leqslant 2.6 \text{m/s}$，横向流速 $V_x \leqslant 0.45 \text{m/s}$；Ⅳ级航道 $V_y \leqslant 2.5 \text{m/s}$，$V_x \leqslant 0.4 \text{m/s}$；Ⅴ级航道 $V_y \leqslant 2.4 \text{m/s}$，$V_x \leqslant 0.35 \text{m/s}$；当连接段回流范围接近船舶（队）长度时，回流流速 $V_{回} \leqslant 0.3 \text{m/s}$。

（4）《内河通航标准》（GB 50139—2014）中：口门区外连接段航道通航水流条件应符合以下规定：对于一～四级船闸，纵向流速 $V_y \leqslant 2.5 \text{m/s}$、横向流速 $V_x \leqslant 0.45 \text{m/s}$，当连接段回流尺度接近船舶（队）长度时，回流流速 $V_{回} \leqslant 0.3 \text{m/s}$。连接段是口门区至主航道的过渡性河段，其通航水流条件流速限值应在口门区与内河航河道两个标准之间，即 $V_{口门} < V_{连接段} < V_{内河航道}$。

1.4 研究进展

1.4.1 航道水流条件整治研究进展

航道整治建筑物是通过调整和控制水流，稳定有利河势，以达到改善航道航行条件的目的的建筑。航道整治建筑物在航道整治工程中具有十分重要的作用。

航道整治建筑物按牢固程度可分为重型航道整治建筑物和轻型航道整治建筑物。前者又常称永久性航道整治建筑物，后者称临时性航道整治建筑物。重型整治物主要由土、石料、轮、土工织物等构筑，具有坚固耐久性，既能抵御水流、流冰、漂木、波浪对航道整治建筑物的冲击，又能在自然环境中具有良好防腐性能。轻型航道整治建筑物，适应性强，具有施工简单、维修方便，容易就地取材的特点，是当前国内外普遍采用的一种形式。轻型航道整治建筑物主要由竹、木、草、梢料、橡胶等建成，结构简单，施工期短，工程费用低，但防腐性能和抵冲性差。

航道整治建筑物按形式可分为丁坝、顺坝、锁坝、平顺护岸、导堤、鱼嘴等。

（1）丁坝。丁坝是运用最为广泛的航道整治建筑物。丁坝主要用来固定航道的边沿、缩小河床和稳定航道。丁坝主要结构包括护底、坝体、坝面、坝头、坝根。丁坝最主要的结构是坝体，坝面因为处于水面上下与水平面平齐经常受到漂木、流冰等漂浮物的撞击而损坏，坝头处于江的最前面，受到的水流冲击力最大。

（2）顺坝。顺坝也称导流坝，主要作用是调整岸线，导引水流、封闭尖潭和汊道等。顺坝和丁坝相似，构成部分包括护底、坝体、坝面、坝头、坝根。

（3）锁坝。锁坝又称堵坝，常用以堵沟、调整汊道分流比等。锁坝坝顶高程可根据分流需要确定。经常淹没在水下的锁坝称潜锁坝，它具有调整河流比降和增加河床糙率的作用。

（4）平顺护岸。平顺护岸是指在受水流或波浪冲击的岸坡上，构筑的连续或间隔覆盖岸坡的航道整治建筑物。平顺护岸的作用是保持岸坡稳定，防止水流淘刷和波浪冲蚀。平顺护岸结构包括护底、镇脚和护坡 3 部分。

（5）导堤。导堤是指在潮汐河口沿整治线修筑的用来控制和归顺涨落潮流路，防止泥沙淤积，保持航槽稳定的纵向航道整治建筑物。河口导堤与丁坝一起通过一定的布置方式，可以将水流聚集到一起，从而增加冲刷的速度和力度。

（6）鱼嘴。鱼嘴是在江心洲滩头建分水堤，分水堤前端伸入水下，后部逐渐升高，与洲滩首部的平顺护岸或固滩工程连成一体的航道整治建筑物。

1.4.2 口门区水流条件整治研究进展

天然河流上修建通航枢纽工程，因其船闸引航道口门区水流受地形、导航建筑物等边界条件因素影响，往往存在较大的斜流或者回流区，很难满足规范要求，船舶航行安全得不到保障。为此需要修建各类辅助导航建筑物来改善通航水流条件，目前在众多导航建筑物中，得到应用和研究较多的主要有导航墙、导流墩、隔流墙、丁坝、潜坝及浮式导流堤等。

1. 导航墙

导航墙是国内外应用最多的辅助通航建筑物，针对导航墙（堤）的探究，主要集中在墙身的开孔、长短、高程以及堤头的型式，在非平顺河段的船闸引航道，导航墙开孔较实体封闭结构能够有效减小船闸引航道内不利回流和淤积，也能减小横向流速。德意志联邦水工研究所、美国陆军工程兵团水道试验站都十分重视口门区通航水流条件的研究，如德国摩赛尔河上的列门、方凯尔枢纽以及萨尔河上雷灵根壅水坝枢纽的船闸上游导航堤均采用堤头开孔来减弱回流强度和范围，从而获得满意的航行条件。上游导航墙适当加长18.0m 的透水墙，能把堤头横向流速从实体时 0.6m/s 减少到 0.1m/s，堤头局部范围的效果显著。美因河上的 Krotzenburg 船闸上游引航道导堤延长段采用非连续透空堤，透空堤长 56m，孔口宽相同（墩中心间距 4.5m），堤头处孔高 2.56m，堤末端孔高 1.56m，孔高顺水流方向逐缩小。美国陆军工程兵团水道试验站在研究口门区水流条件时，采用较长导堤范围内开孔，有较多的工程实践，例如：①俄亥俄河上的贝利维尔枢纽船闸，为减少导航墙端部的横向流速，将船闸向右岸移的同时，调整导航墙透水孔的面积并在端部筑潜坝，使流速降低；②阿肯色河上第 3 号枢纽船闸为改善口门区的航行条件，导航墙上均匀的开 12 孔，每个孔高 6.1m；③阿肯色河奥扎克枢纽船闸，在导航墙开 11 个孔，每个孔高 7.6m，在导航墙上开孔的同时，端部前方相隔 45m、61m、81m 处筑 3 道潜坝，获得满意的水流条件；④沃希托河上的哥伦比亚枢纽船闸导航墙长 165m，开 11 个孔，孔高 5.2m，宽 7.48m，拦截部分流量，改善了水流条件。透空导航墙（堤）的工程实践中，德国的有关工程透空墙长度较短，为 15～60m，孔口高度是等间距、变高度，少数工程采用等高度、变间距。美国船闸工程透空导航墙较长，达 70～200m，孔口是等高度、等间距布置。

20 世纪 80 年代，南京水利科学研究所结合船闸设计规范的制定，研究了引航道堤头3 种开孔型式，研究结果表明，口门区的斜向流速随接近堤头而加大，堤头附近的横向流速与开孔有较大关系，开孔后最大横向流速由实体时的 0.6m/s 减小到 0.3m/s。另外堤头开孔对垂线流速也有影响，部分流量从底部孔口出流，减小了水流偏角，进一步降低横向流速。

在铜鼓滩枢纽通航条件的试验研究中，对导航堤堤头型式进行试验，结果表明流线型比圆柱形堤头好，在导航堤底部每隔 3m 开 1 孔、每孔高 2.5m、宽 7.0m 时，透空式导堤能有效地改善口门区的流速流态。新滩枢纽工程采用模型试验方法通过船闸下游引航道导航墙开孔，解决了引航道内伴随流量增加，不断增大的回流问题，并消除了在 500m³/s 以上流量时的泡漩不良流态。通过试验三峡工程船闸上游引航道，找到合适的导航墙范围进行开孔，将引航道内波动的水体与库区大面积平静水域相通，有效消减了引航道内水体的波动。泄水闸对于引航道口门区水流条件的影响主要集中在导航墙堤头处，临近船闸的泄水闸开启导致堤头处存在较大横流，很多工程实践也证明了导航墙堤头处直线段开孔可以有效地减小堤头处的横流，削弱泄水闸泄水对船闸口门区的影响。在我国，导航墙开孔的成功应用实例还有广西那吉航电枢纽等。

对于导航墙长度方面的研究，一般在满足通航水流条件的情况下尽可能减小导航墙的长度，以减小工程投入和缩短工期。例如，我国赣江石虎塘航电枢纽采用试验方法，将导航墙由原来设计方案的 400m 缩短到 240m，长沙综合枢纽下游引航道则由设计方案的 600m 缩短到 550m。

2. 导流墩

导流墩是另一种常用在改善口门区通航水流条件的措施，目前对于导流墩的研究机理方面的研究较少，主要集中在具体模型试验，通过尝试比选找到适合某一特定船闸引航道的导流墩摆放位置、尺寸及高程。我国有学者通过概化模型试验总结出了导流墩在改善导航墙堤头处回流和斜流方面的机理：导航墙因为堤头处河道过水断面突然增加或者减小往往存在较大斜流，且因为静水与动水的紊动切应力，形成回流区域，回流区域的长度往往和堤头型式、主流流速、水深、断面放宽率和水流雷诺数等因素有关。在概化模型试验中，将堤头型式作为控制变量，在导航处设置导流墩，改变导流墩的个数、长度和间距，得出导流墩之间的空隙相对较小，可以将堤头处较大的回流分解成若干小的回流，缩小回流区域，减小回流流速。对于导流墩减小斜流，通过观测最后一个墩头处斜流，总结出不同的导流墩个数下最佳的相对间距（导流墩长度/导流墩间距），进而可以使斜流与主流夹角达到最小。单个导流墩长度在 20～40m 合适，导流墩布置方向与航向保持平行，布置越多对于口门区水流条件的改善效果越好。土谷塘航电枢纽、长沙综合枢纽、大源渡航电枢纽在改善引航道口门通航枢纽条件方面，均采用了导流墩，取得了很好的调顺水流效果。

3. 隔流墙

山区河流上修建水利枢纽，由于顺直河段较短，船闸引航道难免布置在弯曲或者微弯河段，特别是下游引航道布置在凹岸河侧，河道主流方面往往与航线存在较大夹角，且顶冲口门区，存在较大斜流，导航墙堤头处还会有较强回流存在，在此情况下隔流墙是一种常用的改善措施。隔流墙的作用机理主要是较大范围的改变主流方向，保护船闸口门区。对于隔流墙的研究，主要集中在隔水墙的长短、布置位置以及在动水作用下的稳定性。我国银盘水电站下游引航道布置在坝体右侧，水电站布置在坝体左侧，因为水电站侧边界向左岸突出，水电站处开挖的地形向右倾斜，导致电站尾水倾斜向右，直接顶冲船闸引航道口门区，导致很大范围的斜流存在。该水电站模型试验通过在引航道导航墙下游直线延伸，通过试验不同长度的隔流墙，选取了 250m 短隔水墙，取得了较好的效果，调顺了水流，口门区内除了少数测点流速较大，大范围内都能满足通航水流条件。

4. 丁坝、潜坝

在上引航道上游设置丁坝潜坝，能减小水流与航线的夹角，从而使口门区水流变得平顺，减少不良流态。贵港航运枢纽上游口门区原设计的纵向和横向流速不满足通航条件，其原因是：上游口门区位于 2 个弯道之间的过渡段上，从上游弯道流势而言，主流通向引航道口门区，水流的流向与航线的夹角 $\alpha > 30°$，难于满足要求。通过模型试验研究了丁坝潜坝与导流堤外扩开孔对通航水流条件的影响后，在导流堤透孔外扩的基础上，距导流堤堤头 860m 处加设一长 87m 的丁坝，丁坝设置后经丁坝的挑流作用，口门区处在缓流区，减小了水流流速，但丁坝的长短影响口门区的水流条件、工程量及安全感，故希望丁坝尽量短，但是缩短后起不到应有的作用。为弥补这一不足，采取丁坝潜坝结合的工程措施，丁坝潜坝在同一轴线上，仅高程不同，潜坝高程 37.6m。试验确定的最佳丁坝潜坝长度为丁坝 58m、潜坝 60m。经试验检验，口门区水流条件满足通航水流条件的要求。国内通过设置丁坝潜坝改善通航水流条件的工程还有飞来峡水利枢纽、长洲水利枢纽等。

5. 浮式导流堤

交通运输部天津水运工程科学研究所在研究改善五强溪水利枢纽船闸下引航道口门区大流量条件通航水流条件时，由于导航堤堤头下游是深达 15m 的深槽，实堤方案工程量太大。经过综合考虑，模型最终选用了浮式导堤方案，通过模型试验选择一定长度的浮式导流堤，设计各通航流量级下，现有自航船和规划级船队在口门区航行基本能够满足要求。由此得出结论，对类似于五强溪枢纽船闸下游引航道口门区以深槽急流为碍航特点的滩段，可以采用浮式导堤方案解决船舶吃水深度范围内水流的"斜向水流效应"，其导流效果显著，可节约工程造价。浮式导堤主要作用是将引航道口门区的表流与主流区隔开，减弱表流对引航道内船舶的影响，同时主流通过浮堤底部时，引一部分水体进入口门区，以削弱引航道口门区的回流强度。

6. 其他

以上这些常用的改善通航水流条件的工程措施，有时需要多种措施配合使用，必要时还需浚深河道和拓宽过流断面来配合，以降低河道断面的整体流速。

1.5 导流建筑物改善水流机理

1.5.1 口门区产生回流机理

通过边界层理论可知，当压力在流动方向沿程增加并出现逆压梯度时，主流就会与边界发生分离现象。当主流流过船闸导航墙末端时，由于河道断面突然扩大导致水流流速降低，从而产生逆压梯度使主流与隔流堤边壁发生分离，分离后主河槽水流带动口门区静止水流向下流动，由于主河槽水流与口门区水流的交界面较大的流速梯度，形成涡流并形成强横向掺混，口门区水流被主河槽水流带动并向水槽边壁流动，使得口门区下游边壁水位抬高，水槽边壁内侧的水体逆向向上游运动，形成口门区回流的补偿流，从而维持口门区回流得以持续。船闸口门区回流的运动是在交界处的紊动切应力和补偿流作用下发生的。

1.5.2 整流建筑物削弱回流

为保证船只通航安全，降低口门区回流流速及横向流速，常用的整流建筑物包括以下几种：导航墙（优化堤头形式、堤身开孔形式）、导流墩等。通过对多种整流建筑物的削弱回流机理进行分析后，提出了新的导流技术——排桩整流技术。

（1）开孔式导流堤。开孔式导流堤是在导流堤合适的位置开孔，使部分靠近导流堤的水流能够进入口门区，一方面减少进入口门区斜流流量，从而降低了斜流流速；另一方面通过孔洞进入口门区水流，使口门区产生了一定的纵向流速，从而降低了口门交界面处的流速梯度与紊动切应力，减小口门区回流的生成，同时也部分抵消回流流速。另外，导流堤孔洞使引航道水体与相对稳定的水域相通，有效地消减了开孔附近引航道内水体的波动，加速波动的扩散和衰减，并减少了泡漩等不利水流条件，调整和改善了口门区流速分布，开孔式导流堤形式如图 1.5.1 所示。

开孔式导流堤可有效地降低斜流流速、减小口门区回流强度，但隔流堤的开孔范围以及开孔高度是极其重要的，开孔范围太大引水过多，引航道内隔流堤边壁会出现长条形泡水，故开孔式导流堤需通过模型试验对比得出最佳开孔范围以及开孔高度。

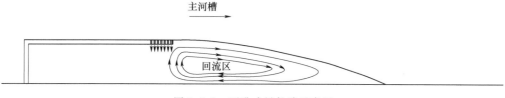

图 1.5.1　开孔式导航墙示意图

（2）开孔式导流堤结合挑流堤头。在弯曲河道中，主河槽主流顶冲口门区，当单独采用开孔式导流堤依旧无法解决回流问题时，需加设挑流式的堤头，直立导航墙用以阻挡主流顶冲，而外挑透水式导墙一方面可以将斜向流挑向主河槽避开口门区，使斜流区域远离口门区，减少斜流对口门区横向流速的影响，另一方面可以经由底部透水孔向口门区补水，从而部分抵消回流，挑流堤头的布置形式如图 1.5.2 所示。

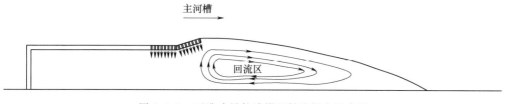

图 1.5.2　开孔式导航墙搭配挑流堤头示意图

（3）导流墩。若单个挑流式堤头无法使口门区流速满足规范要求时，可沿导航墙于航道外侧设置若干个导流墩，墩与墩之间保留有缺口，导流墩一方面把大的回流分解成若干个不连续的小的回流，由于减小了紊动切应力的作用长度，从而减弱了回流强度；另一方面由于沿程各缺口处有动量交换可使主流流速沿程降低，减小了墩末斜流强度，同时导流墩间隙引入的部分水流使口门区纵向流速沿程增加，也可抵消部分回流，从而使回流强度达到规范要求，导流墩的布置形式如图 1.5.3 所示。

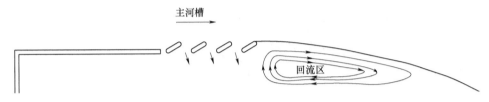

图 1.5.3 导流墩示意图

李君涛、朱红等通过概化模型试验研究导流墩，认为单个导流墩长度为 20～40m 时，导流墩长度与导流墩布置约为 1.0，且导流墩布置角度与航向保持平行时，可以使口门区内斜流与主流夹角达到最小，导流墩改善口门区水流流态效果最好，同时导流墩布置越多改善效果越好。

（4）排桩。排桩由多根桩柱间隙排列而成，相对于导流墩，排桩间隙能够使得更大的流量进入口门区，并将剩余的水流挑回至主河槽，从而有效地降低了最后一个墩末的水流纵向流速，减小了斜流及横向流速。同时更大的口门区流量增加了口门内的纵向流速，减小了流速梯度与紊动切应力，从而从源头上减少了回流的来源，另外口门区的纵向流速也可抵消部分回流强度，从而使得口门区水流条件满足规范要求，排桩布置示意图如图 1.5.4 所示。

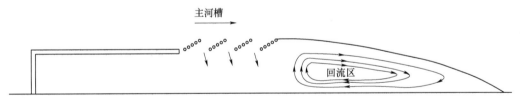

图 1.5.4 排桩布置示意图

1.6 排桩概念的内涵

为确保过闸船只、船队的安全通航，《内河通航标准》（GB 50139—2014）中对船闸口门区需满足的水流条件做出了详细的规定。常见的船闸引航道口门区布置如图 1.6.1 所示。当口门区天然水流条件较好能够满足规范要求时，不需要采取整流措施；而当口门区天然水流条件较差不能满足规范要求时，则通常需在口门区与河道主流区之间设置整流措施，以调整口门区的水流条件，如图 1.6.1、图 1.6.2 所示。

排桩整流不仅仅是一种整流建筑物形式，更是一种整合透水整流建筑物的概念，排桩

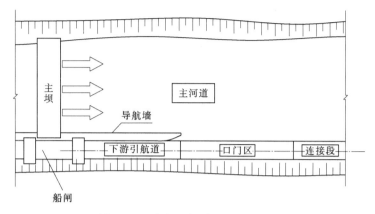

图 1.6.1　船闸引航道口门区布置图

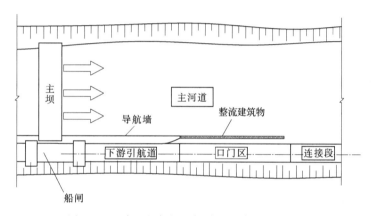

图 1.6.2　常见的船闸引航道整流建筑物布置图

的概念可以囊括现有的许多整流建筑物，如导航墙、开孔式导航墙、导流墩。

实体隔流墙（堤）是最常见的整流措施，从结构和施工的角度看实体隔流墙（堤）都与排桩存在较大差异，但是从水力学的角度上来看它们属于同一建筑形式，如图 1.6.3 所示。连续性排桩与实体隔流墙在功能上是等价的，都是分隔口门区与河道主流区的水流，且透水率（透水率为间隙面积与排桩总面积之比）为 0（完全不透水）；当排桩透水率大于 0 时，则为排桩间隔布置，如图 1.6.4 所示，透水率随排桩间隔的增大而逐渐增大；当排桩透水率达到 100% 时，则为完全透水结构，没有整流措施。

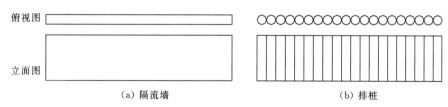

图 1.6.3　实体隔流墙与连续性排桩

其他的整流建筑物，如导流墩与开孔式隔流墙，都可看作是排桩的一种组合结构形

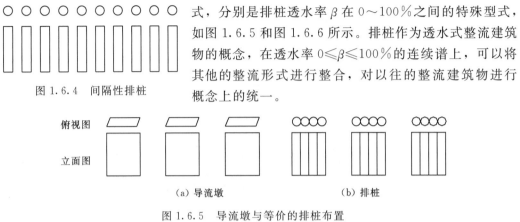

图 1.6.4 间隔性排桩

式，分别是排桩透水率 β 在 0~100％之间的特殊型式，如图 1.6.5 和图 1.6.6 所示。排桩作为透水式整流建筑物的概念，在透水率 $0 \leqslant \beta \leqslant 100\%$ 的连续谱上，可以将其他的整流形式进行整合，对以往的整流建筑物进行概念上的统一。

图 1.6.5 导流墩与等价的排桩布置

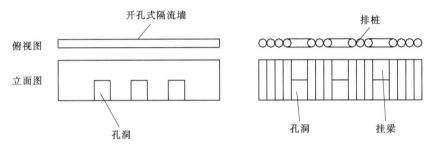

图 1.6.6 开孔式隔流墙与等价的排桩布置

1.7 本章小结

   本章对我国航道概况与通航标准进行梳理，对导航墙（长短、堤头型式、堤身开孔）、导流墩、丁坝潜坝及隔水墙等多种适用于船闸口门区的整流建筑物的应用进行总结，认为导航墙、隔流墙和导流墩这些整流措施都只具有改善水流条件这一单一功能，施工复杂、耗时久且造价高。从结合现有的施工技术，满足水流条件前提下的快速、简便施工需求，本章提出了排桩整流的思路，并通过分析口门区回流，与整流建筑物削弱回流机理，最终涵盖已有的整流措施，提出全面而系统的排桩概念。

第 2 章

圆 桩 水 流 规 律 分 析

2.1　圆桩水流特性

卡门涡街是流体力学中重要的现象，在一定条件下的水流绕过某些物体时，物体两侧会周期性地脱落出旋转方向相反、排列规则的双列线涡，经过非线性作用后，形成卡门涡街。根据实验当 $Re \approx 40$ 时，黏性流体绕过圆柱体，发生边界层分离，在圆柱体后面产生一对不稳定的旋转方向相反的对称漩涡；$Re > 40$ 后，对称漩涡不断增长；至 $Re \approx 60$ 时，这对不稳定的对称涡旋，最后形成几乎稳定的非对称性、有部分规律、旋转方向相反、上下交替脱落的漩涡，这种漩涡具有一定的脱落频率，称为卡门涡街。

卡门是近代力学的奠基人之一，喷气推进实验室的创建人，也是钱学森在加州理工学院时的导师。1911 年，卡门在哥廷根大学当助教，普朗特教授当时的研究主要集中在边界层问题上。普朗特交给博士生哈依门兹的任务是设计一个水槽，使之能观察到圆柱体后面的流动分裂，用实验来核对按边界层理论计算出来的分裂点。为此，必须先知道在稳定水流中圆柱体周围的压力强度如何分布。哈依门兹做好了水槽，但出乎意外的是在进行实验时，发现在水槽中的水流不断地发生激烈的摆动。卡门用粗略的运算方法，试计算了一下涡旋的稳定性。他假定只有一个漩涡可以自由活动，其他所有的漩涡都固定不动然后让这一漩涡稍微移动一下位置，看看计算出来会有什么样的结果。卡门得出的结论是：如果是对称的排列，那么这个漩涡就一定离开它原来的位置越来越远；而对于反对称的排列，虽然也得到同样的结果，但当行列的间距和相邻漩涡的间距有一定比值时，这漩涡却停留在它原来位置的附近，并且围绕原来的位置作微小的环形路线运动。卡门是针对哈依门兹的水槽实验，进行漩涡排列的研究的，在大量实验观察的基础上研究涡街的稳定性。卡门发表了《关于无限大均匀流场中涡街的稳定条件》的著名论文，从数学上证明了柱体下游形成涡街的稳定条件，为涡街流量计的发展与应用奠定了理论基础。后来人们由于卡门对涡街机理详细而又成功的研究，将它冠上了卡门的姓氏，称为卡门涡街。

水运工程中的排桩，主要是运用其降低水流流速、调整水流流态的能力，故分析排桩下游的水流特性，将是排桩整流技术中的重要研究内容。

2.1.1　单桩阻力特性

1. 单桩绕流特性

水流当中的单桩绕流特性与其雷诺数 Re 有关，当水流雷诺数很小时，绕流流场接近

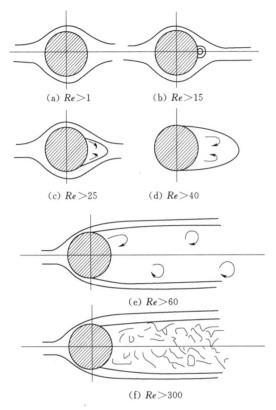

（a）$Re > 1$ 　　　　（b）$Re > 15$

（c）$Re > 25$ 　　　　（d）$Re > 40$

（e）$Re > 60$

（f）$Re > 300$

图 2.1.1　真实流体的圆柱绕流

于理想液体流场，当雷诺数逐渐加大时，其流动状况如 2.1.1 图所示。当 $Re \approx 1$ 时，整个流场的速度、压力分布十分接近于理想流体中的状况。当 $Re > 1$ 时，在柱体的迎流面，除柱体表面附近的域外，流谱和压力分布仍然都接近于理想流体时的情况。但在柱面附近的一薄层中，流动状况和理想流体的状况差别很大。在此薄层内，速度梯度比在层外大得多，所以黏性力的作用不可忽视。通常称此薄层区域为边界层。在这样的情况下，可以把流动区域分成：理想流体区域，即所谓主流区域；黏性流体区域，即所谓边界层区域。

圆柱绕流的背流面的流动更为复杂。当 Re 较小时，在背流面将出现尾流区，其中存在较弱的对称漩涡，此时可以把边界层和尾流区以外的流动看成是理想流体的断裂绕流。随着 Re 的增长，原来不明显的对称漩涡将逐渐增强。在 $Re > 40$ 以后，对称漩涡破散；当 $Re > 60$ 时，在背流面出现稳定的、非对称的、排列规则

的、旋转方向相反的、周期性交替脱离物体的漩涡从而形成排列整齐的涡列，这种涡列称作卡门涡列，它们以比来流速小得多的速度向下游移动；在 $Re > 150$ 时，背流面涡列不再稳定；而当 $Re > 300$ 时，整个尾流区变成湍流状态。

2. 单桩阻力特性

单桩表面对水流的阻力，由两种因素所引起：①由黏性与单桩边界面上速度梯度引起的切应力造成表面上的切向力；②由动力效应引起的沿着单桩表面变化的压力强度造成边界上的法向力。其法向与切向表面力在整个表面上积分求矢量和可得合力，如图 2.1.2 所示，该合力在水流速度 V_0 方向上的分力就是阻力。在与相对速度垂直的方向上的分力是升力或侧向力。

水流速度 V_0 方向上的阻力包括摩阻阻力与压强压力两个分量。总阻力可写为

$$D = D_f + D_p \qquad (2.1.1)$$

$$D_f = \int_s \tau_0 \sin\phi\, dS \qquad (2.1.2)$$

$$D_f = \int_p p \cos\phi\, dS \qquad (2.1.3)$$

式中：D_f 为摩阻阻力；D_p 为压强阻力；S 为总表面积；ϕ 为面积元的法线与流动方向之

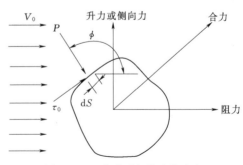

图 2.1.2　流动引起的力的定义

间的夹角；τ_0 为流速 V_0 方向上的摩擦力。

摩擦阻力又称表面阻力或表面摩擦阻力。压强阻力主要取决于物体的形状故称为形状阻力。像机翼、水翼与细长船只等物体，都有较大的甚至有时占压倒优势的表面阻力。钝体如球、桥墩和汽车都有比表面阻力大的形状阻力。

用下列关系式定义实用阻力：

$$D_f = C_{fp} \frac{V_0^2}{2} A_f \tag{2.1.4}$$

$$D_p = C_{Dp} p \frac{V_0^2}{2} A_p \tag{2.1.5}$$

式中：A_f、A_p 为适当选择的参照面积；C_{fp} 为实用摩擦系数；C_{Dp} 为实用压强系数。

对表面阻力来说，A_f 通常就是切应力作用其上产生 D_f 的实际面积，或是合理的代表面积诸如机翼或水翼的平面面积。对形状阻力来说，A_p 通常就是垂直于速度 V_0 的正面面积。

确定表面阻力的实验值或理论值，可由式（2.1.2）与式（2.1.4）计算系数 C_f。同样，采用实验确定的压强分布 p 及在某些情况下根据理论计算得出的 p，可由式（2.1.3）与式（2.1.5）求得系数 C_{Dp}。

总阻力系数 C_D 通常用下式定义：

$$D = C_{D_p} \frac{V_0^2}{2} A \tag{2.1.6}$$

$$C_D = C_{Df} + C_{Dp} \tag{2.1.7}$$

式中：A 为垂直于 V_0 的正面面积。

因此，当 $A = A_p$ 时，系数：

$$C_f = C_{Df} \frac{A_p}{A_f}$$

而在式（2.1.5）与式（2.1.7）中，C_{Dp} 意义相同。

2.1.2 单桩受力分析

在上一节进行了一般的说明之后，再讨论如何确定阻力的数量。

$$F = -\int T_{CT} \mathrm{d}S \cos(T_{CT}, v_0) - \int p_{CT} \mathrm{d}S \cos(p_{CT}, v_0) \tag{2.1.8}$$

式中：v_0 为距离物体很远处（理论上在无限远处）的流体流动速度；T_{CT} 为表面切应力；p_{CT} 为表面压强。

如果引用一组与运动或静止物体牢固相连的直角坐标系 (x, y, z)，且其 OX 轴与速度 v_0 的方向重合，那么式（2.1.8）可表达为下列的形式：

$$F = \int T_{CT} \sin(n, x) \mathrm{d}S - \int p_{CT} \cos(n, x) \mathrm{d}S \tag{2.1.9}$$

式中：n 为物体表面点上的外向法线。

现在引入一个关于阻力的基本分力的概念。在所得出的方程式（2.1.8）和式（2.1.9）中的右边部分，包含有两项，其中一项称为压力，而另一项称为切应力。在流体内切应力及正应力之值是由不同的因素来决定的。故确定这两个相加的阻力的数量要用不同的方法来进行。因此，适宜于把阻力分成两个基本分力 F_v 及 P_v，它们的数值可由下列公式来决定：

$$F_v = -\int T_{CT} \, \mathrm{d}S \cos(T_{CT}, v_0) \tag{2.1.10}$$

$$P_v = \int p_{CT} \, \mathrm{d}S \cos(P_{CT}, v_0) \tag{2.1.11}$$

而且

$$F = F_v + P_v \tag{2.1.12}$$

所指出的每一个力都给以一个专门的名称。所有的切向力（作用在物体表面上）的合矢量在与速度相反的方向上的分力称为摩擦阻力；而流体动力压力（作用在物体的表面上）的合矢量在同一方向上的分力称为压差阻力。阻力包括两个基本阻力：摩擦阻力和压差阻力。之所以称为基本阻力，是因为上述的每一个力还适宜于分成一系列的分力。

在一般的情形中，摩擦阻力宜于分成 3 个分力：F_r、F_{om} 及 F_{Mm}，其中 F_r 是技术上视为光滑的物体表面的摩擦阻力。如果令符号 T_{CTr} 表示作用在技术光滑表面上的切应力，那么 F_r 将由下式来决定：

$$F_r = -\int T_{CTr} \, \mathrm{d}S \cos(T_{CTr}, v_0) \tag{2.1.13}$$

F_{om} 表示仅由于物体表面的一般粗糙度而引起的附加阻力。F_{Mm} 表示仅由于物体表面的局部粗糙度而引起的附加阻力。所谓表面的一般粗糙度或微细粗糙度，是指在表面上相对地来说高度不大的粗糙物及凸起物，但沿整个表面都是完全满布着的。因此，在这种情形中凸起物是以相同于本身高度的数量级的距离而分布的。至于个别一些就高度来说已显著的表面粗糙及凸起物，就称为局部粗糙度。它们是以彼此相距相当大的距离而分布的。例如在柱体上的铆钉、槽缘以及接头等，都属于这一类的粗糙度。由于一般粗糙度而引起的附加阻力，可以由相应的附加切应力沿整个表面积分来决定。这样，令符号 T_{CTm} 表示由于粗糙度而引的附加切应力，可以得到

$$F_{om} = -\int T_{CTm} \, \mathrm{d}S \cos(T_{CT}, v_0) \tag{2.1.14}$$

至于局部粗糙度所引起的附加阻力，就可以将它以个别的凸起物或粗糙物的阻力之和来决定。令符号 δF_{Mm} 表示这种个别的粗糙凸起物的阻力，即有

$$F_{Mm} = \sum_1^m \delta F_{Mm} \tag{2.1.15}$$

式中：m 为所给物体表面上的个别粗糙凸起物的数目。

于是，在一般情形中，摩擦阻力是由 3 种力之和所组成：技术光滑表面的摩擦阻力，一般粗糙度的阻力，局部粗糙度的阻力。也就是说：

$$F_v = F_r + F_{om} + F_{Mm} \tag{2.1.16}$$

但是应该注意：将一般粗糙度和局部粗糙度的阻力归并到一个摩擦阻力上去是否正确。问题在于：每个粗糙物的阻力在第二个极限状态（当 $R > R_{\pi P}$ 时）的范围内主要并不由黏性的切向力来决定，而是由作用在粗糙物表面上的流体动压力的合力投影来决定。由

此看来，一般粗糙度和局部粗糙度的阻力应该列入压差阻力中去。但是，在实际的计算中不是这样来办的。在许多情形中，或是把上述的阻力表示成技术光滑表面的摩擦阻力的一部分，或是把光滑表面的摩擦阻力和一般粗糙度的阻力一道来确定。这是因为沿每一个粗糙物的压力变化的特性与沿整个物体表面的压力变化的特性不仅在其数值方面，而且在性质方面都迥然不同。研究结果证明：个别粗糙物上的压力降落是与就地切应力成正比的，而这一应力是以时均速度的梯度或以就地时均速度的平方来决定的；可是从物体头端到它的尾端的压力降落当然不能用就地速度的平方或梯度来表示。正因为如此，虽然并不十分严格，但在实际上却是完全适宜于将一般粗糙度和局部粗糙度的阻力列入摩擦阻力的类型中去。

压差阻力在一般的情形中，宜于分成 4 种分力：P_n、P_i、P_B 及 P_π，这里 P_n 为形状阻力或涡流阻力，只为诱导阻力，P_B 为波阻力，P_π 为与速度方向相反的惯性阻力。所有的这些力都是以沿物体表面的流体动力压力的相应变化来决定的。决定上述这些力的压力变化，是由不同的原因引起的，因此它的特性应相应地随不同的因素而定。

形状阻力或涡流阻力主要是由于在流体流动绕过的物体后面的涡流形成，以及沿附面层的长度的压力降落所引起的。在这种情形下，柱体后面有很强的涡流形成，因而柱体后面的压力 P_1 与柱体前面的压力 P_2 比较起来大为降低（P_1 比 P_2 大得多）。在这种情形中，柱体的涡流阻力等于柱体前后两方总压力之差。如果人们在水中挺胸前进，或者站立在河流中面向水流，也就经受到大体上这样一种阻力。在所列举的这些情形中，绕流的状态是分离的，或者换句话说，绕流里面有附面层的分离现象发生。但是，正如上面已经指出的，涡流阻力并不仅是由于附面层的分离现象而引起的。它也可以存在于没有附面层分离现象发生的情形中，以及没有显著地在物体尾端之后且带有很强的集中涡的涡流区域的情形中。在这样一些情形里面，涡流阻力主要是由于沿附面层长度的压力损失而引起的。上述这种压力的损失，发生在任何一种附面层内，其中也包括附面层分离以前的一段。不过，在绕流内有分离的情形中，在附面层分离处以前的一段内的压力损失与由于在物体后缘之后涡流区域的形成而引起的压力降落比较起来甚小。至于在附面层相当长的情形中，这种压力损失已变得非常显著，因而往往产生极大的涡流阻力。正如很多的研究结果所指出，涡流阻力主要由物体的形状而定，因此它也称为形状阻力。

诱导阻力的发生，是由于流体从物体（如有限翼展的机翼、尾舵等）侧面的下方绕到上方的缘故。这种上下绕过去的流动即引起的被绕流过的物体上下两方的压力之差。这种阻力对机翼和船舶很重要，对柱体则可以不计。

在船舶制造业的部门内，第三种类型的压差阻力——波阻力——具有非常重大的意义，而这种阻力在柱体中也可不考虑。

惯性阻力是由于物体表面上的流体动力压力的变化而引起的，而这一变化是流体微团的就地加速度所引起的。这部分阻力在波浪或不恒定流中有意义，在一般水流中，数值不大。

于是，在一般的情形中，压差阻力包含 4 种力：涡流阻力、诱导阻力、波阻力及惯性阻力。即

$$P_v = P_n + P_i + P_B + P_H \tag{2.1.17}$$

而总的阻力在一般的情形中就包含上述的 7 个力，即

$$F = F_r + F_{om} + F_{Mm} + P_n + P_i + P_B + P_H \tag{2.1.18}$$

这些力的前面 4 项又组成黏性阻力，而诱导阻力、波阻力以及惯性阻力组成非黏性阻力。但是，黏性力的作用不仅引起黏性阻力，而且也引起某些类型的非黏性阻力和流体动力的法向分力。诱导阻力是由黏性力的影响而引起的。虽然，在诱导阻力的计算中并没有直接注意到黏性力，但是，黏性力是通过引用相当于附面层涡系的附着涡而间接地被考虑进去的。

但在实际试验中，精确区分并计算压强阻力、摩阻阻力较困难，故目前单桩阻力是通过试验测定的方法，提出含有阻力系数 C_D 的阻力关系式，桩柱阻力系数 C_D 与雷诺数 Re 的关系曲线如图 2.1.3 所示。单桩阻力公式：

$$F_d = \frac{1}{2} \rho C_D H d V^2 \tag{2.1.19}$$

式中：ρ 为流体密度；H 为水深；d 为物体直径；V 为流速；C_D 为桩柱阻力系数。

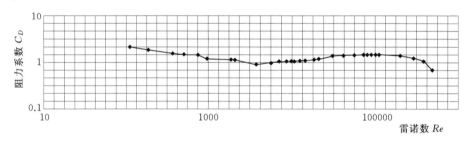

图 2.1.3 阻力系数 C_D 与雷诺数关系曲线图

2.2 排桩水流阻力研究

河道中修建排桩后，排桩位置水流转变为非均匀流。明渠水流特性在国内外均有较为丰富研究成果，但对于有排桩的河道或明渠水流，理论及试验上的相关研究都较少。以往与排桩相关的研究多为阻力与阻力系数研究，而对于排桩下游水流结构及流量分配方面的研究几乎为零，为发展排桩对阻流和导流的应用，亟须分析排桩阻流机理，研究分流及导流过程及流量分配比例。河道中的排桩对水流的影响，一是对水流产生阻力，使得排桩上游产生雍水，二是改变了排桩下游的流速分布及流量分配。本节拟通过物理模型试验探究排桩整流机理，分析排桩的整流与分流特性，分析排桩的直径、阻力、间距比、角度等因素对排桩下游水流特性的影响。将所得成果应用于口门区排桩的研究中。

排桩就是由多个单桩组成，而每一根桩就是一个流动极为复杂的圆柱绕流问题，多个桩柱组成的排桩不仅是简单地单桩阻力叠加，而是一个相互作用和影响的"集合"效应，其阻力更加复杂。排桩的布置类型可分为以下几种。

1. 两根桩柱横向阻力影响特性

两圆柱垂直流向并行排列时，两柱之间水流被挤压造成流速加大变急，同时边界发生改变，使得两柱之间的流场变得非常复杂，变化程度跟两桩横向间距与桩径比 S_H/D 的

关系密切，S_H/D 值越大，影响就越小；反之影响越大。当 S_H/D 小到一定值时，将出现两桩间水流明显压缩，流速加剧且流场变得极为复杂紊乱，将导致作用于桩柱上的水动力变化。邓绍云通过模型试验测量横向双桩阻力，定义两桩柱横向阻力影响系数 k_H 为两桩柱平均阻力系数 C_D 与单桩柱阻力系数 C_D 的比值，通过比较平均阻力系数 $\overline{C_d}$ 与单桩阻力系数 C_d，得出两圆柱横向阻力影响系数 k_H 与雷诺数 Re、桩径 D 和流速 V 无关，而只与 S_H/D 密切相关的结论。并得到两桩柱垂直流向按不同桩距并列情况下的总阻力得到的两圆柱横向阻力影响系数 k_H 与桩距桩径比值 S_H/D 的关系规律，见表 2.2.1 和图 2.2.1、图 2.2.2。

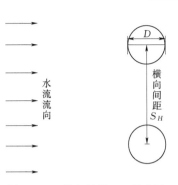

图 2.2.1　横向间距 S_H 示意图

表 2.2.1 　　　　　　　　　　　**两桩柱横向阻力影响系数**

横向桩距桩径比值 S_H/D	横向阻力影响系数 k_H	横向桩距桩径比值 S_H/D	横向阻力影响系数 k_H
2.0	1.22	4.0	1.05
2.5	1.17	4.5	1.03
3.0	1.12	5.0	1.00
3.5	1.08	5.5	1.00

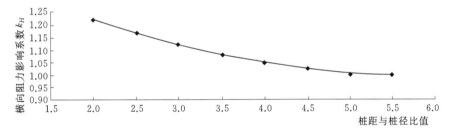

图 2.2.2　横向阻力影响系数与 S_H/D 关系图

通过对试验数据点进行拟合，得到桩柱阻力横向影响系数经验公式：

$$k_H = 0.015\left(\frac{S_H}{D}\right)^2 - 0.073\frac{S_H}{D} + 1.502 \quad \left(1 < \frac{S_H}{D} < 5\right)$$

通过以上数据及公式可知，当桩柱垂直流向并行排列时，阻力系数将增大，增大的程度与两桩间距与桩径的比值 S_H/D 大小有关，该值越小则影响越大，阻力系数增大得越多；该值越大则影响越小，阻力系数增大得越少。当两桩间距与桩径比值 $S_H/D>5$ 时，两桩无影响。

2. 桩柱纵向阻力影响特性

当两圆柱沿流向前后排列时，后桩处在前桩绕流尾迹区，流态十分紊乱，将会受前桩阻流效果的影响，如图 2.2.3 所示。这种纵向阻流影响导致实际作用在后桩上的水流发生变化，从而导致后桩阻力产生相应变化。

定义桩柱纵向阻力影响系数为：两柱沿流向前后排列时，两柱总阻力系数与原单柱阻

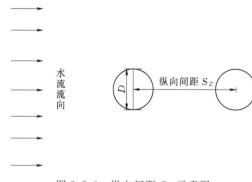

图 2.2.3　纵向间距 S_Z 示意图

力系数之比与 1 的差值，用 k_Z 表示。则有：

$$k_Z = \frac{\sum C_D}{C_D} - 1$$

邓绍云通过模型试验测量双桩纵向阻力，认为桩柱纵向阻力影响系数 k_Z 与雷诺数 Re、流速 V 和桩径 D 均无关，而只与桩距桩径比值 S_Z/D 密切相关。后桩受前桩遮挡影响程度跟两桩间距与桩径的比值 S_Z/D 密切相关，S_Z/D 值越小，遮流影响越大；反之 S_Z/D 值越大，影响就越小。

当 S_Z/D 大到一定程度时，后桩不再受前桩的遮流影响，其阻力系数和无前桩遮流情况下相同；而当 S_Z/D 小到一定程度时，后桩受方向动力作用，阻力系数出现负值；当 S_Z/D 在某一值时，后桩处于局部流体停顿处，无流体水平方向作用。

桩柱纵向阻力影响系数的相关关系见表 2.2.2 和图 2.2.4。

表 2.2.2　　　　　　　　　　　　　　桩柱纵向阻力影响系数

S_Z	$\sum C_D/C_D$	k_Z	S_Z	$\sum C_D/C_D$	k_Z
2D	0.8	−0.2	8D	1.53	0.53
3D	1.29	0.29	9D	1.60	0.60
4D	1.35	0.35	12D	1.71	0.71
5D	1.40	0.40	18D	1.91	0.91
6D	1.42	0.42	21D	2.00	1.00
7D	1.46	0.46			

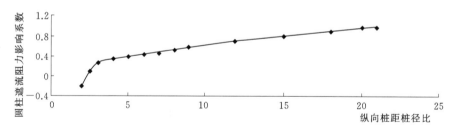

图 2.2.4　阻力影响系数 S_Z/D 关系图

通过拟合趋势线分析得知：当桩距 $S_Z = 2.31D$ 时，后桩处于水流停滞处，在水平方向不受任何动水作用力，这一特性用于工程实际将产生巨大的工程效益，为涉水桩群基础工程设计提供新的思路；当桩距 S_Z 在 $D \sim 5D$ 区段变化时，k_Z 的递增幅度较大，而在 $6D \sim 10D$ 区段变化时，k_Z 的递增幅度较小，当 $S_Z > 21D$ 时，后桩基本不受前桩的影响。

3. 矩形排列桩柱群阻力

将前述的横向和纵向排桩进行综合得到桩群，排群共 m 列 n 排，桩数 $N = m \times n$，垂直流向每排 m 根桩柱，桩柱等距排列，两柱截面中心间距 S_H 定义为桩柱横向间距；沿流向每列 n 根桩柱，桩柱等距排列，两柱截面中心间距 S_Z 定义为桩柱纵向间距；S_H 与 S_Z 可能相等也可能不等。排桩的外包络线呈矩形，相邻 4 根桩桩心连线也呈矩形，如

图 2.2.5 所示，这里定义这样排列的排桩为无迎流角矩形排列排桩。

根据平面力系叠加原理，邓绍云等提出了计算无迎流角矩形排列桩柱群的总阻力系数和总阻力的计算公式。

总阻力系数：

$$\sum C_D = [1+(m-1)k_H][1+(n-1)k_z]C_D$$

总阻力：

$$\sum F_D = \frac{1}{2}[1+(m-1)k_H][1+(n-1)k_z]C_D\rho v^2 A$$

邓绍云等通过测试所得数据和理论计算值误差分析发现，随着桩柱排桩排数的增加，总阻力理论计算值的偏差百分比也增大，其总阻力理论计算值的偏差百分比随纵向桩距与桩径比值 S_z/D 的增大而增大；而排桩列数及横向桩距与桩径比值 S_H/D 对排桩总阻力理论计算值的偏差百分比影响很小。

4. 流向对桩柱群阻力的影响

当桩群与水流流向成一定夹角时，偏转的夹角同样会对桩群阻力产生影响，桩群迎流角可定义为水流流向与桩群主轴线的交角，用 θ 表示。该桩群迎流角 θ 将改变桩柱间横向影响和纵向影响的性质，从而将改变桩群总阻力。桩群迎流角度如图 2.2.6 所示。

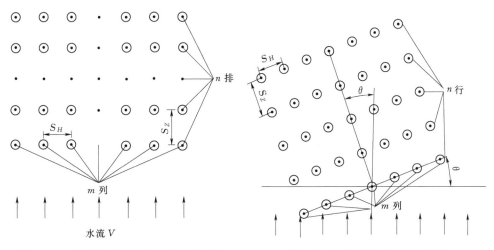

图 2.2.5　无迎流角矩形排列桩群示意图　　图 2.2.6　桩群迎流角度示意图

邓绍云等针对不同桩群在各种迎流角度（$\theta=0°$、$5°$、$10°$、$15°$、$20°$、$30°$ 和 $45°$）的情况下进行试验，桩群的排列方式为迎流角 θ 矩形排列桩群，等横向桩距为 S_H，等纵向桩距为 S_z，定义桩群迎流角 θ 对桩群总阻力影响系数为桩群阻力迎流角影响系数用 k_θ 表示，k_θ 主要与桩群排列方式及桩群迎流角度有关。桩柱角度影响系数见表 2.2.3。

表 2.2.3　　　　　　　　　　桩 柱 角 度 影 响 系 数

夹角 $\theta/(°)$	0	15	30	45
试验测得平均力/N	1.21	1.33	1.52	1.62
k_θ	1	1.21	1.25	1.33

由试验结果发现，当桩群的迎流角增大时，桩群总阻力与迎流角为 0 情况下桩群总阻力之比将增大。当交角最大为 45°时，这一比值最大。这表明当流向与桩群交角增大时，桩群阻水状态变得复杂，对于垂直于流向来说相当于桩柱之间的间距减小，水流更进一步压缩，桩柱之间的横向影响加强，阻力横向影响系数加大，同时由于迎流角度的增大，桩群阻水面积增大，而对于桩群来说，垂直于流向阻水作用对于桩群总阻力有很大的决定作用，桩柱间的干扰作用大大增强，桩群对水流的阻力相应增大。

通过分析发现，桩数 N 和桩径 D 对 k_θ 的影响微弱，而间距（S_h 和 S_z）对 k_θ 的影响明显，而桩的横向及纵向影响已经包含在另外两个影响系数 k_H 和 k_z 之内。归纳 k_θ 值的经验公式为

$$k_\theta = 10^{-5}\theta^3 - 8.6 \times 10^{-4}\theta^2 + 0.02464\theta + 1.00639$$

对于非正交于流向的桩群的总阻力的计算可以在无迎流角的相同桩群的总阻力的基础上乘以桩群迎流角影响系数，故得到考虑迎流角影响系数的桩群阻力计算公式：

总阻力系数：

$$\sum C_D(\theta) = [1 + (m-1)k_H][1 + (n-1)k_z]k_\theta C_D$$

总阻力：

$$\sum F_D(\theta) = \frac{1}{2}[1 + (m-1)k_H][1 + (n-1)k_z]k_\theta C_D \rho v^2 A$$

上述公式可用于排桩力平衡方程的推导中。

2.3　本章小结

本章对单桩的水流流态及阻力特性进行梳理，在其基础上分析了纵向、横向及矩形排桩的阻力特性。

第3章

排 桩 水 流 特 性 研 究

3.1　研究方法

本章拟通过概化物理模型试验探究排桩整流机理,分析排桩的整流与分流特性,研究其分流流量比,结合能量与力平衡方程,可推导出排桩下游平均流速公式,通过实验数据率定,将率定后的公式应用于口门区排桩设计中。

3.1.1　物理模型设计

概化试验模型在矩形断面试验段的水槽中开展,图 3.1.1 所示为模型布置图,水槽长 50m,宽 3m。水槽底坡为 0.02%,设在水槽进口起的 20～25m 范围内,布置在宽水槽中心,并在该段范围内每 1～2m 的距离布置一测压管,测压孔位于河槽的中轴线上,试验参数如图 3.1.2 所示。

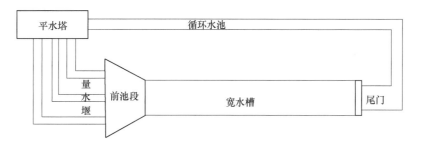

图 3.1.1　模型布置图

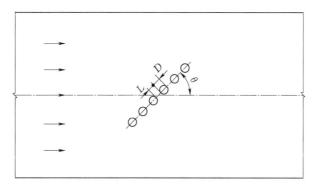

图 3.1.2　试验参数图

3.1.2　测量仪器及测量方法

试验模型流量由矩形量水堰测量，水位采用精度为 0.01cm 的水位测针量测。流速测量采用美国 SonTek 公司生产的 16MHz 和 10MHz ADV（Acoustic Doppler Velocimeter）和重庆西科机电技术公司的 HD－4B 型旋桨式流速仪进行。

SonTek ADV 是一个单点、高分辨率的三维多普勒测速仪，ADV 测量技术以声学多普勒效应原理为基础，利用向水体中发射的声波被水体的固体微粒子或气泡散射时所产生的频率差，并经 ADV 采样和由电子仪器来度量频率的变化，从而计算出采样体积中的三维水流流速，实现实时的三维流速分布量测。ADV 信号及试验数据处理由专门软件 ADVLAB 来完成，其结果以 ASCⅡ 码文本文件输出，可通过 Excel 等软件处理。ADV 量测仪器由量测探头（16mHz）、控制组件和信号处理组件组成，其探针与测点的距离均为 5cm，ADV 的探针有俯视、仰视、侧视 3 种型号。本试验研究用三维的 ADV 在 3 个不同的位置沿垂线量测了瞬时流速，从而了解紊流特征的时均值，测量中 ADV 的采样频率为 20Hz，采样时间为 60s。探头的方向会影响到雷诺应力和所测次级流的模式。

本实验流量测点布置如图 3.1.3 所示，其中上游测点断面位于排桩中心线上游 1m 处，测点断面间隔 0.3m 布置一个测点，共 9 个测点，下游测点断面 1 位于排桩中心线下游 1m 处，长度与排桩投影长度相同，间隔 0.1m 布置一个测点；下游测点断面 2 位于排桩中心线下游 2m 处，断面两侧间隔 0.2m 布置一个测点，采用 3 点法测量表、中、底层流速；中间位置间隔 0.1m 布置一个测点，采用 5 点法测量底层、1/5 水深、3/5 水深、4/5 水深、表层位置水深，共 21 个测点。

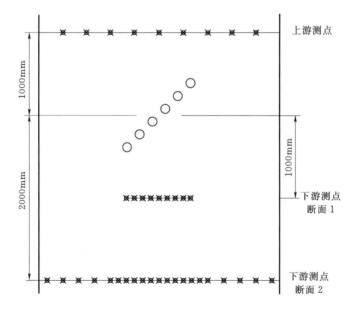

图 3.1.3　试验测点布置图

3.2 排桩下游流速分布规律研究

3.2.1 排桩下游水流横向流速分布

为探究排桩下游水流横向流速分布，设计试验如下：设立 6 根直径 $D=11$cm 的桩柱，排桩间距比 L/D 保持为 $1:1$，分别将排桩与主流方向垂直的夹角设置为 $60°$、$45°$、$30°$、$0°$，试验布置如图 3.2.1 所示。模型试验如图 3.2.2 所示，通过测量下游测点断面 2 流速，对排桩桩后流速分布进行分析，测点流速图如图 3.2.3～图 3.2.7 所示（图中横坐标为测点相对水槽左岸的距离，水槽宽 3m）。

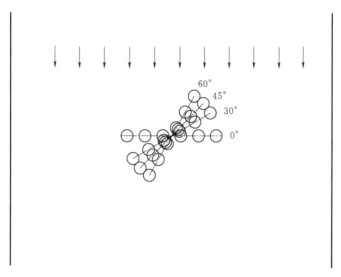

图 3.2.1　试验布置示意图

图 3.2.2　模型试验照片

通过数据分析发现，宽水槽内布置排桩后，排桩后的流速均有所减小，当排桩角度为 $0°$ 时，排桩下游中部的流速最低。不论角度如何改变，最低流速均为 0.15m/s 左右。排

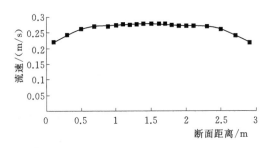

图 3.2.3　上游断面测点流速图

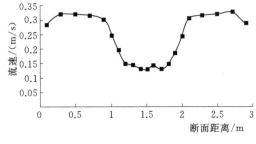

图 3.2.4　0°夹角下游测点流速图

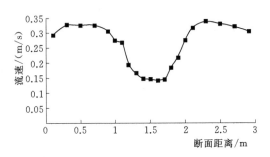

图 3.2.5　30°夹角下游测点流速图

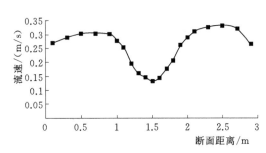

图 3.2.6　45°夹角下游测点流速图

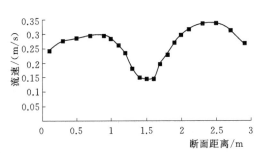

图 3.2.7　60°夹角下游测点流速图

桩结构的一个特点是排桩间隙容许部分水流通过的同时，能够将水流不对称的分配至排桩左右两侧，通过分析流速数据发现，当夹角为 0°及 30°时，排桩左右两侧的水流流速差不很明显，而当角度增大至45°和 60°时，排桩右侧的流速明显大于左侧流速，表明有一定夹角的排桩，能够将部分排桩取上游的来流，不均等地疏导至两侧，且疏导的流量比例与排桩夹角相关。

3.2.2　排桩下游紊流剪切层水流流态

修建排桩后，受排桩壅水和阻力的影响，排桩区上游流入的水流除部分从排桩缝隙通过以外，余下的水流被疏导至排桩两侧，致使排桩后流速明显降低，排桩两侧水流流速增加，通过模型试验发现，在排桩后低流速区和高流速区间，存在一个流速梯度较大区域，该区域流速和动量剧烈交换，是排桩下游紊动最复杂的区域。

流速分区如图 3.2.8 所示。

为研究排桩下游紊流剪切区水流流态，对排桩角度为 30°、直径 D 为 11cm、间距比 $L/D=0.5$ 的工况进行分析，下游测点断面 2 的测点位置如图 3.2.9 所示，其中距离左边壁 0.7~1.5m 的测点垂向流速分布如图 3.2.10~图 3.2.17 所示。

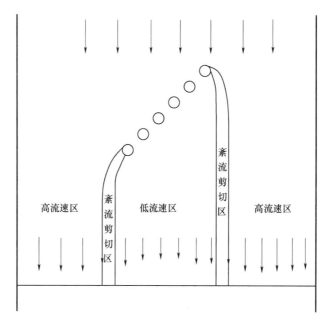

图 3.2.8　流速分区示意图

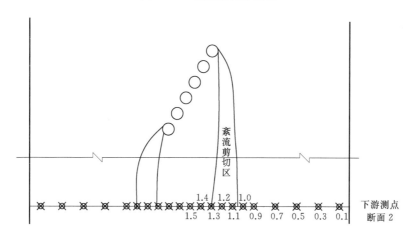

图 3.2.9　试验测点位置示意图

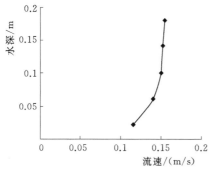

图 3.2.10　1.5m 测速点分层流速图

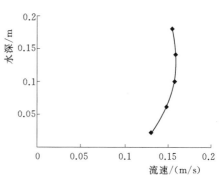

图 3.2.11　1.4m 测速点分层流速图

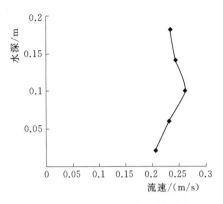

图 3.2.12　1.3m 测速点分层流速图

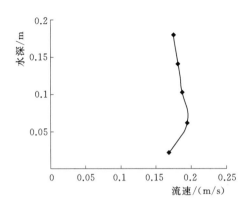

图 3.2.13　1.2m 测速点分层流速图

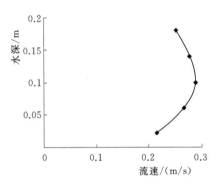

图 3.2.14　1.1m 测速点分层流速图

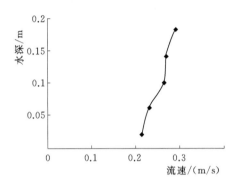

图 3.2.15　1.0m 测速点分层流速图

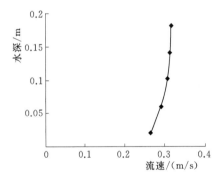

图 3.2.16　0.9m 测速点分层流速图

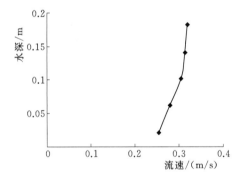

图 3.2.17　0.7m 测速点分层流速图

　　通过垂向流速分布图可知，0.7m、0.9m、1.4m、1.5m 的垂线流速基本符合明渠垂向流速对数分布规律，而在紊流剪切区域（1.0m、1.1m、1.2m）处的垂向流速较为紊乱。在模型试验中也发现，该区域的水流紊动较剧烈，表明该区域为流速梯度较大，高速和低速水流动量交换剧烈的区域。紊流剪切区水流流速梯度较大，船舶在进入该区域后有较大的风险，故排桩技术在水运工程当中运用时，应采取其他手段（如排桩迭次排列）来减轻或消除排桩紊流剪切区。

3.3 排桩水流影响因素研究

当在河道中布置排桩时，几个重要的因素分别为排桩角度 θ、排桩直径 D、排桩间距比 L/D、排桩总长度 L_t，这几个因素不仅决定了排桩下游水流分布，同时也是排桩设计施工当中最注重的几个关键性设计参数。因此，分析各因素对下游流速分布的影响显得尤为重要。

3.3.1 排桩角度对流速的影响

为探究排桩角度对下游流速的影响，设定固定参量：桩间距比 $L/D=1:1$，排桩直径 $D=5\text{cm}$。考虑排桩投影长度不变，设计以下试验。

设计试验工况：设定水槽流量 $0.162\text{m}^3/\text{s}$，水位 0.2m，保持排桩间距比 $L/D=1:1$、固定排桩投影长度 0.45m（图 3.3.1），分别设置 $60°$、$55.15°$、$48.19°$、$36.87°$、$0°$（对应排桩个数为 9 个、8 个、7 个、6 个、5 个），测量测点断面 1 处的流速测点，分析在投影长度相同的情况下，不同排桩角度对下游流速分布的影响。

下游流速分布如图 3.3.2 所示，图中横坐标为相对距离，其定义为测点距离左岸的距离与排桩投影总长度（0.45m）的比值，由图可知，当排桩角度为 $0°$ 时，从两侧到中部水流流速逐渐降低，当达到一定流速后基本保持平稳，且其左右侧流速分布对称，排桩下游平均流速最大；随着角度的逐渐增大（从 $0°$ 增大至 $60°$ 过程），各测点的流速逐渐降低，但右侧测点流速降低幅度更大，呈左侧流速降低幅度小，右侧降低幅度大的规律；同时流速最低点随着角度的增大，逐渐向右侧偏移，从 0.5 倍投影长度的 1/2 位置处（$0°$）移动至投影长度的 7/10 处（$60°$）。

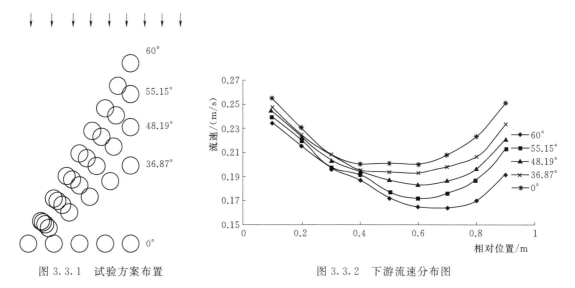

图 3.3.1 试验方案布置　　　　　　图 3.3.2 下游流速分布图

试验成果表明，在相同的投影长度下，排桩角度与流向垂直时，其平均流速最大且左右流速分布对称，随着角度的逐渐增大，各测点流速也逐渐降低，且呈左侧降低幅度小，右侧降低幅度大的规律，同时排桩下游最低流速点从排桩中部逐渐向右靠近。该成果是对排桩下游水流流态规律的基本认识，为排桩的初步设计提供依据。

3.3.2 排桩直径对流速的影响

在排桩的设计及应用中，单个桩柱的直径 D 能够显著影响排桩阻水比，影响下游水流流速，也是需考虑的重要参数之一。在相同排桩角度 θ、排桩长度 L_t、间距比 L/D 的情况下，分析单桩直径 D 对下游平均流速的影响。

河道桥梁工程中阻水比 η 的概念为：桥墩（排桩）在某一水位下在水流方向上的投影面积 f 和该水位下河道断面总面积 F 的比值，表示为 $\eta=\dfrac{A_f}{A_F}$。阻水比一定程度上可以反映桥梁工程的壅水程度和下游流速。

在排桩应用当中运用阻水比 η 的概念可得 $\eta=\dfrac{nD}{nD+(n-1)L}$，式中 n 为排桩桩柱个数，简化后得到 $\eta=\dfrac{n}{n+(n-1)\dfrac{L}{D}}$，当桩柱 n 较少时，对应单桩直径 D 较大（极限状态下 $n=2$，单桩直径 D 最大），当桩柱 n 较多时，对应单桩直径 D 较小（极限状态下 n 为无穷大，单桩直径 D 极小）。以 $L/D=1$ 情况为例，当 $n=2$ 时，其阻水比为 2/3。而当 n 无穷大时，其阻水比无穷接近于 1/2。

通过以上分析发现，在相同排桩角度 θ、排桩长度 L_t、间距比 L/D 的情况下，单桩直径 D 与排桩阻水比相关，阻水比越大，其下游平均流速越小。故在排桩的实际设计及应用当中，排桩直径 D 也是重点考虑的因素。

3.3.3 排桩间距比对流速的影响

为探究排桩间距比 L/D 对下游流速的影响，设定固定参量：排桩直径 $D=5\mathrm{cm}$、桩柱个数 $n=5$，设计以下试验。

设计试验工况：设定水槽流量 $0.162\mathrm{m^3/s}$，水位 0.2m，保持排桩方向与水流方向垂直（0°夹角），排桩直径 $D=5\mathrm{cm}$、桩柱个数 $n=5$（图 3.3.3），分别设置 $L/D=2.0$、1.0、0.5，测量测点断面 1 处的流速测点，分析排桩间距比 L/D 对下游流速分布的影响。

下游流速分布如图 3.3.4 所示。可知，图 3.3.4 中横坐标为相对距离，其定义为测点距离左岸的距离与排桩总长度的比值，通过对比分析发现，3 种间距比的情况下流速分布均左右对称，且 $L/D=2.0$ 时平均流速最大，$L/D=0.5$ 时平均流速最小。对两侧到中部的流速分布分析发现，由于 $L/D=2.0$ 时最低流速较大，经过较短的距离后即可达到最低流速，而对于 $L/D=0.5$，所经历的距离较长。

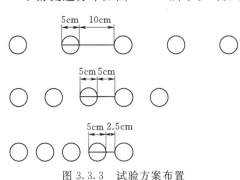

图 3.3.3 试验方案布置

3.3.4 排桩总长度对流速的影响

为探究排桩总长度对下游流速的影响，设定固定参量：排桩方向与水流方向垂直（0°夹角），排桩直径 $D=5$cm，排桩间距比 $L/D=1$。设计以下试验。

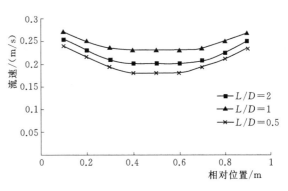

图 3.3.4 排桩后流速分布图

设计试验工况：设定水槽流量 0.162m³/s，水位 0.2m，保持排桩间距比 $L/D=1:1$、排桩方向与水流方向垂直（0°夹角）、排桩直径 $D=5$cm（图 3.3.5），排桩总长度 L_t 分别为 35cm、45cm、65cm、85cm（对应排桩个数分别为 4 个、5 个、7 个、9 个），测量测点断面 1 处的流速测点，分析不同排桩长度对下游流速分布的影响。

流速分布如图 3.3.6 所示，横坐标为距离排桩左侧的距离。由流速分布图可知：当桩柱个数为 4 个、5 个时，其最低流速分别为 0.22m/s、0.2m/s，而当增加排桩个数到 7 个或者 9 个后，其最低流速达到 0.18m/s。分析其成因后认为，排桩下游两侧存在流速递降区域，当排桩总长度比流速递降区域长时，桩后最低流速可达到最低；当排桩长度不足时，将无法达到流速最低值。

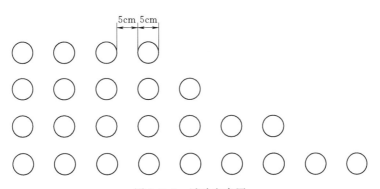

图 3.3.5 试验方案图

数据表明，当排桩个数达到一定数量后，其桩后最低流速值达到最小，且基本为固定值；排桩个数较少时，受其排桩长度影响，其最低流速并不是流速最低值。该成果表明排桩个数一定程度上会影响排桩下游的最低流速及平均流速，在排桩的设计和应用汇总应予以考虑。

本节通过对排桩角度 θ、排桩直径 D、排桩间距比 L/D、排桩总长度 L_t 几个因素，对排桩下游水流流态的影响进行了研究，分析了各因素的基本规律，认定了这几个因素是排桩设计及应用当中较为重要的参数。在下一章节中将综合考虑各个因素，推导排桩下游的平均流速公式。

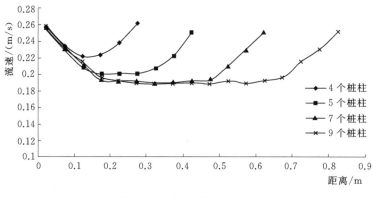

图 3.3.6　试验流速分布图

3.4　排桩下游分流流量公式推导

河道中的水流经过排桩的分流和导流作用后，排桩下游水流流速及流量是工程应用中最关注的问题。本章拟通过排桩能量方程与力平衡方程，分析排桩分流作用，推导排桩下游平均流速计算公式，并通过模型试验对公式进行率定，得到排桩下游平均流速及流量公式。

3.4.1　排桩水流能量方程

设来流流量为 Q，并根据试验中排桩最大壅高出现的位置，取排桩上游 1/2 坝长处为断

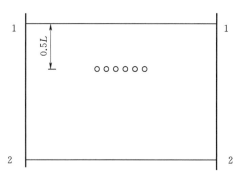

图 3.4.1　断面分布图

面 1-1，在下游较远水流基本平稳处取断面 2-2，如图 3.4.1 所示，取相同基面列出 1-1、2-2 两个断面的能量方程为

$$z_0+\frac{p_0}{\gamma}+\frac{\alpha_0 v_0{}^2}{2g}=z_x+\frac{p_x}{\gamma}+\frac{\alpha_x v_x{}^2}{2g}+h_w$$

式中：z_0、z_x 为断面水位，大小等于断面水深；p_0、p_x 分别为断面 1-1、断面 2-2 的动水压强；α_0、α_x 为动量修正系数；v_0、v_x 分别为断面 1-1、断面 2-2 的平均流速；γ 为水的容重；h_w 为断面 1-1、断面 2-2 的水头损失。

令 $\alpha_0=\alpha_x=1$，则得到排桩上游水位壅高值表达式为

$$\Delta z=z_0+\frac{p_0}{\gamma}-z_x-\frac{p_x}{\gamma}=\frac{v_x{}^2}{2g}-\frac{v_0{}^2}{2g}+h_w$$

h_w 应考虑主要为排桩所造成的局部水头损失。

同时根据连续性方程：$A_0 v_0=Q=A_x v_x$，式中 $A_0 v_0$ 和 $A_x v_x$ 分别为断面 1-1、断面 2-2 的断面面积与平均流速的乘积。断面 1-1 和断面 2-2 河宽相等且均为矩形断面，则有

$$v_0 = \frac{H_x v_x}{H_0}$$

排桩后水流看作为主槽水流和过桩水流的汇流现象，其中过桩水流所占据的河宽为 L_t，L_t 为排桩总长度；主槽水流所占河宽为其余部分。当河渠水流流过排桩时，由于边界条件改变所造成的局部水头损失有很多：主槽水流在排桩上游侧由于断面的突然缩小以及在下游侧断面又突然扩大所引起的局部水头损失；过桩水流在过桩时类似拦污栅的水头损失以及下游断面缩小的水头损失；主槽水流和过坝水流在下游汇流后能量传递、流速梯度所引起的能量损失等。对于过桩水流而言过桩水头损失（类似于拦污栅水头损失）远大于下游断面缩小的水头损失，为了使问题得到简化，本次研究中主要考虑断面 1-1 与断面 2-2 间的过桩水头损失，以及主槽水流断面突然扩大的水头损失。即将排桩局部水头损失看作过坝水流的过桩水头损失和主槽水流的断面突然扩大水头损失的叠加。

故局部水头损失 h_w 可分解为

$$h_w = h_0 + h_2 = \zeta_0 \frac{v_0^2}{2g} + \zeta_2 \frac{v_2^2}{2g}$$

对应的水头损失系数公式有

$$\zeta_c = \left(1 - \frac{A_{c1}}{A_{c2}}\right)^2$$

$$\zeta_d = \delta \left(\frac{D}{L}\right) 4/3 \sin\beta$$

式中：h_0，ζ_0 分别为断面突然扩大引起的局部水头损失及系数；h_2、ζ_2 分别为排桩阻水引起的水头损失及系数；v_0 为主槽水流在断面 1-1 的平均流速；v_2 为过桩水流下游范围内平均流速；D 为桩柱迎水面宽度（直径）；L 为桩柱净间距；β 为桩柱与河床底面所成倾角；δ 为桩柱形状系数，当桩柱为圆截面时，取 1.73；A_{c1} 为桩柱断面主槽部分断面面积；A_{c2} 为断面 2-2 处主槽水流部分断面面积。

h 为河渠未建排桩时的断面平均水深，可近似认为 $h = h_2$，v 为未建排桩前断面平均流速，将局部水头损失各参数代入公式则得到

$$\Delta z = z_1 - z_2 = \frac{v^2}{2g} - \frac{\left(\frac{Hv}{\Delta z + H}\right)^2}{2g} + h_w$$

其中

$$h_w = \left[\left(1 + \frac{B_1}{B_1 + \frac{1}{2}B_2 \sin\theta}\right)^2 + \left(1 + \frac{B_3}{B_3 + \frac{1}{2}B_2 \sin\theta}\right)^2\right]\frac{v^2}{2g} + \delta\left(\frac{t}{b}\right)^{4/3}\frac{v_2^2}{2g}\sin\theta$$

得到

$$\Delta z = \frac{2gH^2 - 2wH + \sqrt{4w^2H^2 + 4g^2H^4 - 4wgh^3 - 4wc}}{2w}$$

其中

$$h_w = \left[\left(1 + \frac{B_1}{B_1 + \frac{1}{2}B_2 \sin\theta}\right)^2 + \left(1 + \frac{B_3}{B_3 + \frac{1}{2}B_2 \sin\theta}\right)^2\right]\frac{v^2}{2g} + \delta\left(\frac{t}{b}\right)^{4/3}\frac{v_2^2}{2g}\sin\theta$$

$$w=v^2+2gh_w$$
$$c=wH^2+H^2v^2$$

上式即为通过能量方程得到的排桩上游水位差 Δz 与为未建排桩前断面平均流速 v、排桩下游流速 v_2 的关系式，Δz 的关系式将成为排桩下游流速公式的重要组成部分。

3.4.2 排桩受力平衡方程

水流进入排桩区后，由于受排桩阻水作用，部分水流从排桩间隙通过，剩下水流被挤入两侧非排桩区，水体与排桩之间、排桩区和非排桩区之间的水体均发生动量和力的交换，通过建立相关的力平衡方程，能够推导出排桩下游分流流量的关系式。以下的公式推导是以水流恒定、排桩未被淹没为前提的。

如图 3.4.2 和图 3.4.3 所示，对于恒定流，取断面①和断面②之间的控制体，其纵向长度为 1，用力学方程可分别建立排桩区和非排桩区之间的力平衡关系式。

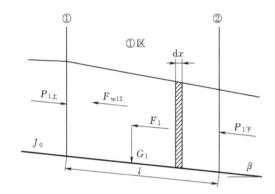

图 3.4.2 非排桩区受力分析图

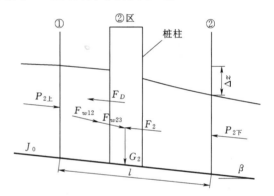

图 3.4.3 排桩区受力分析图

对于非排桩区控制体内的水体受重力、边界切力、排桩区对其的阻力和控制体上、下游断面的动水压力而平衡，如图 3.4.2 所示，所以沿 x 方向力的平衡方程为

$$G_1\sin\beta+P_{1上}=P_{1下}+F_1+F_{w12}$$

式中：$G_1\sin\beta$ 为非排桩区水体所受重力沿 x 方向的分量；$P_{1上}$、$P_{1下}$ 分别为控制体上、下游断面所受的动水压力；F_{w12} 为水流受到的排桩区对其的阻力；F_1 为边壁剪切力；$\sin\beta=J_0$ 为河道的底坡。

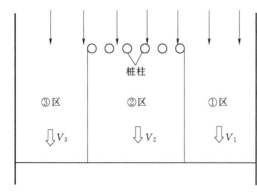

图 3.4.4 排桩位置图

对于排桩区的水体，除受重力、边界切力、非排桩区对其的阻力和控制体上、下游断面的动水压力外，还有排桩所产生的阻力，如图 3.4.3 所示，所以沿 x 方向力的平衡方程为

$$G_2\sin\beta+P_{2上}+F_{w12}+F_{w23}=P_{2下}+F_2+F_D$$

式中：$G_2\sin\beta$ 为排桩区水体所受重力沿 x 方向的分量；$P_{2上}$、$P_{2下}$ 分别为控制体上、下游断面所受的动水压力；F_{w12}、F_{w23} 为水流受到的非排桩区对其的阻力；F_2 为边壁

剪切力；F_D 为排桩的阻力。

同理对于第 3 断面的力平衡方程为

$$G_3 \sin\beta + P_{3\pm} = P_{3\mp} + F_3 + F_{w23}$$

无论是排桩区还是非排桩区水面线均是沿程变化的，取一微元水体，长为 $\mathrm{d}x$，B 为水面宽，水深为 $h(x)$，则微元水体所受的重力为

$$\mathrm{d}G = \rho g h(x) B \mathrm{d}x$$

从而有

$$G_1 = \int_0^l \rho g h(x) B_1 \mathrm{d}x = \rho g B_1 \int_0^l h(x) \mathrm{d}x$$

$$G_2 = \int_0^l \rho g h(x) B_2 \mathrm{d}x = \rho g B_2 \int_0^l h(x) \mathrm{d}x$$

$$G_3 = \int_0^l \rho g h(x) B_3 \mathrm{d}x = \rho g B_3 \int_0^l h(x) \mathrm{d}x$$

式中：ρ 为水的密度；g 为重力加速度；l 为控制体的长度；B_1、B_2、B_3 分别为非排桩区及排桩区的水面宽；$h(x)$ 为河槽的水深。

如果断面①的水深为 h_1，断面②的水深为 h_2，且假设河槽内水面呈线性下降，即降水曲线为

$$h(x) = h_1 + \frac{h_2 - h_1}{l} x$$

将上式代入公式得

$$G_1 = \rho g B_1 l \left(\frac{h_1 + h_2}{2} \right)$$

$$G_2 = \rho g B_2 l \left(\frac{h_1 + h_2}{2} \right)$$

$$G_3 = \rho g B_3 l \left(\frac{h_1 + h_2}{2} \right)$$

断面的平均水深与行进均匀流水深相近，因而边界上的剪切应力可采用均匀流公式来计算，即

$$F = \tau_0 \chi l$$

其中

$$\tau_0 = \gamma \frac{V^2}{C^2}$$

得到

$$F_1 = \gamma \frac{V_1^2}{C_1^2} \chi_1 l$$

$$F_2 = \gamma \frac{V_2^2}{C_2^2} \chi_2 l$$

$$F_3 = \gamma \frac{V_3^2}{C_3^2} \chi_3 l$$

水流为恒定流，若设动水压强 p 已知，对于渐变流动水压强与静水压强相差不大，因而可以用静水压强分布来代替动水压强分布，则动水压力变为

$$P = \frac{1}{2}\rho g B h^2$$

则排桩区及非排桩区上下游水压力为

$$P_{1\pm} = \frac{1}{2}\rho g B_1 h_1^2$$

$$P_{2\pm} = \frac{1}{2}\rho g B_2 h_1^2$$

$$P_{3\pm} = \frac{1}{2}\rho g B_3 h_1^2$$

$$P_{1\mp} = \frac{1}{2}\rho g B_1 h_2^2$$

$$P_{2\mp} = \frac{1}{2}\rho g B_2 h_2^2$$

$$P_{3\mp} = \frac{1}{2}\rho g B_3 h_2^2$$

在排桩区与非排桩区之间的交界面处，将交界面简化为纵向平面界面（类似于一道墙），对于排桩区与非排桩区之间的作用力 F_w，其形式为

$$F_w = \tau_m \chi l$$

因排桩区与非排桩区之间存在着动量传递，实际上两者之间存在着一混合区，可认为该区的流动为自由剪切紊流。对于自由剪切紊流，有一种假设，认为紊流在沿程的发展过程中，各物理量在断面上的分布具有保持某种特性的性能，沿程只有长度比尺和各物理量时均值比尺的变化。根据普朗特（Prandtl）动量传递理论，τ_m 可写为

$$\tau_m = \rho \varepsilon_m \frac{\partial \mu}{\partial y}$$

式中：ε_m 为紊动运动黏滞系数。

普朗特令紊动运动黏滞系数 ε_m 为

$$\varepsilon_m = \mu_m L_m$$

式中：μ_m、L_m 分别为混合区的特征速度和特征长度，其中 $L_m \propto b_m$，b_m 为混合区的特征宽度。

又由于

$$\frac{\partial \mu}{\partial y} \approx \frac{1}{b_m}(V_1 - V_2)$$

$$\mu_m \approx \frac{1}{2}(V_1 + V_2)$$

将以上两式代入，可得

$$\tau_m = \frac{\rho L_m}{2b}(V_2^2 - V_1^2) = \alpha\rho(V_1^2 - V_2^2)$$

式中：α 为动量输运系数；V_1、V_2 分别为非排桩区和排桩区的断面平均流速。

$$\mathrm{d}F_w = \alpha\rho(V_1^2 - V_2^2)h(x)\mathrm{d}x$$

考虑到当排桩并不总是与水流方向垂直，有时会与水流成一定夹角 θ，代入积分得

$$F_{w12} = \alpha\rho\left(l + \frac{L_t}{2}\sin\theta\right)(V_1^2 - V_2^2)\frac{h_1 + h_2}{2}$$

对应 F_{w23} 为

$$F_{w23} = \alpha\rho\left(l - \frac{L_t}{2}\sin\theta\right)(V_3^2 - V_2^2)\frac{h_1 + h_2}{2}$$

根据排桩的阻力特性分析，单排排桩可以看作为单行、m 列的桩柱群，同时与主流方向夹角为 θ，故代入有夹角的桩柱群阻力公式得到

$$\sum F_D(\theta) = \frac{1}{2}\left[1 + (m-1)k_H\right]k_\theta C_D\rho v^2 A$$

将上述各式代入 3 个力平衡方程中：

$$G_1\sin\beta + P_{1\pm} = P_{1\mp} + F_1 + F_{w12}$$
$$G_2\sin\beta + P_{2\pm} + F_{w12} + F_{w23} = P_{2\mp} + F_2 + F_D$$
$$G_3\sin\beta + P_{3\pm} = P_{3\mp} + F_3 + F_{w23}$$

简化后的 3 个公式为

$$B_1\frac{h_1 + h_2}{2}J + \frac{B_1(h_1^2 - h_2^2)}{2l} - \alpha(1 + l_t\sin\theta/l)(v_1^2 - v_2^2)(h_1 + h_2)/2g = \gamma\frac{v_1^2}{C_1^2}\chi_2/\rho g$$

$$B_1\frac{h_1 + h_2}{2}J + \frac{B_1(h_1^2 - h_2^2)}{2l} + \frac{F_{w12} + F_{w23}}{\rho g l}$$
$$= \frac{B_2 h_2^2}{2l} + \gamma\frac{v_1^2}{C_1^2}\chi_2/\rho g + \frac{1}{2}\left[1 + (m-1)k_H\right]k_\theta C_D\rho v^2 A$$

$$B_3\frac{h_1 + h_2}{2}J + \frac{B_3(h_1^2 - h_2^2)}{2l} - \alpha(1 - l_t\sin\theta/l)(v_3^2 - v_2^2)(h_1 + h_2)/2g = \gamma\frac{v_3^2}{C_3^2}\chi_3/\rho g$$

以上 3 个力平衡公式即为排桩上游水位差 Δz 与非排桩区下游流速 v_1、v_3，排桩区下游流速 v_2 的关系式。

3.4.3　排桩下游流量方程及验证

将能量与受力平衡的 4 个方程进行联立：

$$z_1 + \frac{p_1}{\gamma} + \frac{\alpha_1 v_1^2}{2g} = z_2 + \frac{p_2}{\gamma} + \frac{\alpha_2 v_2^2}{2g} + h_w$$
$$G_1\sin\theta + P_{1\pm} = P_{1\mp} + F_1 + F_{w12}$$
$$G_2\sin\theta + P_{2\pm} + F_{w12} + F_{w23} = P_{2\mp} + F_2 + F_D$$
$$G_3\sin\theta + P_{3\pm} = P_{3\mp} + F_3 + F_{w23}$$

解得排桩区和非排桩区流速分别为

$$V_2 = \sqrt{\frac{\frac{\rho}{2}g(h_1 + h_2)(lj + h_1 - h_2)[a_1 a_3 B_2 + (a_3 B_1 + a_1 B_3)(h_1 + h_2)\alpha\rho l/2]}{\gamma\frac{\chi_2}{C_2^2}la_1 a_3 + a_1 a_3 k - \alpha^2\rho^2 l^2\left(\frac{h_1 + h_2}{2}\right)^2(a_3 + a_1) + \alpha\rho l(h_1 + h_2)}}$$

其中

$$e_1 = \gamma\frac{\chi_1}{C_1^2}l$$

$$e_2 = \gamma \frac{\chi_2}{C_2^2} l$$

$$e_3 = \gamma \frac{\chi_3}{C_3^2} l$$

$$d = \alpha \rho l \frac{h_1 + h_2}{2}$$

$$a_1 = e_1 + d$$

$$a_2 = e_2 + d$$

$$a_3 = e_3 + d$$

$$k = \frac{1}{2} m k_H k_\theta C_D \rho A$$

$$\Delta z = h_1 - h_2$$

经简化得

$$V_2 = \sqrt{\frac{\dfrac{dg}{\alpha l}(lj + \Delta z)[a_1 a_3 B_2 + (a_3 B_1 + a_1 B_3)d]}{(e_2 + k)a_1 a_3 - d^2(a_3 + a_1) + 2d}}$$

$$V_1 = \sqrt{\frac{\dfrac{dgB_1 j}{\alpha} + \dfrac{dB_1 g}{\alpha l}\Delta z + dV_2^2}{e_1 + d}}$$

$$V_3 = \sqrt{\frac{\dfrac{dgB_3 j}{\alpha} + \dfrac{dB_3 g}{\alpha l}\Delta z + dV_2^2}{e_3 + d}}$$

则排桩区的流量为

$$Q_2 = A_2 V_2$$

非排桩区的流量为

$$Q_1 = A_1 V_1$$

$$Q_3 = A_3 V_3$$

为保证方程无误，利用无排桩情况对方程进行检验，无排桩时河道均匀流，此时动量输运系数 $\alpha = 0$，$h_1 = h_2 = h$（$\Delta z = 0$），将上述参数代入公式得

$$a_1 = e_1, \quad a_2 = e_2, \quad a_3 = e_3$$

可得公式：

$$V_1 = C_1 \sqrt{R_1 J}, \quad V_2 = C_2 \sqrt{R_2 J}, \quad V_3 = C_3 \sqrt{R_3 J}$$

其形式与谢才公式均匀流一致，表明公式推导过程无误。

推导出排桩分流公式后，通过物理模型试验对公式内的参数进行率定，通过率定 α 取 0.16。

为对分流流量公式及参数进行检验，选取 $L/D = 0.5$、1、4/3、2，排桩角度分别为 30°、45°、60° 的模型实测数据进行对比验证，物理模型当中对下游测点进行流速测量，并通过流量公式 $Q = AV$ 计算排桩区流量，将计算流量和实测流量的数据列于表 3.4.1 所示。

通过对比图 3.4.5 发现，由公式计算的流量值与实测流量之间的误差均在 5% 以内，

表明排桩分流流量公式准确性较高，可作为排桩应用初步计算公式。

表 3.4.1				计算流量与实测流量数据表				单位：L/s
角度	$L/D=0.5$		$L/D=1$		$L/D=1.3333$		$L/D=2$	
	计算流量	实验流量	计算流量	实验流量	计算流量	实验流量	计算流量	实验流量
30°	16.9	16.6	22.4	19.4	27.7	25.4	36.6	35
45°	24.5	23.7	33.9	32.6	41.1	40.2	54.3	55.1
60°	31.9	30.8	44.7	43.3	52.7	53.3	69.8	70.5

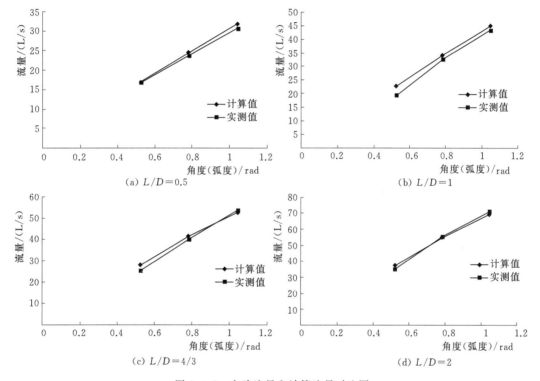

图 3.4.5　实验流量和计算流量对比图

3.5　本章小结

本章研究了排桩的阻力与分流特性，分析了排桩下游水流的流动特征；研究了排桩直径 D、排桩间距比 L/D、排桩角度等因素对于排桩下游水流结构的影响；通过能量与动量方程，推导出排桩下游平均流速公式并进行了验证，得到以下的结论：

（1）排桩是由多个单桩排列组成，但排桩阻力并非单桩阻力简单的叠加，还需通过修正系数对其进行修正。

（2）排桩可有效地降低排桩下游水流流速，改善水流流态，具有广泛的工程应用前景。

（3）排桩直径 D、排桩间距比 L/D、排桩角度等因素对下游水流具有显著的影响，是不可忽视的重要参数。

（4）结合能量与力平衡方程，推导出排桩下游平均流速公式并通过物理模型实验数据对公式进行了率定，率定后的公式可应用于排桩初步方案的选择。

第 4 章

引航道口门区排桩特性研究

在天然河道上修建水利枢纽后，船闸的上下游引航道与河流（或运河）相连接的口门区和连接段，是过闸船舶（队）进出引航道的咽喉，它处在河流动水与引航道静水的交界处。在枢纽采取集中布置型式时（枢纽电站、泄水闸、船闸等建筑物均布置于河道），上游引航道口门区段河道断面变窄；下游引航道口门区段河道断面放宽。因此，河道水流收缩（对上游）和扩大（对下游），形成斜向水流，产生横向流速梯度。由于上游引航道口门区段位于库区，水深大，流速小，斜向水流强度往往较弱。而对于下游引航道口门区段，水深小，流速大，斜向水流强度往往较强，产生回流和横向流速分量。斜向水流的横向流速分量和回流达到一定强度后，便成为阻碍船舶（队）进入引航道的不良流态，使航行船舶（队）产生横漂和扭转，严重时会出现失控，以致发生事故，影响通航。

因此，为保障下游口门区航行船队的通航安全，对于口门区水流特性的研究就显得至关重要，本章在研究下游引航道口门区回流特性的基础上，探究排桩结构在下游口门区的应用，并阐述排桩改善下游口门区水流条件的机理及排桩推荐布置方法。

4.1 口门区水流特性

口门区处在河流动水与引航道静水的交界处。口门区水流一般由斜向流和回流两部分组成，其中斜向流是主要控制因素。对上游口门是河道断面变窄，对下游口门是河道断面放宽，因此河道水流处在收缩（上游口门区）和扩大（下游口门区）的情况下，水流弯曲变形，产生流速梯度，形成斜向水流。

当水流发生局部变形（收缩、扩散等）时，便会产生水流分离的现象。在水流动水和静水的分离面上出现摩擦力，在摩擦力的作用下，分离面附近的水体将随着主流一起向下游运动，而附近边壁的水体则会流入分离面进行补充，以保证水量平衡，这样就形成了一个封闭的水流系统，称为口门回流区。斜流和回流使航行船舶（队）产生横漂和扭转，严重时会出现失控，以致发生事故，影响安全通航。

而下游引航道口门区段受水深较浅、流速大的影响，回流及斜向流强度均较大，大部分工程下游引航道口门区段均有回流产生，因此，对口门区回流及斜向流的特性分析有助于加深对回流的认识，进而提出削弱或消除口门区回流的措施。

4.1.1 口门区回流结构

下游引航道口门区水流形式属于河槽宽度突然加宽的突扩水流，其水流结构类似于单侧突扩水流，因此对单侧突扩水流的分析有助于对口门区回流结构及形成机理的研究。

吴小明等曾在长 16m、宽 0.5m、高 0.5m 的活动玻璃水槽上对单侧突扩水流进行了研究。他们采用流速测量、流线观测、流场显示等手段，多次观测了不同尺度回流的水流流态，发现在主流与回流之间存在一个水流紊动强烈的过渡区，主流与回流在此发生了急剧的动量与水体的交换，如图 4.1.1 所示。

在过渡区的上段，水体混掺的主要方式是以高速下泄的主流将回流区相对静止的水体以小漩涡的形式"吸入"到主流的运动水流中去；而在过渡区的下段，水流混掺的主要方式是主流区水体以阵发性大尺度漩涡将水体"送入"到回流中去。要严格地在过渡区里划分出回流与主流的分界线是比较困难的，好在回流区中的一条流速特征线可一定程度上说明回流的尺度。在这条线上，水流纵向流速为零，称为零值线。以零值线为参考，可以将单侧突扩水流划分为 3 个区，即顺流区、回流负流区及次生回流区，要严格地在过渡区里划分出回流与主流的分界线是比较困难的，在回流区中的一条流速特征线可一定程度上说明回流的尺度，如图 4.1.2 所示。

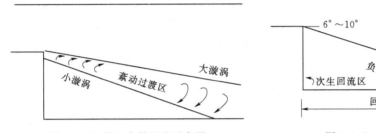

图 4.1.1 单边突扩回流示意图

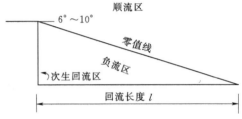

图 4.1.2 零值线示意图

4.1.2 口门区回流长度

回流长度是表征回流尺度的一个重要指标。水流绕过船闸导流堤、河道丁坝等建筑物后过水断面突然放大，水流因分离作用形成了狭长的回流区。正确估计回流区的长度，对预估工程效果有重要意义。受水流波动影响，回流区的范围变化，前人以试验数据为依据或在一定的假设下得出回流长度的经验公式。

1. 贝可夫计算公式

贝可夫对沿程压力变化和切力做了若干假定，根据动量原理得到回流长度的计算公式：

$$\frac{l}{B-l}=\frac{\lg \dfrac{u_b}{u_B}-\dfrac{1}{2}\lg \dfrac{B}{b}}{(\lambda_w+\kappa^2)\dfrac{1}{2\alpha_0}\lg \dfrac{B}{b}+\dfrac{\lambda_b}{4.6\alpha_0 H}(B-b)}$$

若不计边壁的阻力且水深不变，则动量系数 $\alpha=1.1$，由实验得 $\kappa=0.255$，上式可以简化为

$$l=\frac{B-b}{0.103+0.398\dfrac{\lambda_b}{H}\dfrac{B-b}{\lg B-\lg b}}$$

式中：λ_b 为系数，g/c^2。

2. 窦国仁计算公式

窦国仁根据动量方程，推得丁坝回流区长度的计算公式：

$$l = \frac{C_0^2 H}{1 + \frac{12D}{C_0^2 H}}\left(1 + \ln \frac{B}{B - D}\right)$$

3. 乐培九计算公式

乐培九等根据矩形水槽试验资料得出均匀流条件下的丁坝回流长度的计算公式：

$$l = 160\left(\frac{1}{1 - 0.5\eta}\right)^2 \eta^{0.5}\left(\frac{h^{1/6}}{n}\right)^{1.1} Re^{-0.44} h$$

4. 付国岩计算公式

付国岩等根据水槽试验资料得到一侧突扩水流回流长度的经验计算公式：

$$l = 4.2(B - b)\frac{B}{b}\frac{H_B}{H_b}Fr^{0.32}$$

5. 程天金、谢葆玲公式

程天金、谢葆玲等通过水槽试验，对影响回流长度的诸因素进行曲线拟合，得到了单边突扩回流长度的经验公式：

$$l = 3.5\frac{B}{B_0}\left(B - \frac{B_0}{2}\right)F_{r0}^{0.25}\left(\frac{h}{B_0}\right)^{0.012}$$

6. 李国斌、韩信公式

李国斌、韩信从二维水深平均水流运动方程出发，并对一些因素如主回流紊动切应力、主流流速横向分布规律、紊动黏滞系数等做了与前人不同的假定，推导出了非淹没丁坝下游回流长度的计算公式：

$$l = \frac{C_0^2 h \ln \dfrac{A}{A - A'}}{k_b + k_c C_0^2 \dfrac{H}{b}\ln \dfrac{B}{B - b}}$$

对矩形河道上式可简化为

$$l = \frac{C_0^2 h \ln \dfrac{B}{B - b}}{k_b + k_c C_0^2 \dfrac{H}{b}\ln \dfrac{B}{B - b}}$$

这些计算回流长度的经验公式都是在一定的实验条件下得到的，都有自己的适用范围，但船闸引航道口门区水流虽然与单侧突扩水流和丁坝绕流有相似之处，但其口门区上游存在的静止水体终究会对回流长度产生影响，朱红等通过恒定二维垂线平均水流运动方程组对口门区水流进行受力分析，并通过一定的假设提出下游口门区回流长度计算公式，并通过试验实测数据对公式参数进行了拟合得到如下公式：

$$l = \frac{c_0^2 H \ln \dfrac{B}{B_1}}{-2.37439 + 0.220267 c_0^2 \dfrac{H}{b}\ln \dfrac{B}{B_1}}$$

4.1.3　口门区断面平均流速

在水面宽度突然增加的条件下，来流在惯性力作用下继续沿来势前进，在来流交界的静水水域受来流摩擦影响也发生运动，这股流被称为摩擦流，远离界面则出现相反的流动，称为补偿流，根据连续律的要求补偿流量与摩擦流相等。摩擦流与补偿流构成了回转运动，称为回流。摩擦流一般流带较窄，流速较大；补偿流则相反，流带宽且流速小，但二者的流量相等。摩擦流越强，回流的强度越大。

回流是一种封闭式的运动，其主动力就是主流施加在界面的侧向摩擦力，根据动量定律摩擦流与主动力的关系为

$$Ft = Mu$$

式中：F 为主流作用于界面的力和摩擦流壁面阻力；M 为摩擦流的质量；u 为摩擦流的断面平均流速；t 为力的作用时间。

$$F = \alpha \tau h_0 l$$

式中：α 为主动力总作用力的比例系数；τ 为界面侧向切应力；h_0 为界面处水深；l 为作用长度。

$$\tau = \rho \frac{f}{4} \frac{\mu_0^2}{2}$$

式中：ρ 为水流密度；f 为主流侧面阻力系数；μ_0 为流在界面处的平均流速。

$$M = \rho Q_\gamma t = \rho h b_r u t$$

式中：h 为回流区水深；b_r 为摩擦流的平均宽度，应是主动力 τ 的作用长度 l 及断面突扩宽度 b 的函数。

代入上式得

$$u = k \left(\frac{l}{b_r} \right)^{1/2} \left(\frac{h_0}{h} \right)^{1/2} u_0$$

式中：$k = \sqrt{\dfrac{\alpha f}{8}}$ 为综合系数。

其中摩擦流平均宽度 b_r 与边界条件有关且公式中多个参数很难确定，因而暂时不能用于计算，但可通过该式得知，断面平均流速与来流速度 μ_0 成一次正相关性，与主动力的作用长度 l 成 0.5 次正相关，断面平均流速随 μ_0、l 的增大而增大，但断面平均流速与口门区水深 h 成 -0.5 次相关，会随着 h 的增大而减小。

4.1.4　口门区斜流研究

船舶在水流中航行，如果航向与水流流向不一致，则将产生斜向水流对船舶的作用，通常称之为斜流效应。由于斜流效应对船舶的影响较大，所以国内外都很重视对它的研究，特别是通航建筑物引航道口门区的斜流问题。同时又因为引航道口门区是进出通航建筑物的必经之路，其通航水流条件要求严格，而斜流效应是决定因素和重要的限制条件。

斜流对船舶的作用力为

$$P = KA \frac{v^2}{2g}$$

式中：K 为绕流系数，无量纲；v 为斜流表面平均流速，m/s；A 为受斜流作用的船舶面积，m^2。

该力的作用点与船的重心是不重合的，它除对船舶产生推力或阻力外，还产生转动力矩，沿航线方向的推力或阻力 R_y。其分力和力矩分别以下式表达：

$$R_y = P\cos\alpha = KA\frac{v^2}{2g}\cos\alpha = KA_y\frac{v_y^2}{2g}$$

式中：A_y 为 A 在垂直航向上的投影面积；v_y 为 v 在航向上的分速度；α 为"斜向流"与航线的夹角。

垂直航线方向上的推力 R_x：

$$R_x = P\sin\alpha = KA\frac{v^2}{2g}\cos\alpha = KA_x\frac{v_x^2}{2g}$$

式中：A_x 为 A 在航线方向上的投影面积；v_x 为 v 在垂直航线方向上的分速度。

转动力矩即绕船的重心力矩 M：

$$M = PL = KAL\frac{v^2}{2g}$$

式中：L 为力臂长。

陈永奎在研究斜流效应时，提出了船舶受到横流作用后重心所产生的横向漂流速度 v_x^* 及距离 ΔL_x 的计算公式：

$$V_x^* = \frac{A}{B}(1 - e^{-At})v_x$$

$$\Delta L_x = B\left(t + \frac{1}{A}e^{-At}\right)v_x$$

式中：t 为时间；A、B 为与船舶的质量、船体的附加质量及作用在船舶的质量、船体的附加质量上流体的质量及三者的质流量有关的系数，当 v_x 为常量，且 $v_x = v_x^*$ 时，$A = B = 1.0\text{s}^{-1}$。

在"斜向流"中，沿航向的分力对船舶起到加速和减速的作用；垂直航向的分力和力矩将使船舶产生扭转和漂移，导致船舶驾驶困难，当斜向流较大且与航向的夹角较大时，船舶的驾引设备性能无法控制，将造成驾引失控，严重时会发生船舶不能进入引航道或船舶冲撞翻船事故。因此世界各国的航运界对船闸引航道口门区的流态都非常重视。各国航运部门为了航运的安全对引航道口门区的斜向流的大小提出了限定，我国航运行业有关规范规定的引航道口门区水面流速最大限值见表 4.1.1。

表 4.1.1　　　　　引航道口门区水面最大流速限值表　　　　单位：m/s

船闸级别	平行航线的纵向流速	垂直航线的横向流速	回流流速
Ⅰ～Ⅳ	≤2.0	≤0.3	≤0.4
Ⅴ～Ⅶ	≤1.5	≤0.25	≤0.4

但是在一般情况下，引航道口门区的水流条件是很难满足通航要求的，只有采取一定的改善措施以后，才能满足通航的要求。

4.2 口门区通航水流条件标准

枢纽电站的运行、泄洪对航道水流条件的影响较大，使得水流流态复杂化，会在船闸引航道、口门区、连接段及上下游航道影响船舶（队）的停泊与航行安全，为此各国提出了相应的通航水流条件标准。

为降低船舶行船风险、保证口门区船舶安全，世界各国对口门区的水面水流流速均有严格的标准，苏联对船闸通航水流条件做了具体的规定，而且几经修改，流速允许值也趋于提高。如 1980 年 1 月颁发的《挡土墙、船闸、过鱼及护鱼建筑物设计规范》较 1966 年《船闸设计规范》的流速允许值略有提高，1980 年规范规定：超干线及干线航道上的船闸引航道与水库或河流的连接区段内的纵向流速不大于 2.5m/s，横向流速不大于 0.4m/s，引航道中纵向流速不大于 1.0m/s，横向流速不大于 0.25m/s。

美国在水利枢纽设计中，系通过水工模型和船模试验具体确定，在已建枢纽的实例中，船闸引航道口门区的横向流速一般都小于 0.3m/s。西德和荷兰等国家，对通航水流条件做了系统的研究，其横向流速的限值为 0.2～0.3m/s。西德根据模型试验提出的引航道内横向流速的最大允许值为 0.13～0.15m/s。

我国船闸通航水流条件研究始于 20 世纪 50 年代京杭运河船闸建设时期。当时对京杭运河的船闸通航水流条件的规定为：船闸引航道入口处纵向流速不大于 2.0～2.5m/s，横向流速不大于 0.2～0.3m/s，回流流速不大于 0.4m/s，引航道轴线与水流流向的交角不大于 15°～20°。运用表明，当横向流速大时，航行就困难，甚至发生事故，如邵伯船闸下游引航道口门外在洪水期就要拖轮护航。

20 世纪 70 年代开始建设的长江葛洲坝船闸，对通航水流条件进行了实船、水工和船模试验，研究了改善水流条件的措施，并规定：大、三江船闸上游引航道口门区的纵向流速不大于 2m/s，横向流速不大于 0.3m/s，回流流速不大于 0.4m/s，大江下游引航道口门区的纵向流速不大于 2.5～3.0m/s，横向流速同上游。

20 世纪 80 年代在编制《船闸设计规范》过程中，对通航水流条件进行了全面系统的研究，包括实船试验、水工和船模系列试验、船模动水校核试验等。采用遥测技术观测了船队在不同水流状态下的航迹、航迹带、漂角、漂移、偏转等航态和相互关系，取得了较好的成果，特别是首次进行的船模动水校核试验，把我国通航水流条件研究向前推进了一步。在长江三峡水利枢纽船闸的论证中，采用整体水工模型结合遥控自航船模系统地研究了各枢纽布置方案的通航水流条件，深化了通航水流条件的研究。特别是采用水工模型和数学模型对中间渠道的不稳定流的研究，取得了丰富的成果，填补了我国在这方面的空白。

船闸引航道口门区通航水流条件是约束船舶安全进出引航道的标准，其限值合理与否是影响枢纽总体平面布置中的船闸相对位置的主要因素，《船闸总体设计规范》（JTJ 305—2001）对船闸引航道口门区的流速、流态做了规定。在通航期内，规定了引航道口门区的水流条件，此外，还规定了引航道口门区及连接段中心线与河道主流流向之间的夹角不宜超过 25°。

4.3 研究方法

本章拟通过概括物理模型试验探究引航道下游口门区水流特性，探究排桩在引航道口门区消除回流、降低横向流速的效果，分析排桩消除回流的机理，并最终提出引航道下游口门区排桩推荐布置方法。

4.3.1 物理模型设计

第2章的试验已研究排桩的阻力 F_D、直径 D、间距比 L/D、角度 θ 等因素对排桩下游水流的影响，本试验主要研究多排排桩间距 L_p、角度对引航道下游口门区的影响，以及多排排桩在引航道下游口门区的应用。

物理模型试验模型采用矩形断面的水槽，如图 4.3.1～图 4.3.3 所示为模型的布置图，水槽长 50m，宽 3m，水槽底坡为 0.02%，模型排桩设在从河槽进口起的 20～25m 范围内，设置宽度为 0.6m 的导航墙，导航墙长 10m 以保证主河槽处水流基本均匀，流量控制为 0.162m³/s，使用下游尾门控制宽水槽水深 0.2m，并在导航墙下游口门区 0～2m 范围内每隔 0.5m 布置一排测流点，各测点分三层水深进行测量，测量并记录 X、Y、Z 三个方向流速。

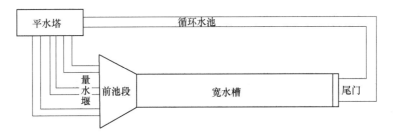

图 4.3.1 模型布置图

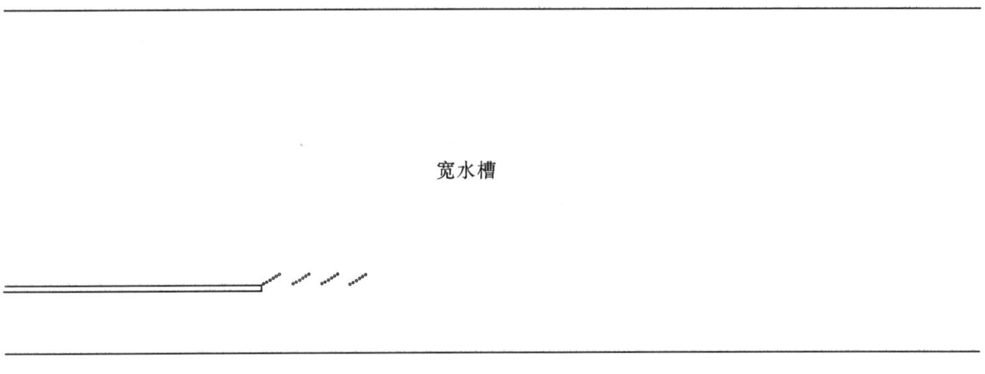

宽水槽

图 4.3.2 试验方案整体布置

设计3组试验工况，采用4排等间距、同角度的排桩，在下游口门区与主河道边界处进行布置，分别布置3种排桩角度 15°、30°、45°，相邻排桩间距 L_p 分别为 l、1.5l、

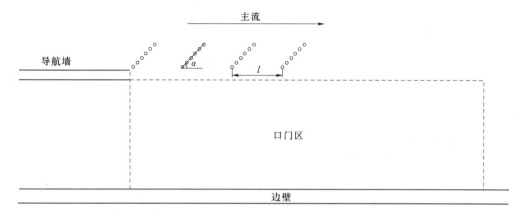

图 4.3.3　试验方案局部

$2l$（l 为单个排桩长度，本次试验固定为 0.176m，单桩间距比 $L/D=1:1$），通过测量口门区水流流速来评判排桩导流效果，试验工况见表 4.3.1。为方便起见，本章节所有数据均为模型数据。

表 4.3.1　　　　　　　　　　　　试 验 工 况 表

方　案	排桩角度 α	排桩距离 L_p
排桩直径 1.6cm； 排桩间距比 $L/D=1:1$； 排桩长度 $L=17.6$cm	45°	$1.0l$
		$1.5l$
		$2l$
	30°	$1.0l$
		$1.5l$
		$2l$
	15°	$1.0l$
		$1.5l$
		$2l$

4.3.2　测量仪器及测量方法

采用美国 SonTek 公司生产的 20MHz 和 10MHz ADV 和重庆西科机电技术开发公司的 HD‐4B 型旋桨式流速仪进行流速测量。试验中，模型流量由矩形量水堰测量，水位采用精度为 0.01cm 的水位测针量测。

SonTek ADV 是一个单点、高分辨率的三维多普勒测速仪，ADV 测量技术以声学多普勒效应原理为基础，利用向水体中发射的声波被水体的固体微粒子或气泡散射时所产生的频率差，并经 ADV 采样和由电子仪器来度量频率的变化，从而计算出采样体积中的三维水流流速，实现实时的三维流速分布量测。ADV 信号及试验数据处理由专门软件 AD-VLAB 来完成，其结果以 ASCⅡ码文本文件输出，很容易被 Excel 等软件处理，操作简单。ADV 量测仪器由量测探头（16mHz）、控制组件和信号处理组件组成，其探针与测点的距离均为 5cm，ADV 的探针有俯视、仰视、侧视 3 种型号。本试验研究用三维的 ADV 在 3 个不同的位置沿垂线量测了瞬时流速，从而了解紊流特征的时均值，测量中 ADV 的采样频率为 20Hz，采样时间为 60s。探头的方向会影响到雷诺应力和所测次级流的模式。

试验中测点布置如图 4.3.4 所示。各测点分 3 层水深进行测量，测量并记录 X、Y、Z 3 个方向流速，测量频率为 20Hz。

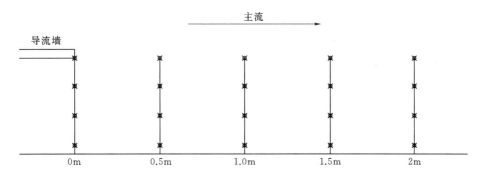

图 4.3.4　试验测点布置图

4.4　试验成果分析

4.4.1　口门区回流特征分析

在引航道下游不设任何改善措施的情况下，受引航道束窄河道的影响，河道主槽由窄变宽，下游口门区受突扩水流的影响将产生回流。实验测得的口门区表层、中层、底层流场分布如图 4.4.1～图 4.4.3 所示。

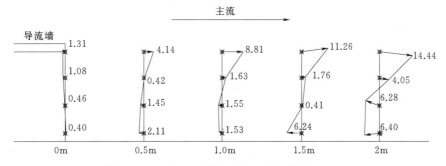

图 4.4.1　口门区表层流速分布图（单位：m/s）

由流速图可知：受主河槽、口门区水流流速梯度的影响，口门区靠近主河槽处流速沿程逐渐增大，并带动口门区静止水体流动，靠近主槽静止水体被带动到下游后抵冲边壁，并向反方向流动产生反向回流（符合断面水量平衡），回流流速最大可达 7cm/s。

引航道下游口门区回流特征为底层回流流速大于表层回流流速，主河槽水流的水流特征为表层大底层小，流速较大的表层水流抵达边壁后潜入水底，使得底层流速大于表层流

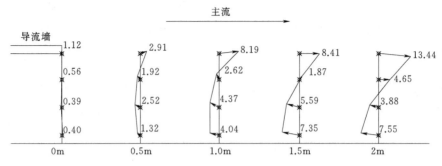

图 4.4.2 口门区中层流速分布图（单位：m/s）

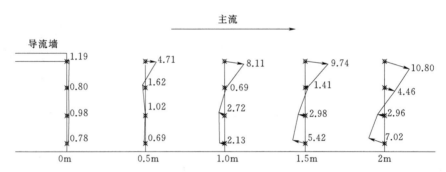

图 4.4.3 口门区底层流速分布图（单位：m/s）

速，水流反向流动后流速逐渐降低，并在 0~1m 的范围内逐渐扩散，形成一个完整的三维回流圈。其平面回流过程如图 4.4.4 所示，但实际回流过程是一个更为复杂的三维循环水流过程。

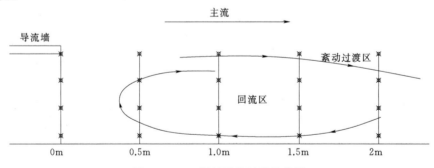

图 4.4.4 口门区回流区域示意图

7cm/s 回流流速通过比尺换算为原型流速后，远远超过了规范规定的回流流速限，因此，本研究将探究排桩技术在引航道口门区消除回流、降低横向流速的效果。

4.4.2 排桩消除口门区回流机理

口门区回流产生机理为主流区与口门区间的流速梯度，主槽水流带动口门区静止水体，使得口门区产生回流。而排桩结构消除口门区回流的机理是：在口门区与主槽水流动静边界处设置的排桩，阻断了主流区和静水区流速交互边界，同时通过排桩分流作用将部分流量通过排桩间隙补充进口门区，再通过导流作用将多余的流量引入主河槽内。排桩一方面可以降低主河槽与口门区的流速梯度，降低回流的产生及回流强度；另一方面，补充入口门区的水流能够抵冲口门区回流，消除口门区回流流速和横向流速。从而达到改善口门区水流流态的目的。排桩消除口门区回流机理见图 4.4.5。

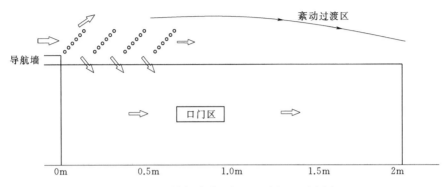

图 4.4.5　排桩消除口门区回流机理示意图

4.4.3　排桩角度对口门区流速的影响

为计算通过排桩间隙进入到口门区的流量，在主河槽和口门区的交界面上等间距设立多个测点，测量表中底流速，9 种试验工况下口门区边界纵向（垂直于主河槽水流流速方向）流速分布如图 4.4.6～图 4.4.11 所示，通过计算交界面断面流量（纵向流速沿交界面进行积分），得到各工况下进入口门区的流量如表 4.4.1 所列。

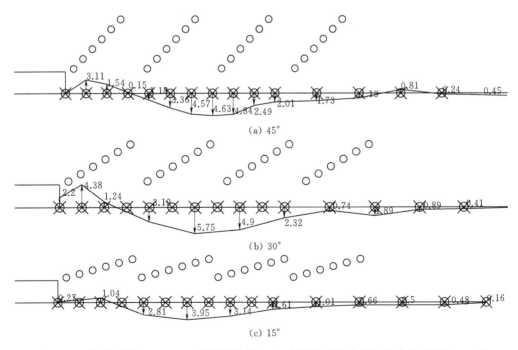

图 4.4.6　排桩间距 17.6cm（1 倍排桩长度）时口门区边界纵向流速分布图（单位：m/s）

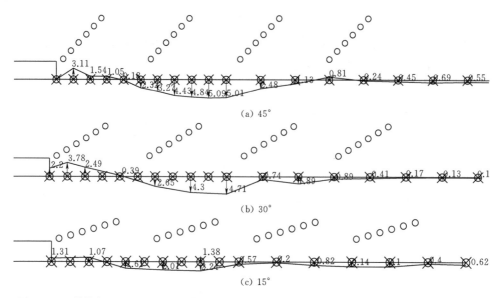

(a) 45°

(b) 30°

(c) 15°

图 4.4.7　排桩间距 26.4cm（1.5 倍排桩长度）时口门区边界纵向流速分布图（单位：m/s）

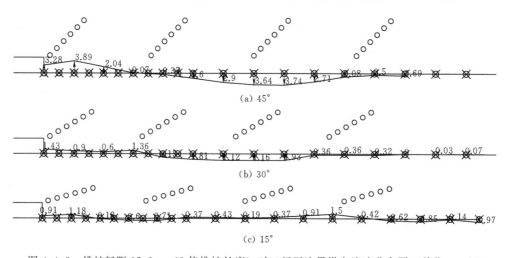

(a) 45°

(b) 30°

(c) 15°

图 4.4.8　排桩间距 35.2cm（2 倍排桩长度）时口门区边界纵向流速分布图（单位：m/s）

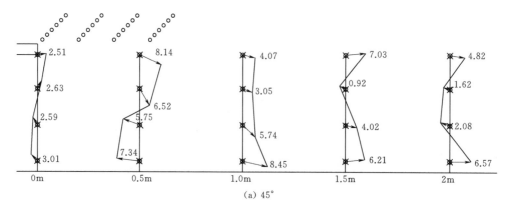

(a) 45°

图 4.4.9（一）　排桩间距 17.6cm（1 倍排桩长度）时口门区测点流速分布图（单位：m/s）

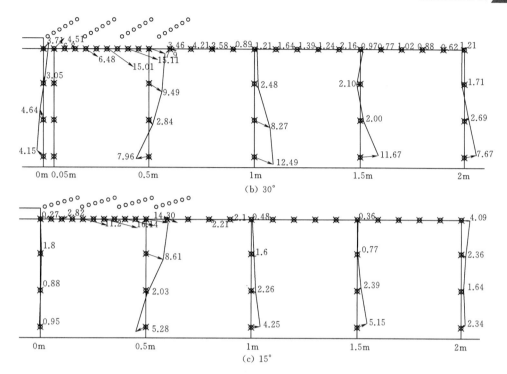

(b) 30°

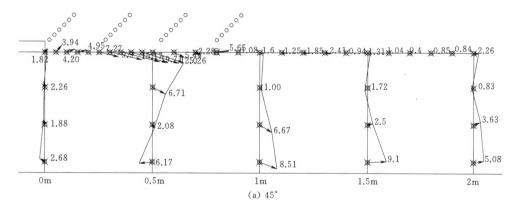

(c) 15°

图 4.4.9（二） 排桩间距 17.6cm（1 倍排桩长度）时口门区测点流速分布图（单位：m/s）

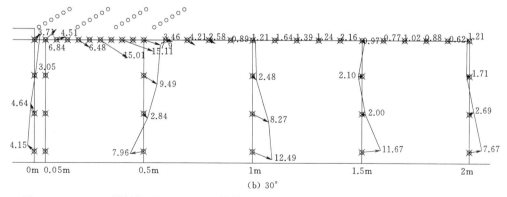

(a) 45°

(b) 30°

图 4.4.10（一） 排桩间距 26.4cm（1 倍排桩长度）时口门区测点流速分布图（单位：m/s）

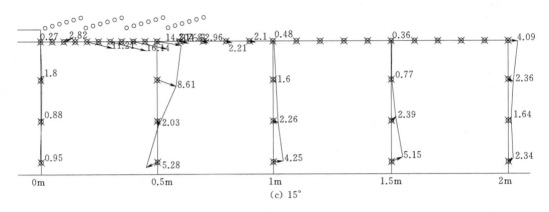

(c) 15°

图 4.4.10（二） 排桩间距 26.4cm（1 倍排桩长度）时口门区测点流速分布图（单位：m/s）

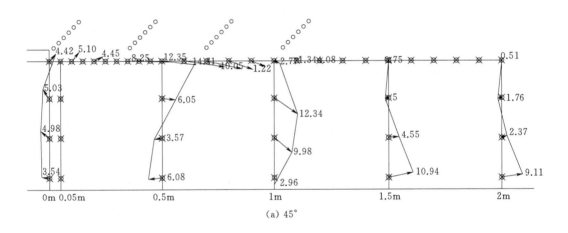

(a) 45°

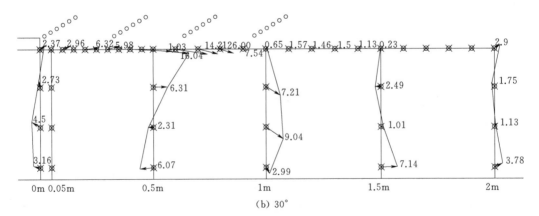

(b) 30°

图 4.4.11（一） 排桩间距 35.2cm（2 倍排桩长度）时口门区测点流速分布图（单位：m/s）

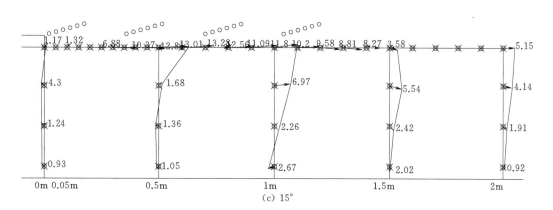

（c）15°

图 4.4.11（二） 排桩间距 35.2cm（2 倍排桩长度）时口门区测点流速分布图（单位：m/s）

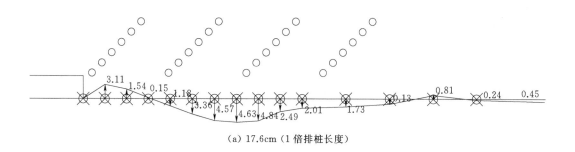

（a）17.6cm（1 倍排桩长度）

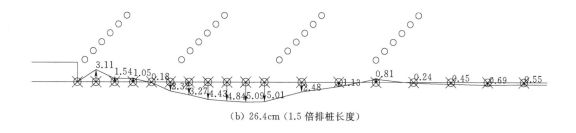

（b）26.4cm（1.5 倍排桩长度）

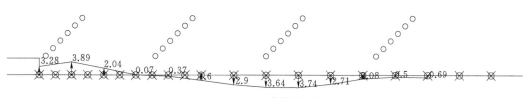

（c）35.2cm（2 倍排桩长度）

图 4.4.12 排桩角度为 45°时口门区边界纵向流速分布图（单位：m/s）

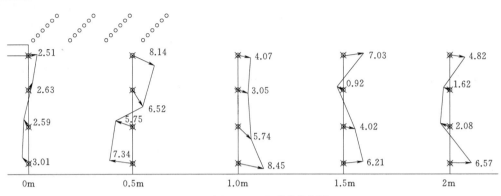

(a) 17.6cm（1 倍排桩长度）

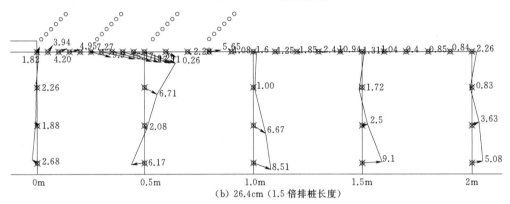

(b) 26.4cm（1.5 倍排桩长度）

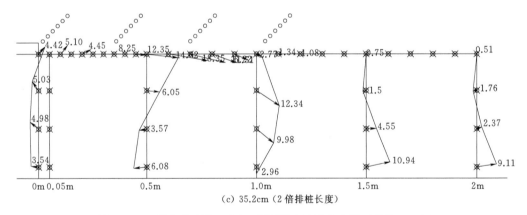

(c) 35.2cm（2 倍排桩长度）

图 4.4.13 排桩角度为 45°时口门区测点流速分布图（单位：m/s）

表 4.4.1　　　　　　　　　试验测得进入口门区边界流量（cm³/s）

方　案	45°	30°	15°
间距 17.6cm	2046	1590	921
间距 25.4cm	2145	1537	866
间距 35.2cm	1946	1553	824
公式计算流量	2012	1623	885

通过对相同角度的排桩流量进行对比发现：当角度一定时，排桩间距 L_p 对分流流量并无明显影响，说明引入口门区的流量仅与排桩自身因素（直径、角度、间距比 L/D）相关，与排桩间距并无关联。使用上一章节的流量计算公式进行验证，发现计算流量与实测流量误差均在 8% 以内，表明流量计算公式基本可靠。

成果表明，下游引航道口门区处的排桩角度将决定进入口门区内的流量，运用第 2 章节的排桩下游流量公式，可初步定出排桩的基本尺寸及布置角度。

4.4.4 排桩间隔对口门区流速的影响

相同角度下，不同排桩间隔的边界纵向流速图和口门区测点流速分布如图 4.4.12 和图 4.4.13 所示。由图可知，在引入流量基本不变的情况下（与排桩角度相关），排桩间隔越小，其引入流量越集中，且当间隔为 1 倍排桩长度时，大部分流量从第二排排桩和第三排排桩内进入口门区，集中的水束将顶冲口门区河岸，并产生较大的次生回流，为保证引入水流能够均匀进入口门区（以防横向流速超标），推荐排桩间隔为 1.5～2 倍排桩长度。

4.5 排桩导流推荐布置方法

排桩之间的距离较小时，通过第一排排桩的水流，受第二排排桩的顶托作用，流量集中从第二排排桩前进入口门区，如图 4.5.1 所示。集中引入口门区流量会顶冲河岸，并产生较大的次生回流，如图 4.5.2、图 4.5.3 所示。为此推荐排桩间距为 1.5～2.0 倍排桩长度。

图 4.5.1　回流区域照片

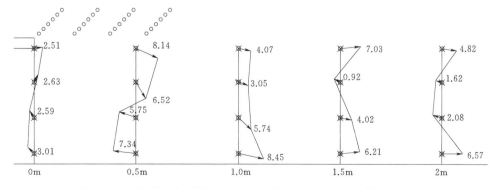

图 4.5.2　角度 45°、间距 17.6cm 口门区流速分布图（单位：m/s）

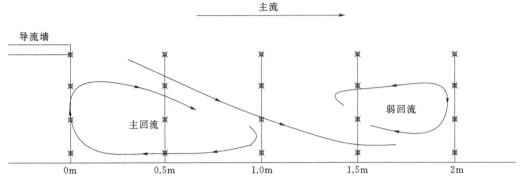

图 4.5.3 45°排桩口门区回流示意图

下游口门区排桩布置方法：以满足规范要求的流速为目标，使用排桩分流公式，试算出可使口门区流速满足规范要求的单排排桩基本参数：排桩直径 D、间距比 L/D 以及排桩角度，排桩总长度应以排桩投影覆盖整个口门区为准。将单排排桩等分为多个排桩，平行布置于主河槽与口门区的交界面处，并保持排桩与排桩间的距离在 $1.5 \sim 2.0$ 倍的排桩长度内。

4.6 本章小结

本章通过研究引航道下游口门区的水流特性，分析口门区产生回流的机理，并结合相关行业标准明确了口门区的回流限值，并通过物理模型实验的方式对排桩在引航道下游口门区的应用进行了分析，并提出了排桩的推荐布置方法，得出以下结论：

（1）引航道下游口门区受主河槽突扩的影响，均会产生回流。

（2）在不使用改善措施的情况下，口门区回流强度一般都会超过规范要求的 0.4m/s 的限值。

（3）排桩在口门区可阻断主流区和静水区流速交互边界，并将部分流量引入口门区，消除回流。

（4）提出下游口门区排桩布置方法：以满足规范要求的流速为目标，使用排桩分流公式，可通过试算得到初步的排桩直径 D、间距比 L/D 以及排桩角度。排桩与排桩间的距离保持在 $1.5 \sim 2.0$ 倍的排桩长度内，口门区排桩投影应覆盖整个口门区。

第 5 章

排桩整流技术在水利枢纽工程
船闸口门区的应用研究

5.1 排桩整流技术在大藤峡水利枢纽工程船闸口门区的应用研究

5.1.1 大藤峡水利枢纽工程概况

大藤峡水利枢纽坝址位于珠江流域西江水系的黔江河段大藤峡峡谷出口的弩滩处，下距广西桂平市黔江彩虹桥 6.6km，控制流域面积 19.86 万 km²，占西江流域面积的 56%。主要工程特性见表 5.1.1。

表 5.1.1　　　　　　　　　　　　主 要 工 程 特 性 表

项　　目			单位	数量
		坝址控制流域面积	km²	198612
		多年平均流量	m³/s	4280
		调节库容	亿 m³	15.00
		总库容	亿 m³	30.13
		正常蓄水位	m	61.00
		防洪起调水位	m	47.60
水库	混凝土坝	校核洪水位（$P=0.02\%$）	m	61.00
		设计洪水位（$P=0.1\%$）	m	61.00
		校核洪水流量（$P=0.02\%$）	m³/s	67200
		设计洪水流量（$P=0.1\%$）	m³/s	54600
	土石坝	校核洪水位（$P=0.01\%$）	m	63.25
		设计洪水位（$P=0.1\%$）	m	61.00
		枢纽工程上游最高通航水位	m	61.00
		枢纽工程上游最低通航水位	m	44.00
		枢纽工程下游最高通航水位	m	41.24
		枢纽工程下游最低通航水位	m	20.75

续表

项　　目			单位	数量
主要建筑物	挡水建筑物	主坝	型式		混凝土重力坝
			最大坝高	m	81.01
			坝顶高程	m	64.50
			坝顶长度	m	1243.06
		黔江副坝	型式		黏土心墙石渣坝
			防浪墙顶高程	m	67.00
			坝顶高程	m	65.80
			坝顶长度	m	555.00
		南木江副坝	型式		黏土心墙石渣坝
			防浪墙顶高程	m	67.00
			坝顶高程	m	65.80
			坝顶长度	m	643.00
	泄水建筑物	黔江主坝	高孔	高孔堰顶高程	m	36.00
				单孔净宽/孔数	m/个	14/2
			低孔	低孔堰顶高程	m	22.00
				孔口尺寸（宽×高）/孔数	m×m/个	(9×18)/24
			消能方式		底流

　　大藤峡水利枢纽是一座以防洪、航运、发电、补水压咸、灌溉等综合利用的大型水利枢纽工程，枢纽建筑物包括挡水建筑物、泄水闸、船闸、河床式发电厂房、鱼道、生态取水建筑物、灌溉取水口和开关站等。土石坝校核洪水位 63.25m，相应的枢纽总库容32.77 亿 m³，总装机容量 1600MW。根据《防洪标准》（GB 50201—2014）及《水利水电工程等级划分及洪水标准》（SL 252—2000）的规定，该工程为Ⅰ等大（1）型。枢纽主要建筑物挡水坝、泄水闸、河床式厂房和船闸上闸首为 1 级建筑物，泄水闸导墙、护坦及厂区挡墙等次要建筑物为 3 级建筑物。

　　根据规划近期与远期货运输量要求，大藤峡黔江船闸按 3000t 级设计，根据《船闸总体设计规范》（JTJ 305—2001）船闸级别为Ⅰ级；航道等级规划为Ⅱ级，远景规划为Ⅰ级；根据《船闸水工建筑物设计规范》（JTJ 307—2001）规定船闸闸首、闸室为 1 级建筑物；导航墙、靠船墩、隔流墙及隔流堤等为 3 级建筑物。

　　水工建筑物防洪标准：混凝土坝（泄水闸坝段、混凝土挡水坝段、河床式厂房挡水部分、船闸坝段及其事故门库坝段）及土石坝（黔江副坝及南木江副坝含灌溉取水口坝段和生态泄水坝段）设计洪水均采用 1000 年一遇；混凝土坝校核洪水标准采用 5000 年一遇，土石坝校核洪水采用 10000 年一遇；水电站副厂房、主变压器场地、开关站、出线场及进厂交通设计洪水采用 200 年一遇，校核洪水采用 1000 年一遇；消能防冲建筑物设计洪水采用 100 年一遇；鱼道设计洪水采用 30 年一遇。

　　枢纽由泄水闸、河床式发电厂房、船闸、主坝、副坝、鱼道等组成。黔江拦河主坝由右岸混凝土重力坝段、右岸鱼道、河床式厂房坝段、左右岸安装间坝段、泄水闸坝段、碾压混凝土纵向围堰坝段、左岸船闸坝段、船闸检修门库坝段等组成。黔江副坝位于主坝上游左岸，为黏土心墙堆石坝。大藤峡枢纽初设方案总平面布置如图 5.1.1 所示。

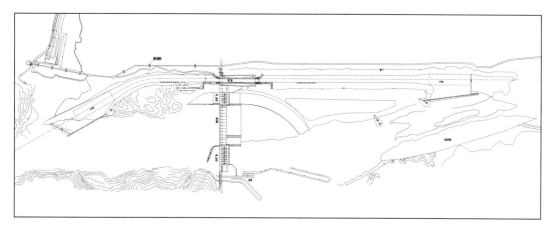

图 5.1.1　大藤峡枢纽初设方案总平面布置

1. 主坝

黔江主坝总长 1243.06m，坝顶高程 64.00m，最大坝高 81.01m，主坝坝轴线方向为 NE53°26′22″。主坝从右至左依次为：右岸挡水坝段、右岸鱼道、右岸厂房坝段、泄水闸坝段、左岸厂房坝段、船闸坝段、船闸检修门库坝段、主坝与黔江副坝连接坝段。枢纽主坝部分布置如图 5.1.2 所示。

2. 泄水闸

主坝泄水闸基本布置在主河床上，泄水闸共设 2 个高孔和 24 个低孔，分别布置在碾压混凝土纵向围堰坝段两侧。泄水高孔孔宽 14.0m，堰顶高程 36.00m；低孔孔口尺寸为 9m×18m（宽×高），闸底板顶高程 22.00m，采用底流消能。

3. 厂房

河床式厂房分两岸布置，左岸布置 3 台，右岸布置 5 台。

右岸厂房坝段桩号为 0+201.6～0+482.5m，坝段总长 280.9m，其中主机间坝段长 207.9m，安装间坝段长 73.0m。右岸主厂房尺寸为 280.90m×98.85m×86.21m（长×宽×高），安装间布置在右岸厂房的右端。

左岸厂房坝段桩号为 0+943.0～1+142.66m，坝段长度 199.66m，其中主机间长 126.66m，安装间长 73.0m。左岸主厂房尺寸为 199.66m×98.85m×86.21m（长×宽×高），安装间布置在左岸厂房的左端。副厂房布置在厂房下游侧，对外交通采用坝下公路进厂方式，GIS 开关站与左岸船闸下引航道挡墙结合布置，靠近左岸厂房进厂公路。

4. 船闸引航道口门区布置

大藤峡黔江单级船闸布置在左岸，桩号为 1+142.66～1+283.66m，由上游引航道、上闸首、闸室、下闸首和下游引航道组成，船闸线路总长 3418.0m，船闸闸室有效尺度为 280m×34m×5.8m（有效长度×有效宽度×门槛水深），上游引航道长 1136.0m，下游引航道长 1897.0m。上游引航道中心线由上闸首向上游延伸 675.0m 长的直段，接转弯

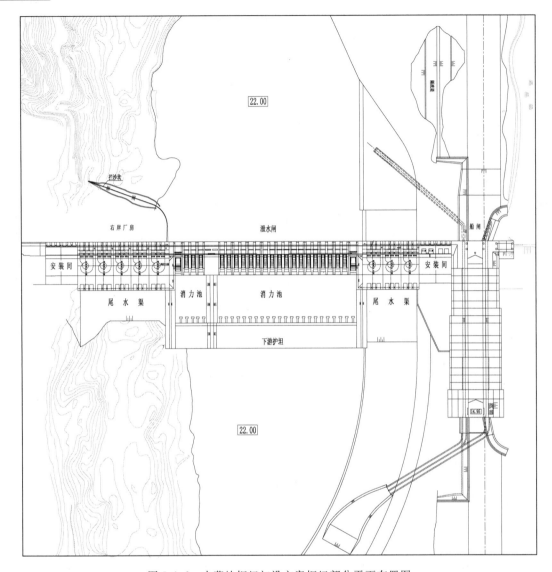

图 5.1.2　大藤峡枢纽初设方案枢纽部分平面布置图

半径为 910.0m、转角 29°的弧线，经口门区与库区航线相接。下游引航道中心线从下闸首向下游延伸 550.0m 长的直线段，接 1165.0m 长直段，再接 182.0m 长渐变段经口门区与下游航道相接。

上、下游引航道底宽 75m，口门宽 115m。上、下游引航道底高程分别为 38.20m 和 15.35m。上闸首长 60m，门前段挡水宽度 108m，其余段顶宽 80m，底宽 108m，边墩顶高程 65.00m，人字门底坎顶高程 38.20m。下闸首长 60m，顶宽 80m，底宽 126m，边墩顶高程 65.00m，人字门底坎顶高程 14.95m。上游主导航墙长 182m，辅助导航墙长 94m，墙顶高程均为 63.50m。下游主导航墙长 182m，辅助导航墙长 104m，墙顶高程均为 43.71m。上、下游引航道停泊段各设置一排靠船墩，长 182m，墩顶高程分别为 63.50m 和 43.71m。上游、下游引航道口门区布置如图 5.1.3 和图 5.1.4 所示。

图 5.1.3 上游引航道口门区可行性研究阶段设计方案平面布置

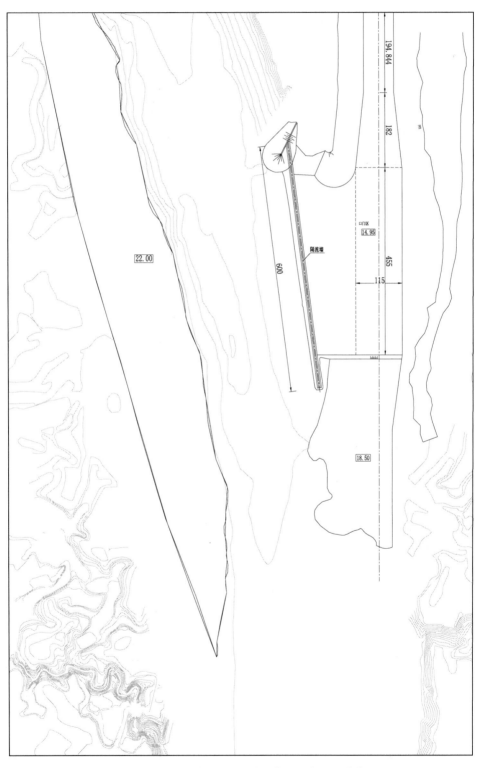

图 5.1.4 下游引航道口门区设计方案平面布置（单位：m）

5.1.2　水库调度

水库调度包括汛期调度、汛前腾空防洪库容调度和发电调度。

1. 汛期调度

按照大藤峡防洪运行规则要求，其防洪控制水位与下泄流量关系见表 5.1.2，当需大藤峡拦洪时，在短时间内要减少 $3500 \sim 6000 \mathrm{m^3/s}$ 下泄量，可考虑在 $4 \sim 7\mathrm{h}$ 内完成减小泄量要求。但当水位超过控制高水位时又须按入库放流，而之前的放流与入库差也为 $3500 \sim 6000 \mathrm{m^3/s}$，此时也可考虑在 $4 \sim 7\mathrm{h}$ 内完成按入库放流。

表 5.1.2　　　　　　　　　　防洪控制水位与下泄流量关系

起调条件	坝前水位 Z/m	泄量 $Q/(\mathrm{m^3/s})$
起需	$Z < Z_0$	$Q_{坝址} - 3500$
	$Z < Z_0$	$Q_{坝址} - 6000$
	$Z \geqslant Z_0$	$Q_{入库}$
腾空	$Z > 47.6$	$Q_{坝址} + 3500$
	$Z = 47.6$	$Q_{入库}$

注　$Q_{入库}$ 为入库流量；$Q_{坝址}$ 为坝址流量；Q 为水库流量；Z 为水库水位；Z_0 为 57.6m 或 61.0m（61.0m 为调洪最高水位）。

减少放流时间的水位范围为 $45.0 \sim 61.0\mathrm{m}$、流量范围为 $20000 \sim 45000 \mathrm{m^3/s}$；加大放流时的水位范围为 $57.6 \sim 61.0\mathrm{m}$（Z_0）、流量范围为 $30000 \sim 50000 \mathrm{m^3/s}$。

2. 汛前腾空防洪库容调度

按大藤峡防洪任务要求，每年 6—8 月水库水位控制在 47.6m 汛限水位运行，之前的 5 月水库控制最高水位为 59.6m，水库腾空泄流加大幅度限制为每小时 $1000 \mathrm{m^3/s}$，正常情况下，随着流量加大，水位逐渐降低，若按连续腾空考虑，其最大泄流量约达 $28000 \mathrm{m^3/s}$，其最大流量在低水位 47.6m 附近出现。

3. 发电调度

大藤峡发电运行时，按流量级控制坝前水位，其发电调度采用水库上游红水河的迁江站、柳江的柳州站和洛清河的对亭站 3 站实测流量之和作为判据，结合水库水位和坝址前 1h 下泄流量进行水库发电动态调度，其中 6—8 月库水位按汛期限制水位 47.6m 控制，具体相应原则见表 5.1.3 和表 5.1.4。

表 5.1.3　　　　　　　　　　次汛期（5 月与 9 月）调度规则表

入库流量 $Q_入/(\mathrm{m^3/s})$	库水位 $Z_库/\mathrm{m}$	水库下泄流量 $Q_泄/(\mathrm{m^3/s})$		要求库水位 $Z_库/\mathrm{m}$	备注
		腾空	回蓄		
$Q_入 \leqslant 5000$	$Z_库 = 59.6$	$Q_泄 = Q_入$		59.6	次汛期发电最高水位
	$Z_库 < 59.6$		$Q_{泄(i-1h)} - 300$		
$5000 < Q_入 \leqslant 14000$	$53.6 < Z_库 \leqslant 59.6$	$Q_{泄(i-1h)} + 1000$		53.6	
	$47.6 \leqslant Z_库 < 53.6$		$Q_{泄(i-1h)} - 300$		

表5.1.4 非 汛 期 调 度 规 则 表

三站合成入库流量 $Q_{三站}$/(m³/s)	当前库水位 $Z_库$/m	水库下泄量 $Q_泄$/(m³/s)		要求达到水库水位 $Z_库$/m	备注
$Q_{三站}\leqslant 4500$	$Z_库=61$	$Q_泄=Q_坝$		61.0	发电最高运行水位
	$Z_库<61$		$Q_{泄(i-1h)}-600$		
$4500<Q_{三站}\leqslant 6000$	$59.6<Z_库\leqslant 61$	$Q_{泄(i-1h)}+1000$		59.6	水位和流量动态平衡
	$57.6<Z_库\leqslant 59.6$		$Q_{泄(i-1h)}-600$		
$6000<Q_{三站}\leqslant 8000$	$57.6<Z_库\leqslant 59.6$	$Q_{泄(i-1h)}+1000$		57.6	
	$54.6<Z_库\leqslant 57.6$		$Q_{泄(i-1h)}-600$		
$Q_{三站}>8000$		$Q_{泄(i-1h)}+1000$		54.6	

正常情况下，小于 5000m³/s 的流量均应由水电站下放，对于大流量可将多出 5000m³/s 的部分由泄洪闸下泄，不利组合水位对应泄水闸泄量如下：库水位 59.6m 时泄水闸泄流量范围为 0～9000m³/s；库水位 53.6m 时泄水闸泄流量范围为 9000～15000m³/s；库水位 47.6m 时泄水闸泄流量范围为 15000～40000m³/s。

5.1.3 试验水文条件和通航标准

各频率洪水调洪成果见表5.1.5；黔江主坝下游水位-流量关系见表5.1.6；黔江主坝下游引航道出口水位-流量关系见表5.1.7。

表5.1.5 各频率洪水调洪成果表

频率/%	0.01	0.02	0.1	0.2	0.5
坝前最高水位/m	63.25	61.00	61.00	61.00	61.00
最大出库流量/(m³/s)	71400	67200	54600	49400	45500
频率/%	1	2	3.33	5	20
坝前最高水位/m	61.00	57.60	57.60	46.20	44.00
最大出库流量/(m³/s)	42300	39900	38200	39000	30600

表5.1.6 黔江主坝下游水位-流量关系表

坝下 200m			
水位/m	流量/(m³/s)	水位/m	流量/(m³/s)
23.12	650	35.18	15900
23.87	1050	36.12	18000
24.82	1650	37.06	20200
25.76	2350	38.00	22900
26.70	3250	38.95	25800
27.64	4250	40.83	32600
28.58	5350	42.71	39800
29.53	6500	44.60	47200
30.47	7800	46.48	54900
31.41	9200	48.37	62700
32.35	10800	50.25	70600
33.29	12400	52.13	79000
34.24	14100		

表 5.1.7　　　　　　　　　　黔江主坝下游引航道出口水位-流量关系表

坝下 2320m

水位/m	流量/(m³/s)		水位/m	流量/(m³/s)	
	上包线	下包线		上包线	下包线
22.43	650	650	32.65	11700	13600
23.18	1050	1050	33.60	13400	15400
24.13	1650	1650	34.54	15200	17300
25.07	2450	2500	35.49	17200	19500
26.02	3150	3550	36.44	19400	21900
26.97	4000	4750	37.38	21800	24600
27.91	5000	6050	38.33	24500	27800
28.86	6200	7400	40.22	31000	34500
29.81	7400	8800	42.12	38200	
30.75	8750	10300	44.01	45600	
31.70	10200	11900			

根据《船闸总体设计规范》(JTJ 305—2001)确定船闸级别为Ⅰ级，根据《内河通航标准》(GB 50139—2014)确定航道等级为Ⅰ级，口门区纵向流速小于2.0m/s，横向流速小于0.3m/s，回流流速小于0.4m/s；引航道导航和调顺段内宜为静水，制动段和停泊段的水面最大流速纵向不应大于0.5m/s，横向不应大于0.15m/s。

5.1.4　船闸上游口门区方案及优化研究

口门区通航水流条件研究在1:100的大藤峡整体水工模型上进行，测试流速、流态，并对推荐方案进行自航船模试验。试验工况的选择主要考虑上游引航道口门区的最大通航流量、库区最低通航水位、汛限水位、次汛期最大通航流量以及正常蓄水位等几个特征条件：最大通航流量为枢纽下泄10年一遇洪水；库区最低通航水位出现在5年一遇洪水；汛限水位为47.6m时，枢纽最大下泄流量为28000m³/s；次汛期库区水位为53.6m时，枢纽最大下泄流量为15000m³/s。模型选取的试验工况见表5.1.8。

表 5.1.8　　　　　　　　上游引航道口门区通航水流条件试验工况

试验工况	流量/(m³/s)	上游水位/m	洪水频率/%	备　注
1	15000	53.6		次汛期最大泄流量
2	28000	47.6		汛限水位，库区腾空最大泄流量
3	30600	44.0	20	库区最低水位
4	35200	44.9	10	最大通航流量

5.1.4.1　设计方案试验成果与分析

大藤峡船闸上游引航道口门区长455.0m、宽115.0m，原设计方案为改善口门区内的水流流态，在口门区河道侧设一道长485.0m、顶高程为47.00m的隔流堤(隔流堤平

69

均高度在 20.0m 以上）；同时为防止河床质泥沙进入到口门区及引航道内，在口门区上游设置一道拦砂坎与隔流堤相连，拦砂坎顶高程为 38.2m（与上游引航道及口门区底高程相同），拦砂坎上下游坡比均为 1：2。

在《船闸总体设计规范》（JTJ 305—2001）中关于引航道、口门区、连接段位置尺寸描述如下："口门区的宽度应与引航道口门有效宽度相同，其长度应按设计最大船舶、船队确定，顶推船队采用 2.0～2.5 倍船队长，拖带船队采用 1.0～1.5 倍船队长，两种船队并有时，取大值。"

按照口门区的定义，原设计方案实体隔流堤设置后，在库区水位低于隔流堤堤顶高程时（47.00m），隔流堤头部实为引航道与河道的分流位置，此时，上游口门区的起始位置应该以隔流堤头部起算，原设计方案口门区的位置其实是引航道制动段的位置，通航标准应参照引航道制动段的纵、横向通航水流标准。

试验首先对设计方案上游引航道及口门区的通航水流条件进行验证，如图 5.1.5～图 5.1.8 所示为试验工况上游引航道及口门区水流流态，不同试验工况上游引航道及口门区水流流态分述如下：

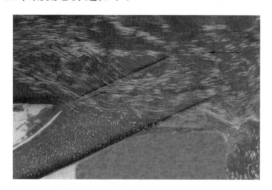

图 5.1.5 设计方案上游引航道及口门区
水流流态（$Q=15000\text{m}^3/\text{s}$）

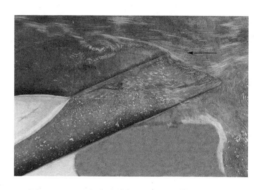

图 5.1.6 设计方案上游引航道及口门区
水流流态（$Q=28000\text{m}^3/\text{s}$）

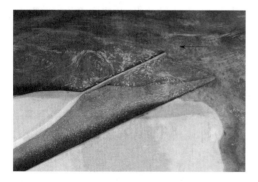

图 5.1.7 设计方案上游引航道及口门区
水流流态（$Q_{20\%}=30600\text{m}^3/\text{s}$）

图 5.1.8 设计方案上游引航道及口门区
水流流态（$Q_{10\%}=35200\text{m}^3/\text{s}$）

（1）在次汛期，上游库区水位（53.6m）高于隔流堤堤顶（47.0m），在上游峡口弯道水流的作用下，来流掠过上游口门区及引航道，受阻于引航道右侧山体后，在山体前端产生折转，试验测得的水流流线与引航道中心线夹角为15°～40°。

（2）在汛限水位时（47.6m），上游库区水位略高于隔流堤顶（47.0m），在隔流堤堤头挑流作用下，上游来流在隔流堤堤头迅速折转，试验测得的上游水流与口门区中心线夹角在10°～25°之间；部分来流沿着隔流堤左侧进入到引航道内，这部分中的大部分水流漫过隔流堤下泄，小部分水流则在引航道内形成回流；隔流堤堤头附近产生较大范围的绕流区，绕流范围波及至枢纽附近，隔流堤下游与左岸山体间形成一个长1000m、宽250m的回流区，同时隔流堤将河道左侧水流挑至河道右侧，改变了现有河道的流路，河道内设置的隔流堤将对枢纽泄洪以及船闸旁侧取水产生影响。

（3）在5年一遇和10年一遇洪水情况下，库区水位低于隔流堤顶（47.0m），隔流堤的设置使上游来流提前折转，试验测得的上游口门区中心线与泄流间夹角在10°～20°之间；上游来流在惯性力以及隔流堤导流作用下，部分水流沿着隔流堤进入引航道内，并在引航道前端形成逆时针的回流区，同时在引航道内形成往复流，试验测得的引航道内水面波动幅度可达1.0m，往复流的存在不利于船舶的正常停泊。

5.1.4.2 方案优化思路

设计方案上游引航道口门区布置于南木江与黔江交汇处的浅滩区域，该浅滩区域宽阔，高程基本处于42.00～47.00m之间（引航道口门区底板高程为38.20m），原设计方案为与上游河道顺直连接，在引航道与口门区之间采用了一个弧度为29°的弯道进行连接，直接导致上游引航道口门区处于上游弯道主流的影响区域，为改善口门区内的水流流态，原设计方案在口门区河道侧设置了一条485.0m长的隔流堤，隔流堤内伸河道，其最大约占河道过流宽度的1/3，对枢纽泄洪、船闸引水以及隔流堤附近流态产生不利影响，且隔流堤底部大多坐落于24.00～26.00m浅滩上，隔流堤高度大部分在20.0m以上，隔流堤的工程量巨大。

为避开上游峡口扩散及弯道水流对口门区及连接段的直冲影响，充分利用南木江与黔江交汇处的浅滩作为缓冲区域，试验将上游引航道口门区向岸坡方向内移，同时取消隔流堤的设置，降低隔流堤建设对枢纽泄洪以及船舶通航影响，在保证上游口门区满足通航水流条件的同时，尽可能地不改变山体及浅滩开挖工程量，节省隔流堤建设的工程投资。

5.1.4.3 优化方案Ⅰ试验情况

针对设计方案存在的问题，试验对上游口门区的布置进行优化，优化方案上游口门区平面布置如图5.1.9所示，优化措施如下：

（1）取消上游隔流堤。

（2）将引航道制动段的弯道弧度由29°调整至23°，弯道半径调整为800m。

（3）上游口门区位置向上游及左岸偏移，上游口门区起始端以引航道右侧山体与主河槽之间的分流头部为准。

（4）将上游口门区右侧滩地全部开挖至38.2m高程，保持与引航道底齐平。

（5）在上游引航道制动段右侧山体开挖5个、半径为4.0m的圆形泄流孔，孔口前端局部河床挖低，开挖范围为30m×15m×4m（长×宽×高），孔口顶高程为38.2m。

（6）上游口门区与主航道以半径750m、弧度27°的弯段连接。

（7）将上游口门区与主航道连接段的河床底高程回填至38.2m，同时沿上游峡谷左

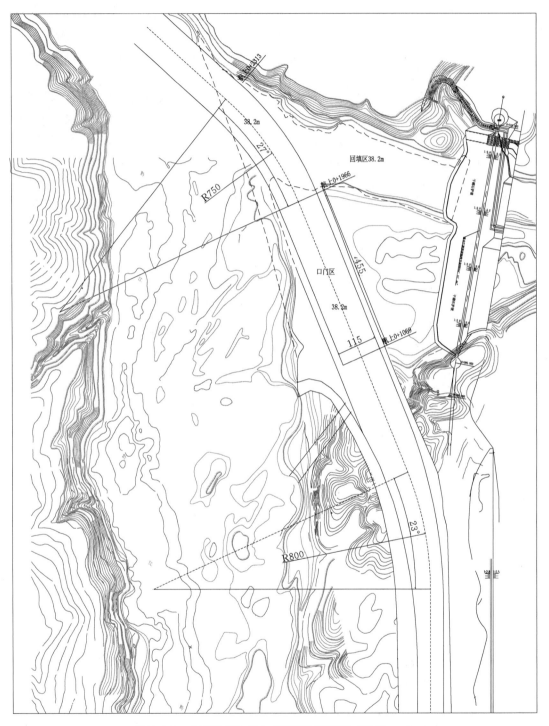

图 5.1.9 上游口门区优化方案平面布置图（单位：m）

岸岸坡与口门区外侧河势相连，调顺河势，回填至 38.2m 高程。

（8）将南木江副坝与上游口门区连接段之间区域河床回填至 38.2m 高程。

各试验工况，优化方案上游引航道及口门区水流流态如图 5.1.10～图 5.1.13 所示。

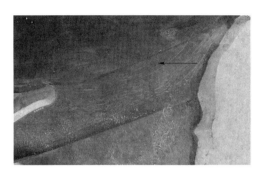

图 5.1.10　优化方案Ⅰ上游口门区
水流流态（$Q_{10\%}=35200\text{m}^3/\text{s}$）

图 5.1.11　优化方案Ⅰ上游口门区
水流流态（$Q_{20\%}=30600\text{m}^3/\text{s}$）

图 5.1.12　优化方案Ⅰ上游口门区
水流流态（$Q=28000\text{m}^3/\text{s}$）

图 5.1.13　优化方案Ⅰ上游口门区
水流流态（$Q=15000\text{m}^3/\text{s}$）

在遭遇 5 年一遇和 10 年一遇洪水时，上游库区水位较低，引航道、口门区及连接段水深在 6.0～7.0m 之间，口门区连接段河床回填及口门区外侧局部河势调整后，峡口来流主要位于右岸主槽内，连接段及口门区上游段水流流向基本与给定的航线方向一致，在分流堤阻水作用下，口门区下游段河道侧水流以 5°～20°的夹角偏向主河道，而引航道内水流基本静止，隔流堤开孔后，对进入上游口门区河道侧的水流有一定的引导作用，有效地降低口门区下游段的水流与口门区中心线之间的夹角。

其他试验工况下，工程处于闸门控制情况，此时枢纽泄流量相对小、库区水位相对较高，弯道水流作用减弱，上游来流主流基本位于河道主槽内，部分水流贴口门区及连接段外侧下泄，对口门区的通航水流条件整体影响较小；口门区下游端及口门区右侧滩地上形成强度较弱的回流区。

上游引航道口门区及连接段流速测点布置见图 5.1.14，各试验工况优化方案上游引航道及口门区流速分布见表 5.1.9 及图 5.1.15～图 5.1.18。

在遭遇 10 年一遇洪水时，上游口门区内纵向流速基本在 2.0m/s 以内（航上 1＋966～1＋911m 断面出现纵向流速大于 2.0m/s，且各两个点），横向流速基本在 0.30m/s 以内（航上 1＋611m 断面出现一个横向流速 0.36m/s 点），口门区内无回流存在，上游口

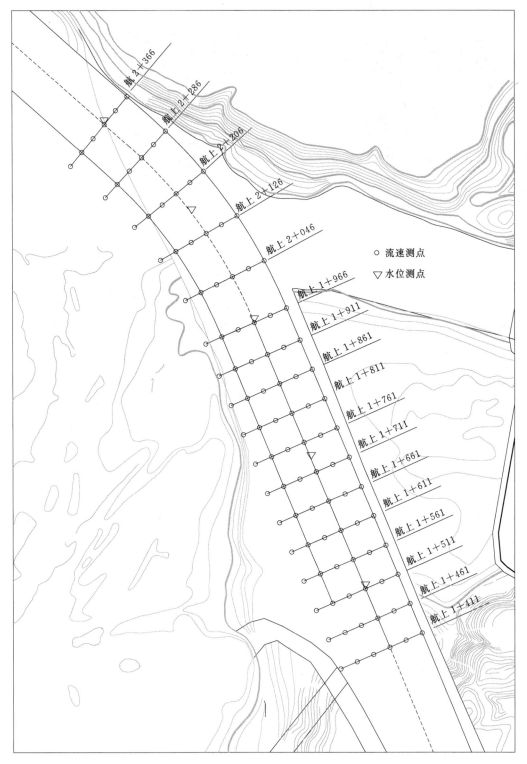

图 5.1.14 优化方案Ⅰ上游口门区流速与水位测点布置（单位：m）

表 5.1.9　　　　　　　　　　　　　优化方案 I 上游口门区及连接段流速

区域	测点断面	$Q_{10\%}=35200\text{m}^3/\text{s}$			$Q_{20\%}=30600\text{m}^3/\text{s}$			$Q=28000\text{m}^3/\text{s}$			$Q=15000\text{m}^3/\text{s}$		
		夹角/(°)	纵向流速/(m/s)	横向流速/(m/s)	夹角/(°)	纵向流速/(m/s)	横向流速/(m/s)	夹角/(°)	纵向流速/(m/s)	横向流速/(m/s)	夹角/(°)	纵向流速/(m/s)	横向流速/(m/s)
连接段	航上 2+366m	5	1.76	0.15	5	1.15	0.11	10	0.58	0.10	0	0.16	0.00
		10	2.40	0.42	8	2.15	0.32	10	1.32	0.23	5	0.86	0.07
		10	2.47	0.44	12	2.18	0.38	10	1.96	0.35	5	0.81	0.07
		15	3.00	0.80	15	2.24	0.60	10	2.11	0.37	5	0.85	0.07
		15	2.95	0.79	15	2.38	0.71	10	2.21	0.39	5	1.13	0.10
		15	3.05	0.82	15	2.79	0.75	10	2.19	0.39	5	1.28	0.11
	航上 2+286m	0	0.24	0.00	0	0.81	0.00	0	0.12	0.00	0	0.08	0.00
		0	1.67	0.00	5	2.05	0.08	0	1.35	0.00	0	0.43	0.00
		5	2.24	0.20	5	2.04	0.15	10	1.54	0.27	5	0.73	0.06
		10	2.42	0.43	10	2.11	0.37	10	1.83	0.32	5	0.76	0.07
		10	2.59	0.46	10	2.25	0.38	10	1.86	0.33	10	0.97	0.17
		10	2.54	0.45	10	2.39	0.42	10	1.92	0.34	0	1.07	0.00
	航上 2+206m	0	0.26	0.00	0	0.08	0.00	0	−0.08	0.00	0	0.08	0.00
		0	1.58	0.00	0	1.42	0.00	0	−0.73	0.00	0	0.29	0.00
		0	1.77	0.00	0	1.92	0.00	0	1.24	0.00	0	0.31	0.00
		0	2.24	0.00	0	2.31	0.00	0	1.74	0.00	5	0.73	0.06
		0	2.60	0.00	0	2.43	0.00	0	1.92	0.00	10	0.55	0.10
		0	2.89	0.00	0	2.63	0.00	0	2.31	0.00	0	0.82	0.00
	航上 2+126m	0	0.45	0.00	0	0.45	0.00	0	0.08	0.00	0	0.00	0.00
		0	1.48	0.00	0	1.56	0.00	−5	0.71	−0.06	0	0.21	0.00
		0	2.03	0.00	−5	1.88	−0.16	0	1.08	0.00	0	0.52	0.00
		0	2.32	0.00	−5	2.29	−0.20	0	1.67	0.00	0	0.92	0.00
		0	2.46	0.00	0	2.35	0.00	0	2.02	0.00	0	0.92	0.00
		5	2.59	0.23	5	2.81	0.25	0	2.12	0.00	0	1.11	0.00
	航上 2+046m	0	0.74	0.00	0	0.70	0.00	0	0.12	0.00	0	0.08	0.00
		0	1.36	0.00	0	1.56	0.00	0	0.31	0.00	0	0.40	0.00
		0	2.08	0.00	0	1.83	0.00	0	1.12	0.00	0	0.34	0.00
		0	2.24	0.00	0	2.24	0.00	0	1.64	0.00	0	0.74	0.00
		0	2.39	0.00	0	2.50	0.00	0	1.78	0.00	0	0.82	0.00
		0	2.74	0.00	0	2.84	0.00	0	2.06	0.00	0	0.81	0.00
口门区	航上 1+966m	0	1.03	0.00	0	0.92	0.00	0	0.42	0.00	0	0.16	0.00
		0	1.55	0.00	0	1.32	0.00	0	0.94	0.00	0	0.32	0.00
		0	1.72	0.00	0	1.96	0.00	0	1.24	0.00	0	0.42	0.00

区域	测点断面	$Q_{10\%}=35200\text{m}^3/\text{s}$			$Q_{20\%}=30600\text{m}^3/\text{s}$			$Q=28000\text{m}^3/\text{s}$			$Q=15000\text{m}^3/\text{s}$		
		夹角/(°)	纵向流速/(m/s)	横向流速/(m/s)	夹角/(°)	纵向流速/(m/s)	横向流速/(m/s)	夹角/(°)	纵向流速/(m/s)	横向流速/(m/s)	夹角/(°)	纵向流速/(m/s)	横向流速/(m/s)
口门区	航上 1+966m	0	2.20	0.00	0	1.95	0.00	0	1.58	0.00	0	0.60	0.00
		0	2.22	0.00	0	1.97	0.00	0	1.67	0.00	0	0.95	0.00
		0	2.60	0.00	0	2.77	0.00	0	2.06	0.00	0	0.95	0.00
	航上 1+911m	0	0.67	0.00	0	0.95	0.00	0	0.12	0.00	0	0.12	0.00
		0	1.24	0.00	0	1.42	0.00	0	0.32	0.00	0	0.27	0.00
		0	1.51	0.00	0	1.63	0.00	0	1.17	0.00	0	0.24	0.00
		0	2.12	0.00	0	1.86	0.00	0	1.63	0.00	0	0.50	0.00
		0	2.32	0.00	0	1.92	0.00	5	1.67	0.15	0	0.49	0.00
		0	2.60	0.00	0	2.35	0.00	5	1.88	0.16	0	0.68	0.00
	航上 1+861m	0	0.55	0.00	0	0.88	0.00	0	0.16	0.00	0	0.20	0.00
		0	1.15	0.00	0	1.32	0.00	0	0.40	0.00	0	0.39	0.00
		0	1.48	0.00	0	1.38	0.00	0	0.88	0.00	0	0.27	0.00
		0	1.77	0.00	0	1.78	0.00	0	1.28	0.00	0	0.49	0.00
		0	1.93	0.00	5	1.84	0.16	5	1.45	0.13	0	0.63	0.00
		0	1.98	0.00	5	2.05	0.18	5	1.74	0.15	0	0.82	0.00
	航上 1+811m	0	0.14	0.00	0	0.70	0.00	0	0.52	0.00	0	0.19	0.00
		0	0.79	0.00	0	1.00	0.00	0	0.78	0.00	0	0.09	0.00
		0	1.31	0.00	0	1.57	0.00	0	0.52	0.00	0	0.20	0.00
		5	1.66	0.15	5	1.84	0.16	0	0.93	0.00	0	0.36	0.00
		5	1.93	0.17	6	1.63	0.17	0	1.53	0.00	0	0.70	0.00
		5	1.97	0.17	8	1.91	0.27	0	1.60	0.00	0	0.67	0.00
	航上 1+761m	0	0.81	0.00	0	0.38	0.00	0	0.04	0.00	0	0.12	0.00
		0	0.57	0.00	0	0.89	0.00	0	0.25	0.00	0	0.09	0.00
		6	0.99	0.10	5	1.02	0.09	0	0.78	0.00	0	0.12	0.00
		8	1.68	0.24	10	1.40	0.25	0	1.15	0.00	0	0.33	0.00
		8	1.77	0.25	10	1.61	0.28	0	0.88	0.00	0	0.70	0.00
		10	1.95	0.34	10	1.87	0.33	0	1.18	0.00	0	0.97	0.00
	航上 1+711m	0	0.14	0.00	0	0.34	0.00	0	0.12	0.00	0	0.04	0.00
		0	0.50	0.00	0	0.55	0.00	0	0.21	0.00	0	0.16	0.00
		5	0.90	0.08	10	1.12	0.20	0	0.45	0.00	0	0.12	0.00
		5	1.02	0.09	10	1.26	0.22	0	1.08	0.00	0	0.43	0.00
		10	1.62	0.29	10	1.54	0.27	0	0.99	0.00	0	0.20	0.00
		15	1.59	0.43	12	1.78	0.38	0	1.21	0.00	0	0.36	0.00

续表

区域	测点断面	$Q_{10\%}=35200\text{m}^3/\text{s}$ 夹角/(°)	纵向流速/(m/s)	横向流速/(m/s)	$Q_{20\%}=30600\text{m}^3/\text{s}$ 夹角/(°)	纵向流速/(m/s)	横向流速/(m/s)	$Q=28000\text{m}^3/\text{s}$ 夹角/(°)	纵向流速/(m/s)	横向流速/(m/s)	$Q=15000\text{m}^3/\text{s}$ 夹角/(°)	纵向流速/(m/s)	横向流速/(m/s)
口门区	航上 1+661m	0	0.14	0.00	0	0.16	0.00	0	0.27	0.00	0	0.00	0.00
		0	0.14	0.00	0	0.50	0.00	0	0.11	0.00	0	0.20	0.00
		5	0.59	0.05	10	0.86	0.15	0	0.35	0.00	0	0.12	0.00
		10	0.94	0.17	15	1.20	0.32	0	0.75	0.00	5	0.32	0.03
		10	1.29	0.23	20	1.34	0.49	0	0.72	0.00	10	0.41	0.07
		15	1.43	0.38	20	1.33	0.49	0	1.21	0.00	0	0.74	0.00
	航上 1+611m	0	0.11	0.00	0	0.12	0.00	0	0.04	0.00	0	0.08	0.00
		0	0.19	0.00	0	0.36	0.00	0	0.18	0.00	0	0.05	0.00
		10	0.53	0.09	10	0.41	0.07	0	0.20	0.00	0	0.05	0.00
		15	0.64	0.17	10	0.66	0.12	0	0.36	0.00	0	0.05	0.00
		20	0.98	0.36	20	0.96	0.35	0	0.34	0.00	0	0.49	0.00
		20	1.21	0.44	20	1.17	0.43	10	0.94	0.17	0	0.70	0.00
	航上 1+561m	0	0.17	0.00	0	0.04	0.00	0	0.16	0.00	0	0.00	0.00
		0	0.26	0.00	0	0.00	0.00	0	0.11	0.00	0	0.00	0.00
		0	0.21	0.00	0	0.27	0.00	0	0.04	0.00	0	0.00	0.00
		10	0.51	0.09	10	0.42	0.07	0	0.20	0.00	0	0.04	0.00
		10	0.51	0.09	15	0.88	0.24	15	0.47	0.13	0	0.20	0.00
		15	0.78	0.21	20	0.80	0.29	15	0.61	0.18	0	0.29	0.00
	航上 1+511m	0	0.08	0.00	0	0.00	0.00	0	0.24	0.00	0	0.00	0.00
		0	0.09	0.00	0	0.20	0.00	0	0.11	0.00	0	0.00	0.00
		0	0.19	0.00	0	0.16	0.00	0	0.12	0.00	0	0.00	0.00
		0	0.36	0.00	10	0.39	0.07	0	0.36	0.00	0	0.00	0.00
		0	0.36	0.00	10	0.53	0.09	0	0.42	0.00	0	0.16	0.00
		0	0.57	0.00	0	0.71	0.00	0	0.54	0.00	0	0.50	0.00
	航上 1+461m	0	0.17	0.00	0	0.04	0.00	0	0.00	0.00	0	0.00	0.00
		0	0.18	0.00	0	0.05	0.00	0	0.00	0.00	0	0.00	0.00
		0	0.11	0.00	0	0.04	0.00	0	0.08	0.00	0	0.00	0.00
		0	0.21	0.00	20	0.23	0.08	0	0.28	0.00	0	0.00	0.00
		30	0.33	0.19	30	0.36	0.21	15	0.50	0.13	0	0.12	0.00
		0	1.07	0.00	30	0.93	0.53	30	0.99	0.57	0	0.47	0.00
	航上 1+411m	0	0.00	0.00	0	0.00	0.00	0	0.00	0.00	0	0.00	0.00
		0	0.00	0.00	0	0.00	0.00	0	0.05	0.00	0	0.00	0.00
		0	0.00	0.00	0	0.00	0.00	0	0.00	0.00	0	0.00	0.00
		0	0.00	0.00	0	0.00	0.00	0	0.11	0.00	0	0.00	0.00
		10	0.16	0.03	10	0.08	0.01	45	0.08	0.08	0	0.00	0.00
		45	0.24	0.24	45	0.28	0.28	45	0.23	0.23	45	0.23	0.23

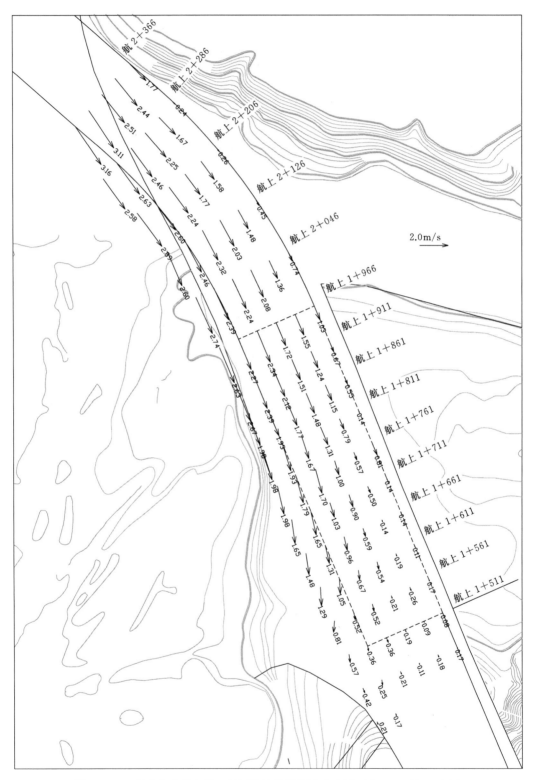

图 5.1.15 优化方案 I 上游口门区及连接段流速分布图（$Q_{10\%}=35200\text{m}^3/\text{s}$）

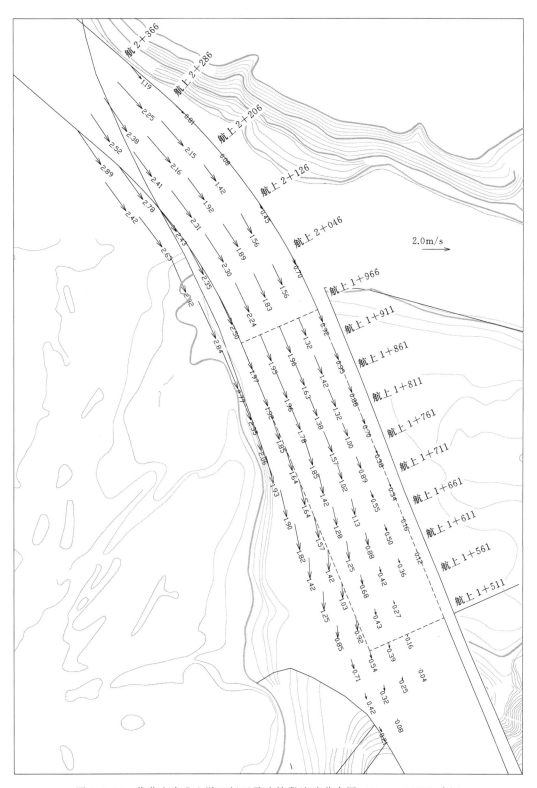

图 5.1.16　优化方案Ⅰ上游口门区及连接段流速分布图（$Q_{20\%}=30600\text{m}^3/\text{s}$）

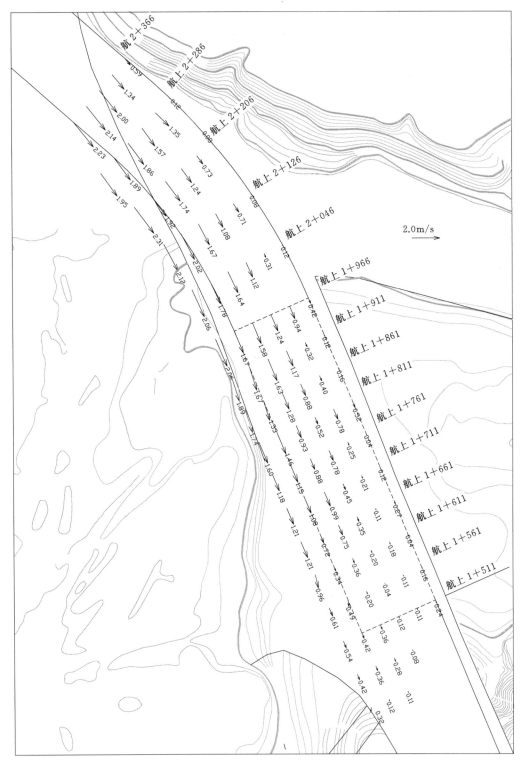

图 5.1.17 优化方案 I 上游口门区及连接段流速分布图 ($Q=28000\text{m}^3/\text{s}$)

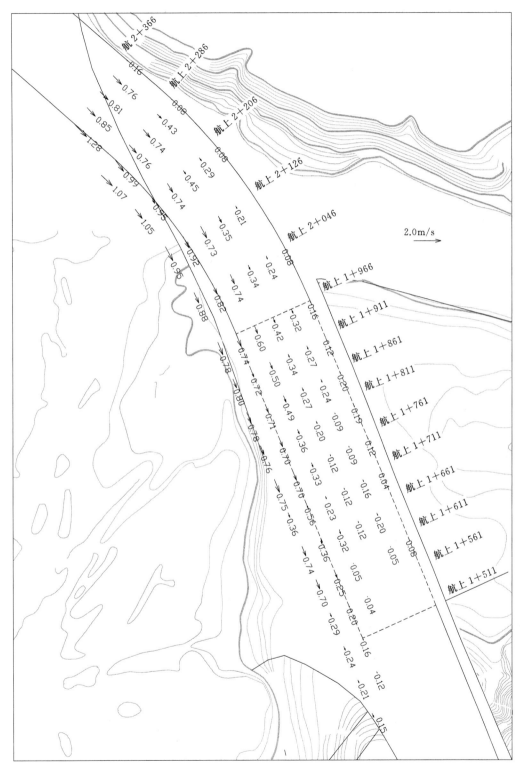

图 5.1.18　优化方案 I 上游口门区及连接段流速分布图（$Q = 15000 \text{m}^3/\text{s}$）

门区内的水流条件基本满足最大通航流量时的通航要求。上游口门区连接段内的纵向流速基本在2.5m/s以内，横向流速在0.45m/s以内，仅在考虑主航道的几个断面出现个别点纵向与横向流速超过标准要求，试验认为该位置基本位于主航道内，且连接段设计宽度较大，其水流条件基本满足船舶通航要求。

在遭遇5年一遇洪水时，上游口门区内纵向流速在2.0m/s以内，横向流速基本在0.30m/s以内（航上1+611m断面出现一个横向流速0.32m/s点），口门区内无回流，上游口门区内的水流条件满足通航要求。除2+366m断面外，上游口门区连接段内纵向流速基本都在2.5m/s以内，横向流速大多在0.45m/s以内，仅在上游1+966m断面河道侧出现两个纵向与横向流速超过标准要求的点，上游口门区连接段设计宽度大，其水流条件基本满足船舶通航要求。

在汛限水位最大下泄量时，上游口门区内纵向流速均在1.70m/s以内，横向流速均在0.15m/s以内，口门区内无回流，上游口门区内的水流条件满足通航要求。上游口门区连接段内纵向流速基本都在2.21m/s以内，横向流速在0.39m/s以内，连接段内的水流条件满足通航要求。

在次汛期最大下泄量时，上游口门区内纵向流速均在0.95m/s以内，横向流速和回流流速均在0.10m/s以内，上游口门区内的水流条件满足通航要求。上游口门区连接段内纵向流速基本都在1.13m/s以内，横向流速和回流流速均在0.10m/s以内，连接段内的水流条件满足通航要求。

综上所述，在试验工况下，优化方案Ⅰ的上游引航道口门区及连接段内的水流流速条件基本满足通航要求。

优化方案Ⅰ各试验工况上游引航道口门区和连接段水位分布及水面比降见表5.1.10。由表5.1.10可见，各试验工况下，优化方案Ⅰ2+366～1+511m范围内各段水面比降均在0.27‰以内，由于上游口门区下游段流速较小，水位壅高，使得1+966～1+511m段水面出现倒比降。

上游引航道口门区及连接段水深均大于6.0m，满足最小水深5.4m的要求。

表5.1.10　　优化方案Ⅰ上游引航道口门区和连接段水位分布及水面比降

桩　号	35200m³/s		30600m³/s		28000m³/s		15000m³/s	
	水位/m	比降/‰	水位/m	比降/‰	水位/m	比降/‰	水位/m	比降/‰
航上2+366m	44.97		44.08		47.66		53.66	
		0.27		0.25		0.15		0.10
航上2+166m	44.93		44.04		47.63		53.63	
		0.20		0.18		0.14		0.09
航上1+966m	44.89		44.00		47.60		53.60	
		−0.11		−0.09		−0.07		−0.04
航上1+736m	44.92		44.02		47.58		53.61	
		−0.16		−0.13		−0.11		−0.07
航上1+511m	44.95		44.04		47.61		53.63	

5.1.4.4　上游口门区水流特征及后续优化思路

如图5.1.19所示，大藤峡水利枢纽工程上游口门区通航水流条件具有以下特征：①流量大，10年一遇最大通航流量达到35200m³/s；②口门区位于大藤峡峡谷出口，河面并不开阔；③口门区位于弯道凹岸侧，受弯道水流影响主流集中于凹岸侧，直接正灌口

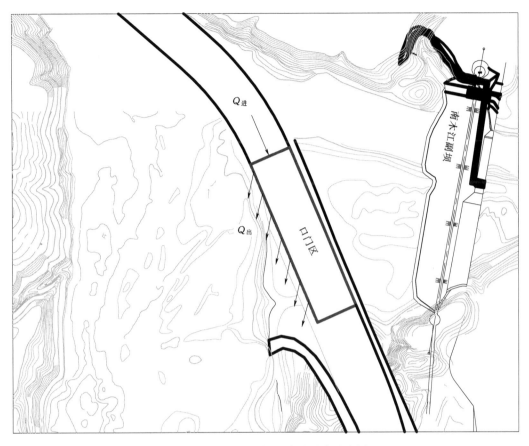

图 5.1.19　上游口门区水量平衡示意图

门区。

　　将口门区视为一个封闭的整体，可以看到，从连接段进入口门区的流量 $Q_进$ 等于从口门区侧面流出的流量 $Q_出$，即

$$Q_进 = Q_出$$

其中

$$Q_出 = V_横 LH$$

式中：$V_横$ 为口门区侧面的横向流速，是衡量口门区通航水流条件的重要指标；L 为口门区长；H 为口门区水深。

　　在确定的方案和运行工况下 L 和 H 是确定的。

　　由于大藤峡通航流量大，且口门区位于右侧主流区，口门区的进水流量 $Q_进$ 非常大，因此必须首先考虑通过工程措施减小口门区的进水流量 $Q_进$，对右侧口门区和连接段附近低于 38.2m 的河床进行整体回填是个一举两得的办法：回填增大右侧整体的形状阻力，从而调整流量分配、减小进入口门区的流量 $Q_进$，同时大藤峡施工过程形成的大量弃渣得以部分解决；另外，进入口门区的水流在惯性作用下通常沿口门区运动至分流口附近时才集中横向出流，导致横向流速超标，因此需考虑采取工程措施调整口门区侧面横向出流沿长度方向均匀分布，其中排桩是最简单的工程措施，而排桩的布置型式需通过试验确定。

5.1.4.5 优化方案Ⅱ试验情况

根据目前船闸施工开挖情况，在优化方案Ⅰ的基础上，对上游口门区布置进行了局部调整，提出了优化方案Ⅱ，其平面布置如图 5.1.20 所示，优化措施描述如下：

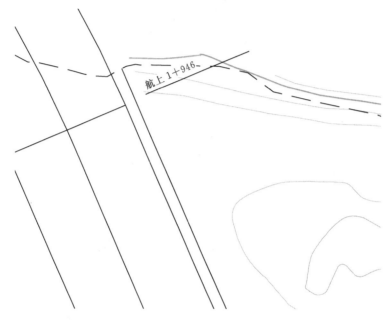

航上 1+946

图 5.1.20　优化方案Ⅱ上游口门区平面布置图

（1）取消上游隔流堤。

（2）引航道中心线制动段弯道弧度由 29°调整至 23°，半径调整为 1479.2m，并以 179m 的直线段与口门区相连；口门区与上游主航道以半径 910m、弧度 23°的弯段连接。

（3）将上游口门区左侧滩地与口门区边线保持 10m 宽度；上游口门区右侧滩地开挖至 41.5m 高程，滩地与口门区边线保持 30m 宽度。

（4）在上游口门区右侧开挖滩地上加设导航墩，墩径为 3.3m，墩顶高程为 46.0m，其中，航上 1+467～航上 1+595m 墩间距为 6.6m，航上 1+595～航上 1+780m 墩间距为 3.3m。

（5）将上游口门区连接段河道及滩地进行回填，回填范围至航上 2+592m 断面，回填高程至 38.2m。

（6）将上游口门区连接段与南木江副坝之间河床回填至 38.2m 高程。

优化方案Ⅱ上游口门区及连接段水流流态如图 5.1.21～图 5.1.24 所示。

各试验工况在优化方案Ⅱ工程措施情况下，上游连接段水流流向基本与给定的航线方向一致，在上游口门区右侧滩地与导航墩调整作用下，上游口门区内的水流基本能够均匀的沿左侧滩地下泄，保证上游口门区中心线与水流之间形成较小的夹角。

优化方案Ⅱ上游口门区及连接段流速测点布置如图 5.1.25 所示，各试验工况上游口门区及连接段流速分布见表 5.1.11 和图 5.1.26～图 5.1.29。

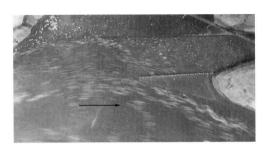

图 5.1.21　优化方案Ⅱ上游口门区
及连接段水流流态（$Q_{10\%}=35200\text{m}^3/\text{s}$）

图 5.1.22　优化方案Ⅱ上游口门区
及连接段水流流态（$Q_{20\%}=30600\text{m}^3$）

图 5.1.23　优化方案Ⅱ上游口门区及连接段
水流流态（$Q=28000\text{m}^3/\text{s}$）

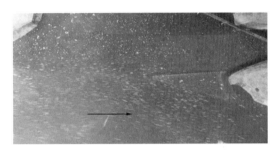

图 5.1.24　优化方案Ⅱ上游口门区及连接段
水流流态（$Q=15000\text{m}^3/\text{s}$）

在遭遇 10 年一遇洪水时，上游口门区纵向流速在 2.0m/s 以内，横向流速基本在 0.30m/s 以内（航上 1+719m、航上 1+605m、航上 1+491m 断面最外侧横向流速大于 0.3m/s，最大横向流速为 0.38m/s），口门区内无回流存在，上游口门区水流条件基本满足最大通航流量通航要求。上游口门区连接段纵向流速基本都在 2.5m/s 以内，只有 2+266m 断面连接段外侧边线出现纵向流速超标现象（最大纵向流速为 2.60m/s），无横向流速，上游口门区连接段水流条件满足船舶通航要求。

在遭遇 5 年一遇洪水时，上游口门区纵向流速在 2.0m/s 以内，横向流速基本在 0.30m/s 以内（航上 1+605m 断面最外侧横向流速为 0.33m/s，略大于 0.3m/s 的规范要求），上游口门区水流条件能够满足最大通航流量通航要求。上游口门区连接段纵向流速在 2.5m/s 以内，无横向流速，上游口门区连接段水流条件是满足船舶通航要求的。

在汛限水位最大下泄量时，上游口门区纵向流速均在 1.63m/s 以内，横向流速均在 0.28m/s 以内，上游口门区水流条件满足通航要求。上游口门区连接段纵向流速都在 2.05m/s 以内，无横向流速，上游口门区连接段水流条件满足通航要求。

次汛期时，上游口门区纵向流速小于 0.68m/s，横向流速小于 0.05m/s，上游口门区水流条件满足通航要求。连接段纵向流速在 0.83m/s 以内，无横向流速，上游口门区连接段内的水流条件满足通航要求。

综上可见，优化方案Ⅱ的上游引航道口门区及连接段水流条件优于优化方案Ⅰ，作为最终推荐方案。

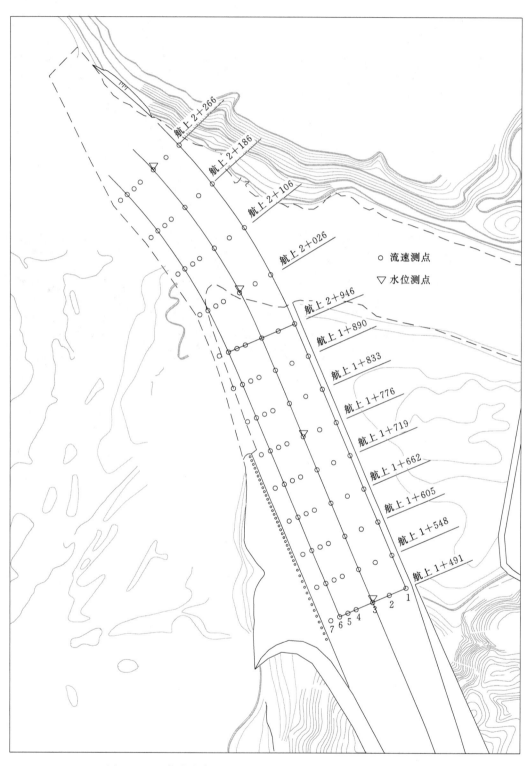

○ 流速测点

▽ 水位测点

航上 2+266
航上 2+186
航上 2+106
航上 2+026
航上 2+946
航上 1+890
航上 1+833
航上 1+776
航上 1+719
航上 1+662
航上 1+605
航上 1+548
航上 1+491

图 5.1.25 优化方案Ⅱ上游口门区及连接段水位流速测点布置

表 5.1.11　　　　　　　　　优化方案Ⅱ上游口门区及连接段流速

区域	测点断面	测点	$Q=35200\text{m}^3/\text{s}$			$Q=30600\text{m}^3/\text{s}$			$Q=28000\text{m}^3/\text{s}$			$Q=15000\text{m}^3/\text{s}$		
			夹角/(°)	纵向流速/(m/s)	横向流速/(m/s)	夹角/(°)	纵向流速/(m/s)	横向流速/(m/s)	夹角/(°)	纵向流速/(m/s)	横向流速/(m/s)	夹角/(°)	纵向流速/(m/s)	横向流速/(m/s)
连接段	航上2+266m	1	0	1.88	0.00	0	1.58	0.00	0	1.25	0.00	0	0.32	0.00
		2	0	2.19	0.00	0	1.83	0.00	0	1.53	0.00	0	0.62	0.00
		3	0	2.36	0.00	0	2.03	0.00	0	1.71	0.00	5	0.71	0.06
		4	0	2.41	0.00	0	2.16	0.00	0	1.82	0.00	5	0.79	0.07
		5	0	2.53	0.00	0	2.23	0.00	0	1.96	0.00	5	0.83	0.07
		6	0	2.60	0.00	0	2.28	0.00	0	2.05	0.00	5	0.85	0.07
		7	0	2.63	0.00	0	2.31	0.00	0	2.10	0.00	5	0.83	0.07
	航上2+186m	1	0	1.48	0.00	0	1.44	0.00	0	0.81	0.00	0	0.26	0.00
		2	0	1.77	0.00	0	1.75	0.00	0	1.17	0.00	0	0.59	0.00
		3	0	2.07	0.00	0	1.96	0.00	0	1.38	0.00	0	0.66	0.00
		4	0	2.16	0.00	0	2.05	0.00	0	1.54	0.00	0	0.69	0.00
		5	0	2.19	0.00	0	2.11	0.00	0	1.66	0.00	0	0.71	0.00
		6	0	2.27	0.00	0	2.21	0.00	0	1.88	0.00	0	0.83	0.00
		7	0	2.30	0.00	0	2.24	0.00	0	1.98	0.00	0	0.83	0.00
	航上2+106m	1	0	1.43	0.00	0	1.37	0.00	0	0.57	0.00	0	0.22	0.00
		2	0	1.68	0.00	0	1.68	0.00	0	0.83	0.00	0	0.38	0.00
		3	0	2.02	0.00	0	1.91	0.00	0	1.21	0.00	0	0.51	0.00
		4	0	2.10	0.00	0	2.02	0.00	0	1.48	0.00	0	0.68	0.00
		5	0	2.12	0.00	0	2.08	0.00	0	1.52	0.00	0	0.80	0.00
		6	0	2.16	0.00	0	2.12	0.00	0	1.56	0.00	0	0.86	0.00
		7	0	2.26	0.00	0	2.21	0.00	0	1.75	0.00	0	0.85	0.00
	航上2+026m	1	0	1.16	0.00	0	1.20	0.00	0	0.47	0.00	0	0.26	0.00
		2	0	1.43	0.00	0	1.38	0.00	0	0.79	0.00	0	0.18	0.00
		3	0	1.63	0.00	0	1.63	0.00	0	1.17	0.00	0	0.36	0.00
		4	0	1.88	0.00	0	1.90	0.00	0	1.54	0.00	0	0.45	0.00
		5	0	2.02	0.00	0	2.01	0.00	0	1.56	0.00	0	0.63	0.00
		6	0	2.09	0.00	0	2.09	0.00	0	1.62	0.00	0	0.66	0.00
		7	0	2.15	0.00	0	2.12	0.00	0	1.67	0.00	0	0.71	0.00
口门区	航上1+946m	1	0	1.03	0.00	0	1.04	0.00	0	0.41	0.00	0	0.32	0.00
		2	0	1.39	0.00	0	1.42	0.00	0	0.75	0.00	0	0.43	0.00
		3	0	1.77	0.00	0	1.61	0.00	0	1.13	0.00	0	0.47	0.00
		4	0	1.83	0.00	0	1.81	0.00	0	1.41	0.00	0	0.50	0.00
		5	0	1.93	0.00	0	1.88	0.00	0	1.48	0.00	0	0.64	0.00
		6	0	1.98	0.00	0	1.98	0.00	0	1.52	0.00	0	0.66	0.00
		7	0	2.05	0.00	0	2.05	0.00	0	1.63	0.00	0	0.68	0.00

区域	测点断面	测点	$Q=35200\text{m}^3/\text{s}$			$Q=30600\text{m}^3/\text{s}$			$Q=28000\text{m}^3/\text{s}$			$Q=15000\text{m}^3/\text{s}$		
			夹角/(°)	纵向流速/(m/s)	横向流速/(m/s)	夹角/(°)	纵向流速/(m/s)	横向流速/(m/s)	夹角/(°)	纵向流速/(m/s)	横向流速/(m/s)	夹角/(°)	纵向流速/(m/s)	横向流速/(m/s)
口门区	航上 1+890m	1	0	0.91	0.00	0	0.68	0.00	0	0.39	0.00	0	0.13	0.00
		2	0	1.31	0.00	0	1.08	0.00	0	0.73	0.00	0	0.24	0.00
		3	5	1.48	0.13	0	1.36	0.00	0	1.03	0.00	0	0.37	0.00
		4	5	1.74	0.15	0	1.54	0.00	0	1.27	0.00	0	0.43	0.00
		5	5	1.81	0.16	0	1.62	0.00	0	1.36	0.00	0	0.54	0.00
		6	5	1.89	0.16	5	1.64	0.14	5	1.42	0.12	0	0.61	0.00
		7	5	1.96	0.17	8	1.86	0.26	5	1.59	0.14	0	0.66	0.00
	航上 1+833m	1	0	0.57	0.00	0	0.57	0.00	0	0.34	0.00	0	0.13	0.00
		2	0	0.97	0.00	0	0.81	0.00	0	0.63	0.00	0	0.24	0.00
		3	5	1.51	0.13	0	1.29	0.00	0	0.96	0.00	0	0.32	0.00
		4	5	1.61	0.14	5	1.61	0.14	0	1.20	0.00	0	0.48	0.00
		5	5	1.69	0.15	6	1.64	0.17	0	1.32	0.00	0	0.53	0.00
		6	7	1.77	0.22	8	1.66	0.23	5	1.32	0.12	0	0.57	0.00
		7	9	1.81	0.29	10	1.64	0.29	8	1.48	0.21	5	0.60	0.05
	航上 1+776m	1	0	0.41	0.00	0	0.40	0.00	0	0.30	0.00	0	0.06	0.00
		2	0	0.82	0.00	0	0.68	0.00	0	0.50	0.00	0	0.11	0.00
		3	5	1.32	0.12	5	0.92	0.08	5	0.87	0.08	0	0.22	0.00
		4	5	1.51	0.13	9	1.19	0.19	6	1.07	0.11	0	0.36	0.00
		5	7	1.55	0.19	11	1.23	0.24	8	1.22	0.17	0	0.45	0.00
		6	9	1.63	0.26	13	1.25	0.29	10	1.25	0.22	0	0.55	0.00
		7	10	1.67	0.30	15	1.26	0.34	10	1.27	0.22	5	0.58	0.05
	航上 1+719m	1	0	0.32	0.00	0	0.30	0.00	0	0.26	0.00	0	0.00	0.00
		2	0	0.68	0.00	0	0.69	0.00	0	0.47	0.00	0	0.18	0.00
		3	5	0.91	0.08	5	0.85	0.07	5	0.83	0.07	0	0.24	0.00
		4	10	1.18	0.21	5	1.07	0.09	5	0.96	0.08	0	0.41	0.00
		5	12	1.24	0.26	10	1.12	0.20	8	1.03	0.15	5	0.46	0.04
		6	13	1.33	0.31	15	1.13	0.30	10	1.11	0.19	5	0.53	0.05
		7	15	1.37	0.37	20	1.14	0.42	15	1.23	0.33	10	0.56	0.10
	航上 1+662m	1	0	0.23	0.00	0	0.19	0.00	0	0.22	0.00	0	0.00	0.00
		2	0	0.47	0.00	0	0.26	0.00	0	0.45	0.00	0	0.20	0.00
		3	5	0.68	0.06	5	0.55	0.05	4	0.71	0.05	0	0.27	0.00
		4	10	1.04	0.18	5	0.71	0.06	10	0.84	0.15	0	0.39	0.00
		5	12	1.12	0.24	10	0.88	0.15	15	0.84	0.23	5	0.43	0.04

区域	测点断面	测点	Q=35200m³/s 夹角/(°)	纵向流速/(m/s)	横向流速/(m/s)	Q=30600m³/s 夹角/(°)	纵向流速/(m/s)	横向流速/(m/s)	Q=28000m³/s 夹角/(°)	纵向流速/(m/s)	横向流速/(m/s)	Q=15000m³/s 夹角/(°)	纵向流速/(m/s)	横向流速/(m/s)
口门区	航上 1+662m	6	15	1.13	0.30	15	0.89	0.24	18	0.87	0.28	8	0.45	0.06
		7	20	1.14	0.42	20	0.93	0.34	20	0.92	0.33	10	0.46	0.08
	航上 1+605m	1	0	0.07	0.00	0	0.18	0.00	0	0.18	0.00	0	0.00	0.00
		2	0	0.20	0.00	0	0.26	0.00	0	0.38	0.00	0	0.00	0.00
		3	5	0.45	0.04	5	0.41	0.04	5	0.43	0.04	0	0.15	0.00
		4	10	0.74	0.13	15	0.52	0.14	5	0.55	0.05	0	0.24	0.00
		5	15	0.79	0.21	20	0.54	0.20	10	0.78	0.14	5	0.26	0.02
		6	25	0.82	0.38	25	0.70	0.33	15	0.77	0.21	5	0.32	0.03
		7	35	0.87	0.61	25	0.77	0.36	20	0.91	0.33	10	0.42	0.07
	航上 1+548m	1	0	0.00	0.00	0	0.00	0.00	0	0.10	0.00	0	0.00	0.00
		2	0	0.00	0.00	0	0.00	0.00	5	0.22	0.02	0	0.00	0.00
		3	5	0.22	0.02	5	0.30	0.03	10	0.35	0.06	0	0.00	0.00
		4	10	0.44	0.08	5	0.43	0.04	15	0.38	0.10	0	0.09	0.00
		5	10	0.60	0.11	15	0.47	0.13	20	0.52	0.19	5	0.24	0.02
		6	25	0.65	0.30	25	0.50	0.23	25	0.48	0.22	5	0.26	0.02
		7	30	0.80	0.46	25	0.58	0.27	30	0.60	0.35	10	0.30	0.05
	航上 1+491m	1	0	0.00	0.00	0	0.00	0.00	0	0.00	0.00	0	0.00	0.00
		2	0	0.00	0.00	0	0.09	0.00	0	0.00	0.00	0	0.00	0.00
		3	0	0.00	0.00	0	0.10	0.00	0	0.00	0.00	0	0.00	0.00
		4	0	0.00	0.00	5	0.13	0.01	5	0.24	0.02	0	0.00	0.00
		5	0	0.00	0.00	5	0.16	0.01	10	0.26	0.02	0	0.00	0.00
		6	70	0.12	0.32	60	0.12	0.21	50	0.19	0.23	0	0.00	0.00
		7	70	0.15	0.42	80	0.06	0.35	60	0.16	0.28	0	0.00	0.00

注 7号测点距口门区外侧边线15.0m。

各试验工况上游引航道口门区及连接段水位分布及水面比降见表5.1.12。

表 5.1.12　　优化方案Ⅱ上游引航道口门区及连接段水位分布及水面比降

桩 号	35200m³/s 水位/m	比降/‰	30600m³/s 水位/m	比降/‰	28000m³/s 水位/m	比降/‰	15000m³/s 水位/m	比降/‰
航上 2+266m	44.96		44.05		47.64		53.63	
		0.17		0.13		0.10		0.08
航上 2+026m	44.92		44.02		47.62		53.61	
		0.08		0.06		0.06		0.04
航上 1+776m	44.90		44.00		47.60		53.60	
		−0.04		−0.04		−0.02		0.00
航上 1+491m	44.91		44.01		47.61		53.60	

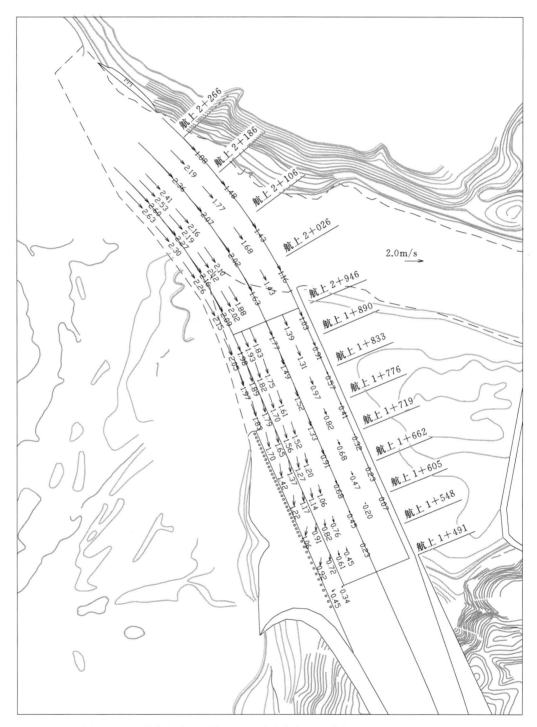

图 5.1.26　优化方案 II 上游口门区及连接段流速分布（$Q_{10\%} = 35200\mathrm{m^3/s}$）

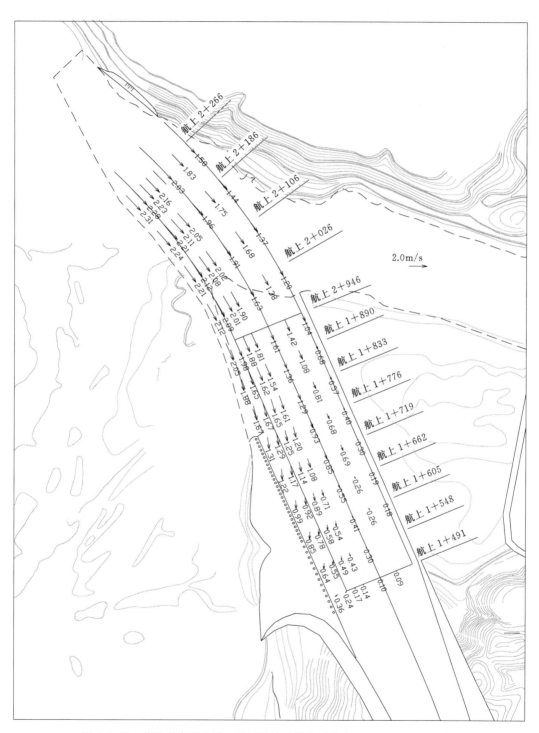

图 5.1.27 优化方案 II 上游口门区及连接段流速分布（$Q_{20\%} = 30600 \text{m}^3/\text{s}$）

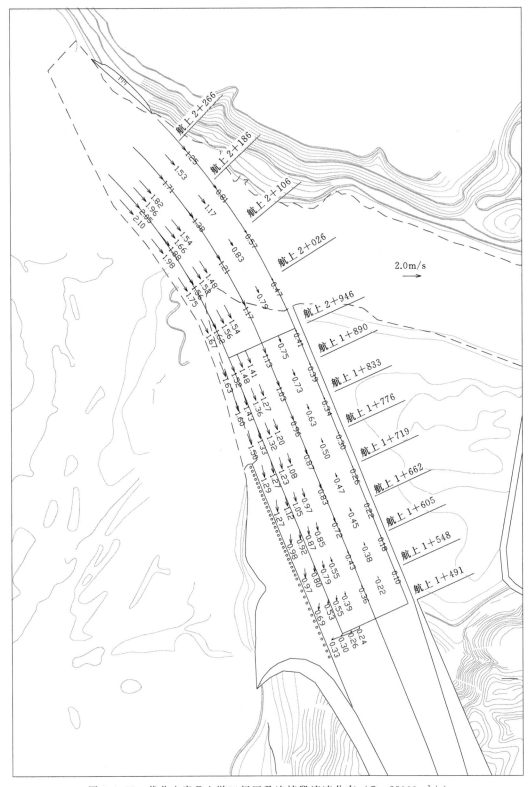

图 5.1.28　优化方案Ⅱ上游口门区及连接段流速分布（$Q = 28000\text{m}^3/\text{s}$）

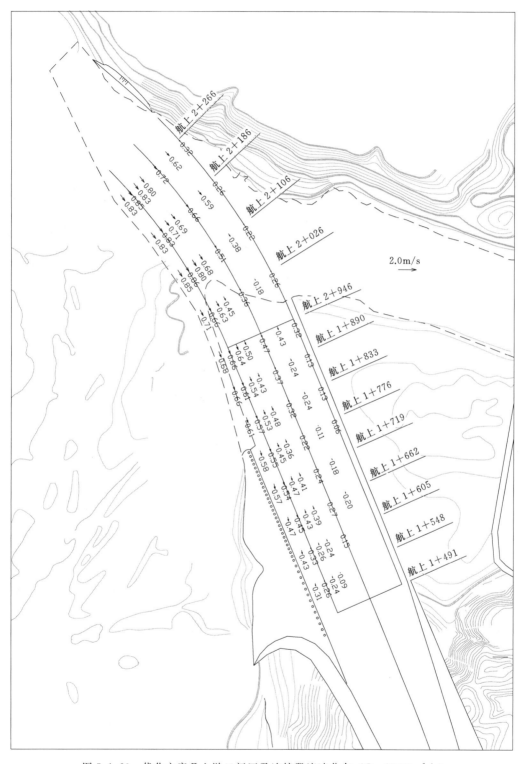

图 5.1.29 优化方案Ⅱ上游口门区及连接段流速分布（$Q=15000\mathrm{m}^3/\mathrm{s}$）

从表 5.1.12 中可以看出，各试验工况下优化方案 2＋266～1＋491m 范围内水面比降较小均在 0.17‰以内；口门区下游段流速小，水位壅高，在 1＋776～1＋491m 段水面出现倒比降。

上游引航道口门区及连接段水深均大于 5.8m，满足通航最小水深要求。

5.1.4.6 优化方案Ⅱ自航船模试验分析

上游引航道口门区及连接段优化方案Ⅱ自航船模试验过程如图 5.1.30～图 5.1.45 所示。

图 5.1.30 1＋2×2000t 船队出闸上行
（上游航道 $Q=15000\text{m}^3/\text{s}$）

图 5.1.31 1＋2×2000t 船队下行进闸
（上游航道 $Q=15000\text{m}^3/\text{s}$）

图 5.1.32 3000t 机动货船出闸上行
（上游航道 $Q=15000\text{m}^3/\text{s}$）

图 5.1.33 3000t 机动货船下行进闸
（上游航道 $Q=15000\text{m}^3/\text{s}$）

图 5.1.34 1＋2×2000t 船队出闸上行
（上游航道 $Q=28000\text{m}^3/\text{s}$）

图 5.1.35 1＋2×2000t 船队下行进闸
（上游航道 $Q=28000\text{m}^3/\text{s}$）

图 5.1.36 3000t 机动货船出闸上行
（上游航道 $Q=28000\text{m}^3/\text{s}$）

图 5.1.37 3000t 机动货船下行进闸
（上游航道 $Q=28000\text{m}^3/\text{s}$）

图 5.1.38 1＋2×2000t 船队出闸上行
（上游航道 $Q=30600\text{m}^3/\text{s}$）

图 5.1.39 1＋2×2000t 船队下行进闸
（上游航道 $Q=30600\text{m}^3/\text{s}$）

图 5.1.40 3000t 机动货船出闸上行
（上游航道 $Q=30600\text{m}^3/\text{s}$）

图 5.1.41 3000t 机动货船下行进闸
（上游航道 $Q=30600\text{m}^3/\text{s}$）

图 5.1.42 1+2×2000t 船队出闸上行
（上游航道 $Q=35200\mathrm{m^3/s}$）

图 5.1.43 1+2×2000t 船队下行进闸
（上游航道 $Q=35200\mathrm{m^3/s}$）

图 5.1.44 3000t 机动货船出闸上行
（上游航道 $Q=35200\mathrm{m^3/s}$）

图 5.1.45 3000t 机动货船下行进闸
（上游航道 $Q=35200\mathrm{m^3/s}$）

各运行工况船模的舵角、漂角及航速过程见图 5.1.46～图 5.1.55。

运行期上游航道船模试验成果汇总见表 5.1.13。

表 5.1.13　　　　　　　　　　运行期上游航道船模试验成果汇总表

船型	航向	流量 /(m³/s)	最大舵角/(°)		最大漂角/(°)		车挡/(m/s)		航速/(m/s)		航程 /m	航行时间 /min	平均航速 /(m/s)	备注
			右	左	右	左	最大	最小	最大	最小				
1+2×2000t	上行	15000	15.85	16.78	3.10	5.76	4.50	4.50	4.23	3.52	930	3.83	4.04	3次平均
		28000	14.27	18.68	6.28	7.23	4.50	4.50	3.76	2.88	933	4.50	3.46	3次平均
		30600	18.47	21.91	8.69	4.55	4.50	4.50	3.49	2.08	929	5.13	3.02	3次平均
		35200	16.91	23.12	9.77	9.51	4.50	4.50	3.48	1.67	937	5.45	2.87	3次平均
	下行	15000	17.68	13.83	6.46	3.84	3.50	3.50	3.59	3.05	927	4.56	3.40	3次平均
		28000	18.23	16.10	7.45	5.21	3.50	3.50	4.12	3.21	932	3.58	4.34	3次平均
		30600	20.19	18.57	8.38	5.21	3.50	3.50	4.65	3.49	944	3.64	4.33	3次平均
		35200	16.72	23.28	10.85	6.16	3.50	3.50	5.01	3.76	935	3.36	4.63	3次平均

船型	航向	流量/(m³/s)	最大舵角/(°)		最大漂角/(°)		车挡/(m/s)		航速/(m/s)		航程/m	航行时间/min	平均航速/(m/s)	备注
			右	左	右	左	最大	最小	最大	最小				
3000t	上行	15000	14.48	15.63	4.74	5.34	5.00	5.00	4.60	3.94	934	3.53	4.42	3次平均
		28000	16.42	17.18	5.55	6.78	5.00	5.00	4.40	3.40	942	3.89	4.04	3次平均
		30600	19.07	19.70	7.12	8.30	5.00	5.00	4.41	2.73	944	4.11	3.87	3次平均
		35200	19.27	22.16	9.05	9.14	5.00	5.00	4.13	2.55	946	4.53	3.48	3次平均
	下行	15000	16.37	13.96	5.86	2.86	3.50	3.50	4.20	3.62	941	3.86	4.07	3次平均
		28000	18.01	14.82	7.03	4.83	3.50	3.50	4.56	3.51	928	3.61	4.26	3次平均
		30600	19.96	16.46	8.01	5.16	3.50	3.50	4.82	3.58	934	3.47	4.48	3次平均
		35200	18.43	22.23	10.16	8.64	3.50	3.50	5.07	3.78	955	3.42	4.66	3次平均

注　所有数据均已换算为原型值。

1. 船舶出闸上行情况

（1）$1+2\times2000t$ 船队上行情况。枢纽运行期上游航道 $Q=15000\text{m}^3/\text{s}$、$Q=28000\text{m}^3/\text{s}$、$Q_{20\%}=30600\text{m}^3/\text{s}$ 和 $Q_{10\%}=35200\text{m}^3/\text{s}$ 四组流量工况船模成果如图 5.1.46～图 5.1.48 所示。

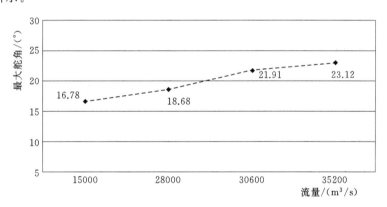

图 5.1.46　$1+2\times2000t$ 船队上行时不同流量最大舵角比较图

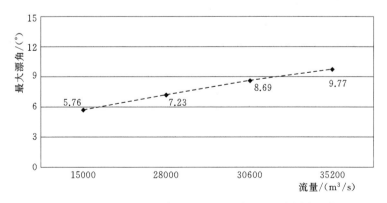

图 5.1.47　$1+2\times2000t$ 船队上行时不同流量最大漂角比较图

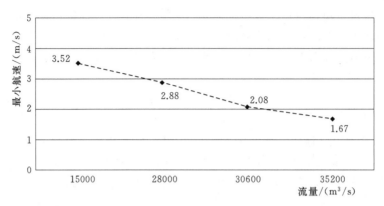

图 5.1.48　1＋2×2000t 船队上行时不同流量最小航速比较图

上行平均航程分别为 930m、933m、929m 和 937m，最大舵角分别为 16.78°、18.68°、21.91°和 23.12°，最大漂角分别为 5.76°、7.23°、8.69°和 9.77°，随流量增加而加大，说明船舶航行难度随流量的加大而加大，但均未超过船模试验舵角安全限值（25°）。

最小航速分别为 3.52m/s、2.88m/s、2.08m/s 和 1.67m/s（12.67km/h、10.37km/h、7.49km/h 和 6.01km/h），航行时间分别为 3.83min、4.50min、5.13min 和 5.45min；平均航速分别为 4.04m/s、3.46m/s、3.02m/s 和 2.87m/s（14.54km/h、12.46km/h、11.87km/h 和 10.33km/h）；随流量增加而加大，但均远高于船模试验最低航速安全限值（0.4m/s）。

船模试验成果表明，枢纽运行期船闸上游航道，在 $Q=15000\text{m}^3/\text{s}$、$Q=28000\text{m}^3/\text{s}$、$Q_{20\%}=30600\text{m}^3/\text{s}$ 和 $Q_{10\%}=35200\text{m}^3/\text{s}$ 四种流量工况时，舵角、航速都未超过船模试验安全限值，只要谨慎操纵，出闸上行的船队均可以自航通过引航道、口门区和连接段驶向上游，可满足 1＋2×2000t 船队的通航要求。

（2）3000t 机动货船上行情况。枢纽运行期上游航道 $Q=15000\text{m}^3/\text{s}$、$Q=28000\text{m}^3/\text{s}$、$Q_{20\%}=30600\text{m}^3/\text{s}$ 和 $Q_{10\%}=35200\text{m}^3/\text{s}$ 四组流量工况船模成果如图 5.1.49～图 5.1.51 所示。

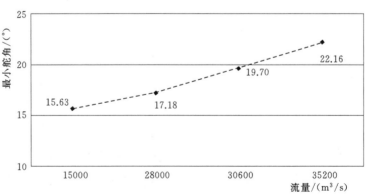

图 5.1.49　3000t 自航驳上行时不同流量最大舵角比较图

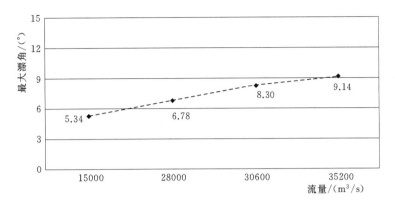

图 5.1.50　3000t 自航驳上行时不同流量最大漂角比较图

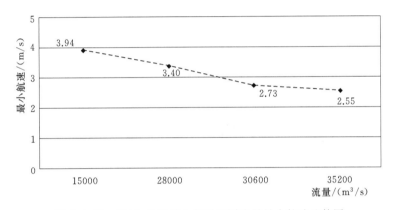

图 5.1.51　3000t 自航驳上行时不同流量最小航速比较图

上行平均航程分别为 934m、942m、944m 和 946m，最大舵角分别为 15.63°、17.18°、19.70°和 22.16°，最大漂角分别为 5.34°、6.78°、8.30°和 9.14°，随流量增加而加大，说明船舶航行难度随流量的加大而加大，但均未超过船模试验舵角安全限值（25°）。

最小航速分别为 3.94m/s、3.40m/s、2.73m/s 和 2.55m/s（14.18km/h、12.24km/h、9.83km/h 和 9.18km/h），随流量增加而减小，但均远高于船模试验最低航速安全限值（0.4m/s）。

航行时间分别为 3.53min、3.89min、4.11min 和 4.53min，平均航速分别为 4.42m/s、4.04m/s、3.87m/s 和 3.48m/s（15.91km/h、14.54km/h、13.93km/h 和 12.53km/h）。

船模试验成果表明，在 $Q=15000\mathrm{m^3/s}$、$Q=28000\mathrm{m^3/s}$、$Q_{20\%}=30600\mathrm{m^3/s}$ 和 $Q_{10\%}=35200\mathrm{m^3/s}$ 四种流量工况时，舵角、航速都未超过船模试验安全限值，只要谨慎操纵，出闸上行的船舶均可以自航通过引航道、口门区和连接段驶向上游，可满足 3000t 机动货船的通航要求。

2. 船舶下行进闸情况

（1）1＋2×2000t 船队下行情况。枢纽运行期上游航道 $Q=15000\mathrm{m^3/s}$、$Q=28000\mathrm{m^3/s}$、$Q_{20\%}=30600\mathrm{m^3/s}$ 和 $Q_{10\%}=35200\mathrm{m^3/s}$ 四组流量工况船模成果如图 5.1.52、图 5.1.53 所示。

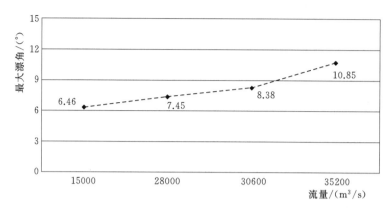

图 5.1.52 1+2×2000t 船队下行时不同流量最大漂角比较图

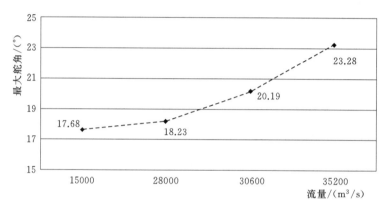

图 5.1.53 1+2×2000t 船队下行时不同流量最大舵角比较图

下行平均航程分别为 927m、932m、944m 和 935m，最大舵角分别为 17.68°、18.23°、20.19°和 23.28°，最大漂角分别为 6.46°、7.45°、8.38°和 10.85°，随流量增加而加大，这说明船舶航行难度随流量的加大而加大，但均未超过船模试验舵角安全限值（25°）。

最大航速分别为 3.59m/s、4.12m/s、4.65m/s 和 5.01m/s（12.92km/h、14.83km/h、16.74km/h 和 18.04km/h），航行时间分别为 4.56min、3.58min、3.64min 和 3.36min，平均航速分别为 3.40m/s、4.34m/s、4.33m/s 和 4.63m/s（12.24km/h、15.62km/h、15.59km/h 和 16.67km/h）。

船模试验成果表明，在 $Q=15000 \text{m}^3/\text{s}$、$Q=28000 \text{m}^3/\text{s}$、$Q_{20\%}=30600 \text{m}^3/\text{s}$ 和 $Q_{10\%}=35200 \text{m}^3/\text{s}$ 四种流量工况时，下行最大舵角都未超过船模试验安全限值，只要谨慎操纵，进闸航行的船舶可自航下行通过连接段和口门区驶入引航道，可满足 1+2×2000t 船队的通航要求。

（2）3000t 机动货船下行情况。枢纽运行期上游航道 $Q=15000 \text{m}^3/\text{s}$、$Q=28000 \text{m}^3/\text{s}$、$Q_{20\%}=30600 \text{m}^3/\text{s}$ 和 $Q_{10\%}=35200 \text{m}^3/\text{s}$ 四组流量工况船模成果如图 5.1.54、图 5.1.55 所示。

下行平均航程分别为 941m、928m、934m 和 955m，最大舵角分别为 16.37°、

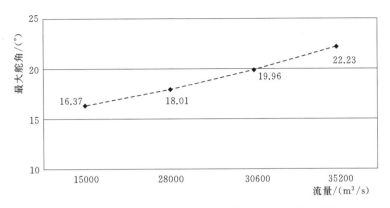

图 5.1.54　3000t 自航驳下行时不同流量最大舵角比较图

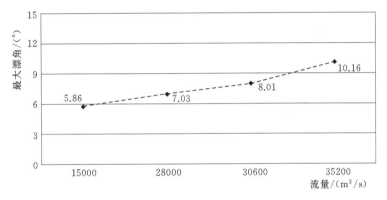

图 5.1.55　3000t 自航驳下行时不同流量最大漂角比较图

18.01°、19.96° 和 22.23°，最大漂角分别为 5.86°、7.03°、8.01° 和 10.16°，随流量增加而加大，这说明船舶航行难度随流量的加大而加大，但均未超过船模试验舵角安全限值（25°）。

最大航速分别为 4.20m/s、4.56m/s、4.82m/s 和 5.07m/s（15.12km/h、16.42km/h、17.35km/h 和 18.25km/h），航行时间分别为 3.86min、3.61min、3.47min 和 3.42min，平均航速分别为 4.07m/s、4.26m/s、4.48m/s 和 4.66m/s（14.65km/h、15.34km/h、16.13km/h 和 16.78km/h）。

船模试验成果表明，试验工况下，下行最大舵角都未超过船模试验安全限值，只要谨慎操纵，进闸航行的船舶可自航下行通过连接段和口门区驶入引航道，均可满足 3000t 机动货船的通航要求。

3. 自航船模试验小结

（1）船模试验成果表明，枢纽运行期上游航道，船舶上行最大舵角、最大漂角均随流量加大而加大，上行最低航速和平均航速随流量加大而减小；下行最大舵角、最大漂角、最高航速，均随流量加大而增加，总体来说船舶航行难度随流量加大而加大。

（2）在 $Q \leqslant 35200 \text{m}^3/\text{s}$（10 年一遇洪水、泄水闸敞泄、电站停机）时，1＋2×2000t 船队的上、下行最大舵角分别为 23.12° 和 23.28°，均未超过船模试验安全舵角限值

（25°），上行的最小航速为 1.67m/s，未低于船模试验最低航速安全限值（0.4m/s），枢纽（运行期）上游航道通航条件满足 $1+2\times2000t$ 船队的通航要求。

（3）在 $Q\leqslant35200m^3/s$ 时，3000t 机动货船的上、下行最大舵角分别为 22.16° 和 22.23°，均未超过船模试验安全舵角限值（25°），上行的最小航速为 2.55m/s，未低于船模试验最低航速安全限值（0.4m/s），枢纽运行期上游航道通航条件满足 3000t 机动货船的通航要求。

（4）$Q_{10\%}=35200m^3/s$ 时，$1+2\times2000t$ 船队和 3000t 机动货船的上、下行最大舵角分别为 23.12°、23.28°、22.16°、22.23°，均接近船模试验安全舵角限值（25°），这是由于流量增加，枢纽敞泄，船闸口门区横流流速增加，船舶进出船闸操纵难度增加，需谨慎驾驶方可保证通航安全。

（5）由于船舶出闸上行时车挡高、舵效好，对岸航速较低，且是由狭窄水域驶向宽广水域；而下行进闸舵效较差，且是由宽广水域驶入狭窄水域，各方案各流量的船模试验均表明下行舵角大于上行，下行航行难度大于上行。下行进闸是枢纽运行期上游通航的控制条件。

（6）船模试验成果表明，枢纽运行期上游航道相同的流量工况下，$1+2\times2000t$ 船队出闸上行的最小航速均小于 3000t 机动货船；出闸上行和下行进闸的最大舵角均大于 3000t 机动货船。总体来看 $1+2\times2000t$ 船队的通航难度大于 3000t 机动货船。

（7）最佳航线：船舶上行，先沿引航道中部上行，驶出引航道时，要注意和堤头保持距离，并适当用左舵克服堤头横流的影响，调整好船位和航向驶向上游；船舶下行，在引航道堤头上游 900～1000m，操左舵逐渐靠向左岸，并保持与左岸适当岸距，在引航道堤头上游 300～400m 处调整好航线和航向并逐渐向引航道靠拢，船头刚进入引航道堤头时，要注意适当用舵克服堤头横流压影响顺利驶入引航道进入船闸。

（8）航行难点：枢纽运行期上游航道航行难点在于枢纽敞泄时，由于航道主流区流速较大，且上游引航道与航道主流形成一定夹角，上行船舶在引航道堤头口门区和上游连接段水域航行时，应注意用舵克服口门区和上游连接段水域的横流对船舶航行的影响，保持好船向和船位，切忌盲目操大舵引起船舶失控。

5.1.5 船闸下游口门区方案及优化研究

试验选择了 8 组流条件，进行下游引航道口门区通航水流条件试验研究，根据引航道及口门区最小水深的要求，水深不得低于 5.4m。下游最高通航水位 41.24m（对应的最大通航流量为 $Q_{10\%}=35200m^3/s$），最低通航水位 20.75m（对应的最小生态流量为 $Q=700m^3/s$）。试验工况见表 5.1.14，设计方案的验证和优化在最大通航流量条件下进行，得出的推荐方案在各工况条件下施测相关水流参数。

表 5.1.14 下游引航道口门区通航水流条件试验工况

试验工况	流量/(m³/s)	下游水位/m	洪水频率/%	备 注
1	700	20.75		最低通航水位
2	2000	24.25		

试验工况	流量/(m³/s)	下游水位/m	洪水频率/%	备　注
3	4000	26.25		
4	8000	28.88		
5	17000	33.20		
6	25500	35.30		
7	30600	38.01	20	
8	35200	41.24	10	最大通航流量

5.1.5.1　设计方案及通航水流条件

大藤峡水利枢纽坝轴线下游为 S 形弯曲河段，河道先向右弯，然后向左弯，设计方案的下游引航道口门区位于左弯河道的凹岸。过闸水流受河势影响，主流先倾向于贴近右侧凹岸流动，然后受右侧凸岸的挑流作用发生偏转，开始偏向左侧凹岸流动，故下游引航道口门区处于主流顶冲区。设计方案采用"防护＋扩挖"的措施来改善口门区的水流条件：隔流堤末端接长约 460m 的直立导航墙和长约 90m、外挑 37°的透水式导墙，直立导航墙可阻挡主流顶冲，外挑透水式导墙一方面可以将主流挑向河中避开口门区，一方面可以经由底部透水孔向口门区补水消除回流；因部分导墙伸向河中占用河道过流断面，从而压缩主流，因此右侧凸岸进行了较大面积的扩挖，以此增加该河段的过流断面，减少设置导墙带来的不利影响。

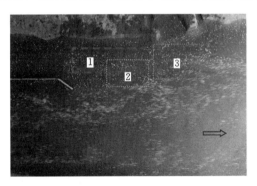

图 5.1.56　设计方案下游口门区水流流态
（$Q_{10\%}=35200\text{m}^3/\text{s}$）

最大通航流量条件下，设计方案下游引航道口门区及附近水域的流态如图 5.1.56 所示，由图可见，口门区水域在导航墙的防护下，大部分区域的水流条件较好；近左岸主流在外挑导墙作用下流向偏转幅度较大，下泄过程中主流左右摆动，在其带动下口门区中下段（照片中 2 框区域）及其下游的航道过渡段（照片中 3 框区域）形成两个较大范围的回流，横向流速及回流值均超出规范要求，不能满足通航需求。

5.1.5.2　优化方案 I 试验成果布置

为改善下游口门区及航道连接段的回流，试验从两个方面对下游口门区的布置进行了优化（方案布置如图 5.1.57 所示）：①将透水式导墙外挑的角度减小至 27°，使得导墙以较小角度顺势将主流挑向河中，降低导墙对主流的扰动；②调整了挑流导墙的透水型式，增大了由此进入口门区的水量从而削弱 2 框区域的回流；③在下游左岸支流汇入口设置丁坝，既可以阻断左岸大范围低流速区的回流通道，又可以避免支流汇入时直冲引航道过渡段；④对右侧河岸开挖方案进行调整。

最大通航流量工况，设计方案右侧河岸开挖区域流态如图 5.1.58 所示，由图可见，右侧岸坡开挖线的走向与天然岸线走向衔接不够平顺，两线相接处存在局部凸岸，上游来

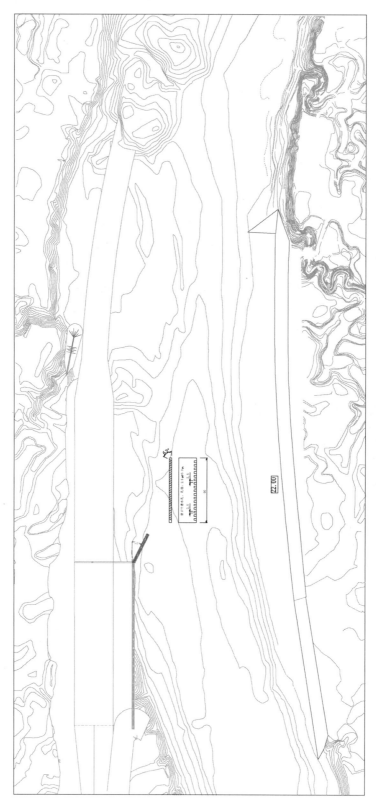

图 5.1.57 优化方案Ⅰ下游口门区及连接段布置

流经此凸岸后，主流即与边界脱离，下游开挖区域沿线的大部分水域处于回流区和低流速区内，右侧凸岸大扩挖增加该河段过流断面有限，也未能有效削弱弯曲河道对主流摆动的影响。优化扩挖方案将岸线扩挖起始位置上移约280m与岸坡平顺连接，沿岸的弱回流及低流速区域属于无效开挖，根据弱回流及低流速区的外缘线重新确定中下段的扩挖边界，优化扩挖方案的岸线平顺，总工程量也有所减少。右侧河岸开挖区域流态如图5.1.59所示，由图可见，主流基本能够贴右岸流动，河道主流扩散条件大为改善。

图5.1.58　右侧岸坡初设开挖方案沿岸流态
（$Q_{10\%}=35200\mathrm{m^3/s}$）

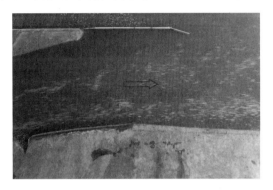

图5.1.59　右侧岸坡优化开挖方案沿岸流态
（$Q_{10\%}=35200\mathrm{m^3/s}$）

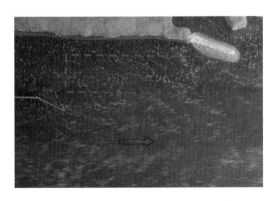

图5.1.60　优化方案Ⅰ下游口门区水
流流态（$Q_{10\%}=35200\mathrm{m^3/s}$）

下游引航道口门区及附近水域的流态如图5.1.60所示，由图可见：口门区基本为静水区，航道连接段的斜向水流有所改善，因该区域位于弯道河道的凹岸，且受弯道水流左右摆动的影响，河道主流扩散汇入航道的角度偶尔偏大，航道中部和靠近左岸侧的区域，流线较为顺直。下游口门区流速分布如图5.1.61所示，口门区范围测点流速均满足规范要求；航道连接段靠近河中一侧测点的横向流速多点平均值未超过0.45m/s，满足通航要求；航道连接段部分测点纵向流速超过3.5m/s，此时

可通航水域宽阔，建议选择近岸的低流速区通航。

其他工况下游口门区及航道过渡段的流态如图5.1.62～图5.1.67所示，由图可见，各工况下口门区范围内水流条件较好，无明显不利的回流，口门区多为静水区，偶尔出现小范围的弱回流。不同工况下，下游航道过渡段的水流条件有较大差异。过渡航道的起始位置靠近深槽一侧地势较低，左侧滩地浚深形成的过渡航道如同新的河道主槽，从而构成一个分流通道。25500m³/s和17000m³/s的大水工况与35200m³/s工况相近，河道水深较大，全断面较为均匀的过流，主流向河道左侧浅滩扩散时，造成过渡航道靠主槽一侧有明显的范围较窄的横向水流区域；8000m³/s和4000m³/s的中水工况，河床水深变浅，河道主流沿深槽流动，经航道下泄的水量所占比重逐渐增加，主流斜向汇入航道的角度增

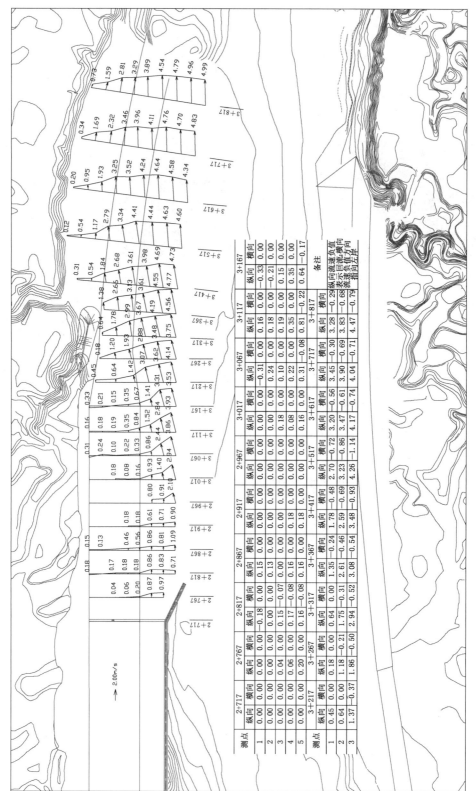

图 5.1.61 优化方案 I 下游口门区流速分布（$Q_{10\%} = 35200 \text{m}^3/\text{s}$）（流速单位：m/s）

大，随着浅滩区域水深变浅，水流汇入航道比降增大，形成滑梁水的典型流态；2000m³/s 和 700m³/s 的小水工况，航道右侧浅滩露出水面，主槽水流在口门区河段沿程向河道左侧扩散流动，至出露浅滩位置，部分水流经主槽下泄，部分绕过浅滩进入航道时由于偏转角度过大，使得表层水流在离心力作用下脱离右侧边界。

图 5.1.62　优化方案Ⅰ下游口门区水流流态
($Q=22500\mathrm{m^3/s}$)

图 5.1.63　优化方案Ⅰ下游口门区水流流态
($Q=17000\mathrm{m^3/s}$)

图 5.1.64　优化方案Ⅰ下游口门区水流流态
($Q=8000\mathrm{m^3/s}$)

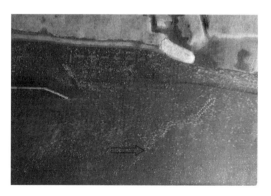

图 5.1.65　优化方案Ⅰ下游口门区水流流态
($Q=4000\mathrm{m^3/s}$)

图 5.1.66 优化方案Ⅰ下游口门区水流流态
($Q=2000\mathrm{m^3/s}$)

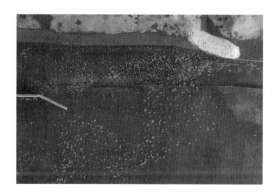

图 5.1.67　优化方案Ⅰ下游口门区水流流态
($Q=700\mathrm{m^3/s}$)

各工况口门区及航道过渡段的流速分布如图 5.1.68～图 5.1.73 所示，由图可见，各工况口门区范围流速指标较好，仅有个别测点回流或横向流速超标，单倍船长范围内流速平均值未出现回流或横向流速超标情况，口门区水流条件满足通航要求；航道连接段的主要问题有两个：①在大流量工况航道下游段的纵向流速较大，超出 2.50m/s 甚多，流速超标和工程实施没有关系，天然河道下泄大流量时水流速度就有这么大，此时可通航水域宽阔，通航条件接近天然航道，航道内纵向流速可适当放宽；②小流量工况航道起始段右侧区域的横向流速普遍超标，且 1 倍船长范围内测点的横向流速平均值亦超过了 0.45m/s，可能影响航道右侧水域的通航，建议在中小流量条件下，船舶经过该航道连接段时靠航道左侧通行，避开横向水流区。

口门区大部分为静水区，局部有低速小范围回流，水面较为平稳；航道过渡段长度短，仅约 700m，大流量全河段过流，小流量浚深航道内水面平稳。各工况条件下无明显连续的急流，无大范围高强度的回流，航道过渡段沿程比降较小（表 5.1.15），通航水深均大于 5.4m。

表 5.1.15　　　　　　　下游引航道口门区及连接段水位分布及水面比降（‰）

桩号	35200m³/s		25500m³/s		17000m³/s		8000m³/s		4000m³/s	
	水位/m	比降	水位/m	比降	水位/m	比降	水位/m	比降	水位/m	比降
3+167m	41.30		35.26		33.15		28.83		26.22	
		0.17		0.14		0.09		0.06		0.03
3+517m	41.24		35.21		33.12		28.81		26.21	
		0.14		0.09		0.06		0.03		0
3+867m	41.20		35.18		33.10		28.80		26.21	

5.1.5.3　优化方案Ⅱ试验成果

优化措施 1 是调整左厂房尾水渠出口左侧岸坡开挖线，使左厂房尾水和靠近左侧的闸孔出流能够平顺汇入主河槽，减少主流摆动，改善弯道水流带来的不利影响。河道流态在中小流量条件下对该措施带来的变化较为明显，8000m³/s 流量条件调整岸坡开挖前后流态如图 5.1.74 和图 5.1.75 所示。由图 5.1.74 可见，左厂房尾水渠出口左侧岸坡未扩挖时，左厂房尾水及左侧闸孔出流在凸岸作用下与左岸脱离，河道主流偏河床右侧流动，左侧凸岸下游沿岸为大范围的回流区。由图 5.1.75 可见，左厂房尾水渠出口左侧岸坡扩挖后，左岸水流边界变化趋于连续，河道主流居于河床中部流动，左侧凸岸下游沿岸回流范围和强度都有明显的改善。措施 2 是将口门区下游航道过渡段的航槽向左岸扩宽 20～30m，扩宽后靠近左岸的航槽作为通航区域，在大流量时船舶可利用近左岸的低流速区顺利上行，靠近河床的部分航槽宽度作为水流过渡区，中大流量航槽起始段水流斜向汇入航槽造成的局部横向流速过大，以及中小流量航槽右侧局部露滩形成的"滑梁水"，都能在过渡区内进行调整。航道过渡段各工况下的水流条件均得到明显改善。

上游河段河势优化之后，航道中心线与河道主流的夹角减小，口门区的通航水流条件随之得到改善，在此基础上对口门区的导航建筑进行优化。取消原设计的长导墙，沿隔流堤末端至原外挑导墙位置沿程布置排桩。排桩间隙可分散水流并沿程透水，以消除口门区内的回流，根据消除回流的效果确定排桩的排间距和桩间距；每一排排桩又形同一个挑流丁坝，可将主流挑离口门区，降低下游航道过渡段的纵向流速值，试验中根据下游航道过

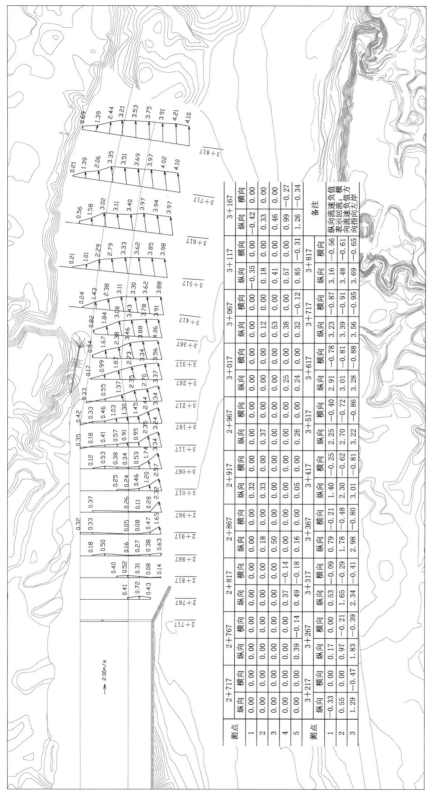

图 5.1.68　优化方案Ⅰ下游口门区流速分布（Q=22500m³/s）（流速单位：m/s）

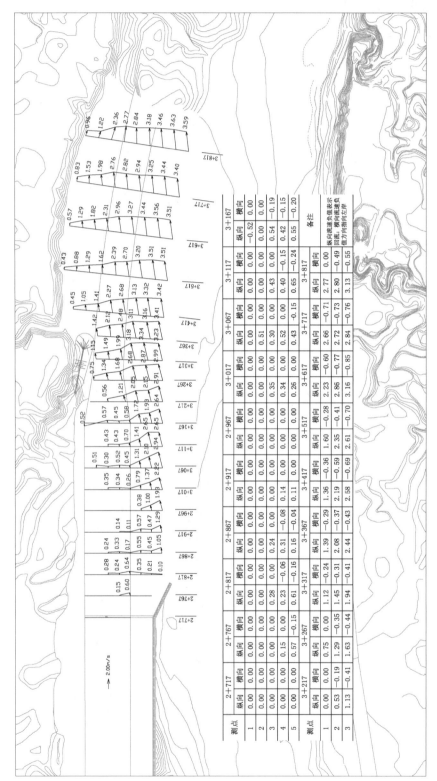

图 5.1.69　优化方案 I 下游口门区流速分布（Q=17000m³/s）（流速单位：m/s）

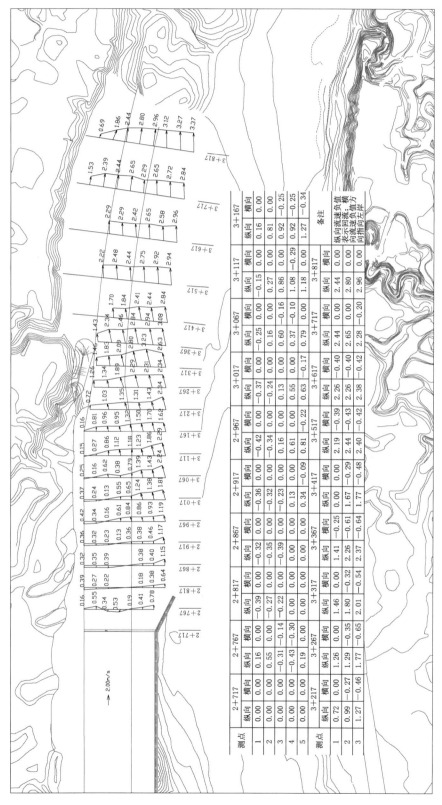

图 5.1.70 优化方案 I 下游口门区流速分布（Q=8000m³/s）（流速单位：m/s）

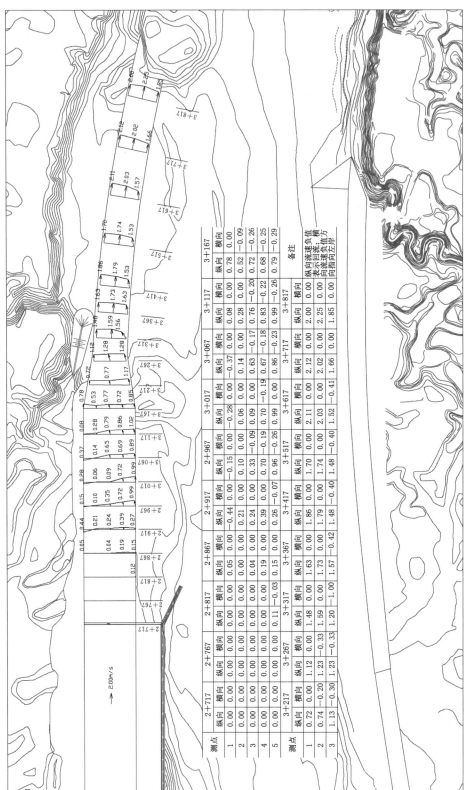

图 5.1.71 优化方案 I 下游口门区流速分布（Q=4000 m³/s）（流速单位：m/s）

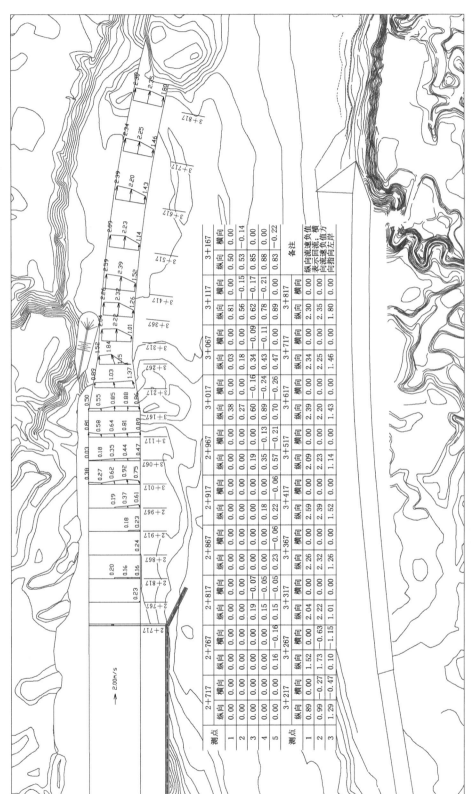

图 5.1.72　优化方案 I 下游口门区流速分布（Q=2000m³/s）（流速单位：m/s）

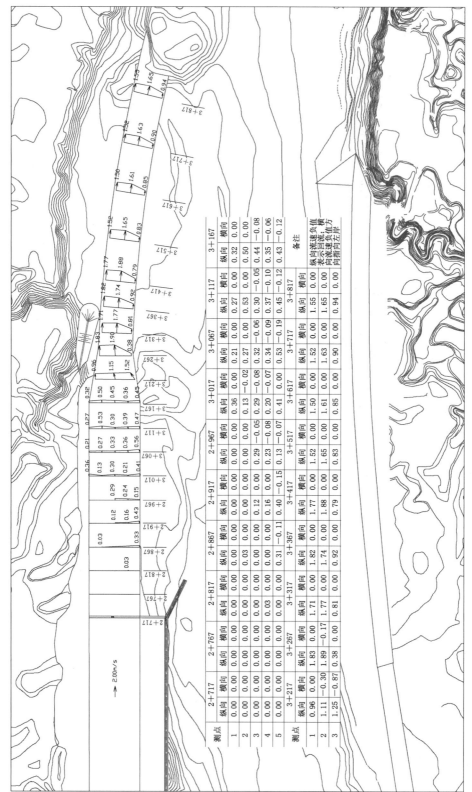

测点	2+717		2+767		2+817		2+867		2+917		2+967		3+017		3+067		3+117		3+167		备注
	纵向	横向	纵向	横向	纵向	横向	纵向	横向	纵向	横向	纵向	横向	纵向	横向	纵向	横向	纵向	横向	纵向	横向	
1	0.00	0.00	0.00	0.00	0.00	0.00	0.00	0.00	0.00	0.00	0.00	0.00	0.36	0.00	0.21	0.00	0.27	0.00	0.50	0.00	纵向流速负值
2	0.00	0.00	0.00	0.00	0.00	0.03	0.03	0.00	0.12	0.00	0.05	-0.05	0.13	-0.02	0.27	0.21	0.53	-0.05	0.44	-0.08	表示回流
3	0.00	0.00	0.00	0.00	0.00	0.03	0.03	0.00	0.16	0.00	0.08	-0.08	0.29	-0.08	0.32	0.00	0.30	-0.10	0.35	-0.06	横向流速负值
4	0.00	0.00	0.00	0.00	0.00	0.03	0.31	-0.11	0.40	-0.15	0.23	-0.07	0.20	-0.09	0.34	0.00	0.37	-0.12	0.43	-0.12	表示指向左岸
5	0.00	0.00	0.00	0.00	0.00	0.00					0.13	0.00	0.41	0.00	0.53	0.00	0.45	0.00			

测点	3+217		3+267		3+317		3+367		3+417		3+517		3+617		3+717		3+817		
	纵向	横向	纵向	横向	纵向	横向	纵向	横向	纵向	横向	纵向	横向	纵向	横向	纵向	横向	纵向	横向	
1	0.96	0.00	1.83	0.00	1.71	0.00	1.82	0.00	1.77	0.00	1.52	0.00	1.50	0.00	1.52	0.00	1.55	0.00	
2	1.11	-0.30	1.89	-0.17	1.77	0.00	1.74	0.00	1.88	0.00	1.65	0.00	1.61	0.00	1.63	0.00	1.65	0.00	
3	1.25	-0.87	0.38	0.00	0.81	0.00	0.92	0.00	0.79	0.00	0.83	0.00	0.85	0.00	0.90	0.00	0.94	0.00	

图 5.1.73　优化方案 I 下游口门区流速分布（Q=700 m³/s）（流速单位：m/s）

图 5.1.74　左厂房尾水渠出口段流态
（左侧岸坡未扩挖，8000m³/s）

图 5.1.75　左厂房尾水渠出口段流态
（左侧岸坡扩挖，8000m³/s）

渡段的水流条件确定排桩的排数。经过反复试验和调整，确定优化方案导航建筑物布置方案为：8 排桩，每排 10 个桩，桩径 2.0m，桩间距 2.0m，桩顶高程 42m。优化方案Ⅱ布置如图 5.1.76 所示。

下游引航道口门区及附近水域的流态如图 5.1.77～图 5.1.84 所示。

10 年一遇最大通航流量条件下，口门区大部分为静水区，航道过渡段的上游段为低流速区，河道主流扩散汇入下游段航道过渡段的角度较小，流线较为顺直。30600m³/s、25500m³/s 和 17000m³/s 的大水工况与 35200m³/s 工况相近。

8000m³/s 和 4000m³/s 的中水工况，河床水深变浅，河道主流沿深槽流动，部分排桩位于回流区内，口门区大部分为静水区，航槽过渡区范围主流斜向汇入航道的角度增大，航槽内流线较为顺直。

2000m³/s 和 700m³/s 的小水工况，航道右侧浅滩露出水面，主槽水流在口门区河段沿程向河道左侧扩散流动，至出露浅滩位置，部分水流经主槽下泄，部分绕过浅滩进入航道过渡区时由于偏转角度过大，表层水流在离心力作用下脱离右侧边界，航槽内流线较为顺直。

下游口门区流速分布如图 5.1.85～图 5.1.92 所示。

10 年一遇最大通航流量条件下，口门区范围测点流速均满足规范要求；航道连接段内右侧靠近主流的航槽测点纵向流速较大，此时可选择左侧航槽及近岸的低流速区作为通航区域，水流条件可满足通航要求。

其他各工况口门区和航道连接段流速指标较好，未出现回流或横向流速超标情况。

航道过渡段沿程比降较小（表 5.1.16），通航水深均大于 5.4m。

表 5.1.16　优化方案Ⅱ下游引航道口门区及连接段水位分布及水面比降

桩号	35200m³/s		25500m³/s		17000m³/s		8000m³/s		4000m³/s	
	水位/m	比降/‰	水位/m	比降/‰	水位/m	比降/‰	水位/m	比降/‰	水位/m	比降/‰
2+800m	41.34		35.29		33.19		28.85		26.22	
		0.14		0.12		0.10		0.06		0.02
3+300m	41.27		35.23		33.14		28.82		26.21	
		0.12		0.08		0.06		0.02		0
3+800m	41.21		35.19		33.11		28.81		26.21	

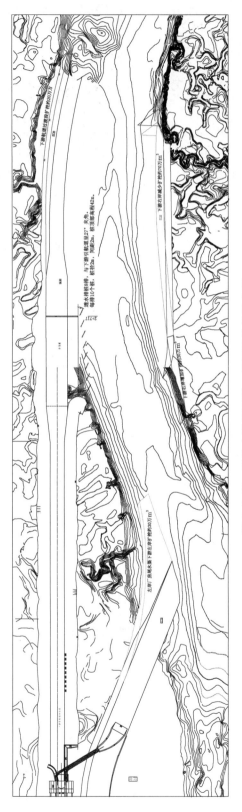

图 5.1.76　优化方案 II 下游口门区及连接段布置

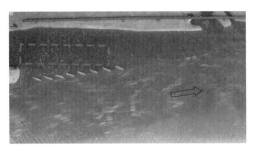

图 5.1.77　优化方案 II 下游口门区水流流态
（$Q_{10\%}=35200\mathrm{m}^3/\mathrm{s}$）

图 5.1.78　优化方案 II 下游口门区水流流态
（$Q_{20\%}=30600\mathrm{m}^3/\mathrm{s}$）

图 5.1.79　优化方案 II 下游口门区水流流态
（$Q=22500\mathrm{m}^3/\mathrm{s}$）

图 5.1.80　优化方案 II 下游口门区水流流态
（$Q=17000\mathrm{m}^3/\mathrm{s}$）

图 5.1.81　优化方案 II 下游口门区水流流态
（$Q=8000\mathrm{m}^3/\mathrm{s}$）

图 5.1.82　优化方案 II 下游口门区水流流态
（$Q=4000\mathrm{m}^3/\mathrm{s}$）

图 5.1.83　优化方案 II 下游口门区水流流态
（$Q=2000\mathrm{m}^3/\mathrm{s}$）

图 5.1.84　优化方案 II 下游口门区水流流态
（$Q=700\mathrm{m}^3/\mathrm{s}$）

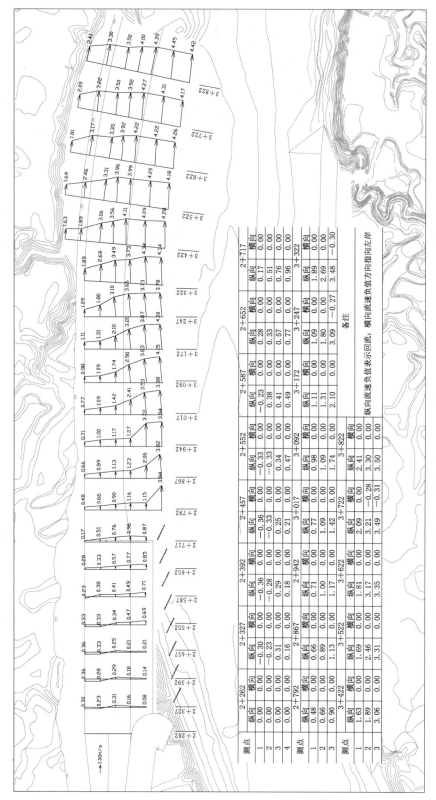

图 5.1.85 优化方案 II 下游口门区流速分布（$Q_{10\%} = 35200 \text{m}^3/\text{s}$）（流速单位：m/s）

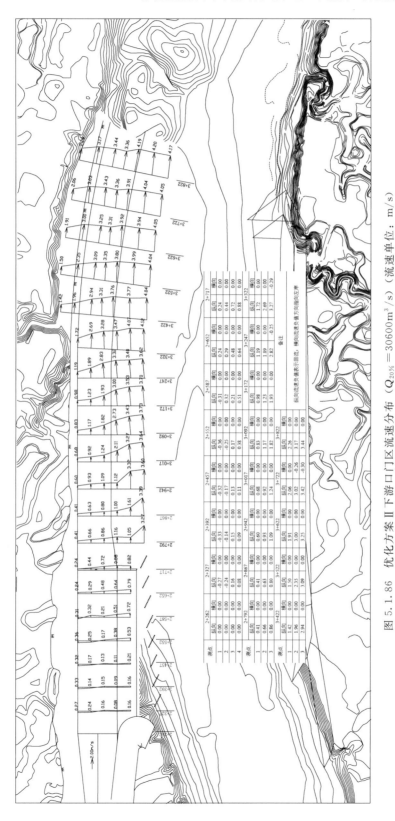

图 5.1.86 优化方案 II 下游口门区流速分布（$Q_{20\%}=30600\mathrm{m}^3/\mathrm{s}$）（流速单位：m/s）

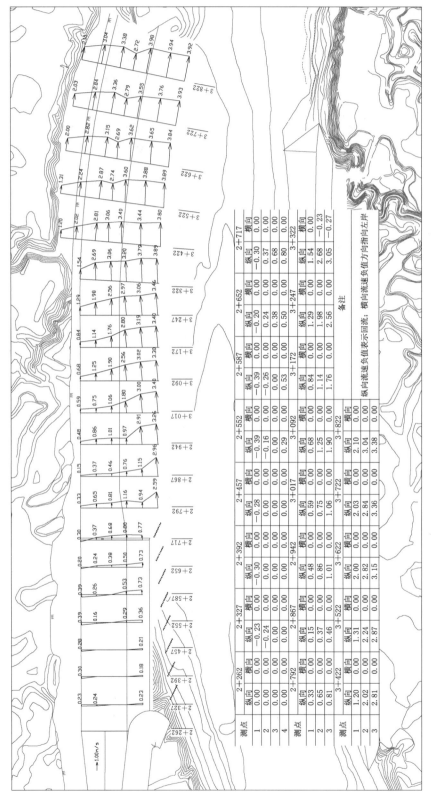

图 5.1.87　优化方案Ⅱ下游口门区流速分布 （Q=22500m³/s）（流速单位：m/s）

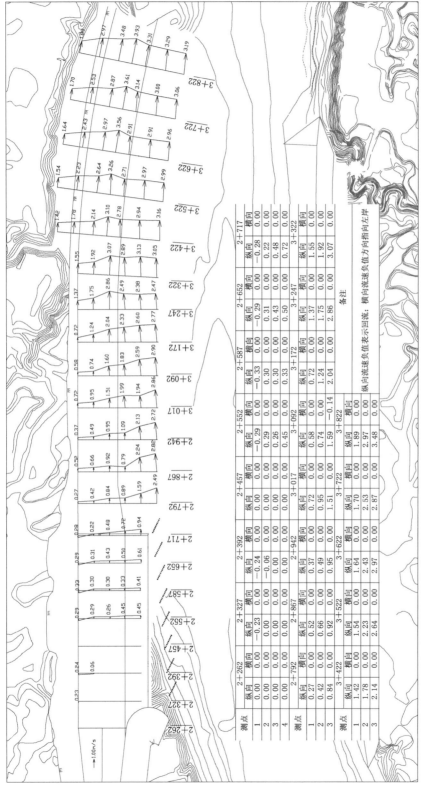

图 5.1.88 优化方案Ⅱ下游口门区流速分布（Q=17000m³/s）（流速单位：m/s）

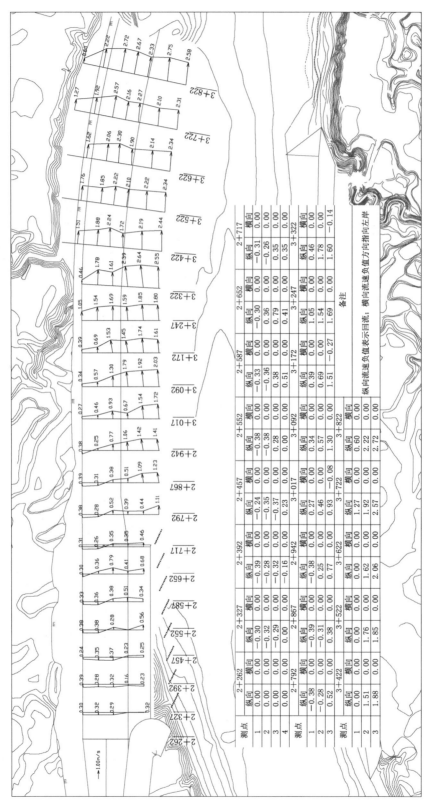

图 5.1.89 优化方案 II 下游口门区流速分布（Q＝8000m³/s）（流速单位：m/s）

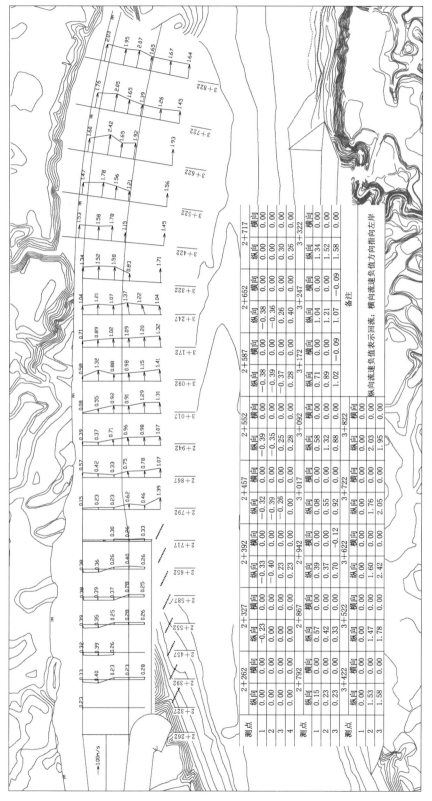

测点	2+262 纵向	2+262 横向	2+327 纵向	2+327 横向	2+392 纵向	2+392 横向	2+457 纵向	2+457 横向	2+552 纵向	2+552 横向	2+587 纵向	2+587 横向	2+652 纵向	2+652 横向	2+717 纵向	2+717 横向
1	0.00	0.00	-0.23	0.00	-0.33	0.00	-0.32	0.00	-0.39	0.00	-0.38	0.00	-0.38	0.00	0.00	0.00
2	0.23	0.00	0.26	0.00	-0.40	0.00	-0.39	0.00	-0.35	0.00	-0.39	0.00	-0.36	0.00	0.00	0.00
3	0.23	0.00	0.33	0.00	0.23	0.23	0.00	0.00	0.28	0.00	0.28	0.00	0.40	0.26	0.30	0.26

测点	2+792 纵向	2+792 横向	2+867 纵向	2+867 横向	2+942 纵向	2+942 横向	3+017 纵向	3+017 横向	3+092 纵向	3+092 横向	3+172 纵向	3+172 横向	3+247 纵向	3+247 横向	3+322 纵向	3+322 横向
1	0.15	0.00	0.57	0.00	0.39	0.00	0.08	0.00	0.58	0.00	0.71	0.00	1.04	0.00	1.34	0.00
2	0.23	0.00	0.42	0.00	0.37	0.00	0.55	0.00	1.32	0.00	0.89	0.00	1.21	0.00	1.52	0.00
3	0.33	0.00	0.33	0.00	0.70	-0.12	0.92	0.00	0.88	0.00	1.02	-0.09	1.07	-0.09	1.58	0.00

测点	3+422 纵向	3+422 横向	3+522 纵向	3+522 横向	3+622 纵向	3+622 横向	3+722 纵向	3+722 横向	3+822 纵向	3+822 横向	备注
1	0.00	0.00	1.47	0.00	0.00	0.00	1.76	0.00	2.03	0.00	纵向流速负值表示回流；横向流速负值方向指向左岸
2	1.53	0.00	1.47	0.00	1.60	0.00	1.76	0.00	2.03	0.00	
3	1.58	0.00	1.78	0.00	2.42	0.00	2.05	0.00	1.95	0.00	

图 5.1.90 优化方案Ⅱ下游口门区流速分布（Q=4000m³/s）（流速单位：m/s）

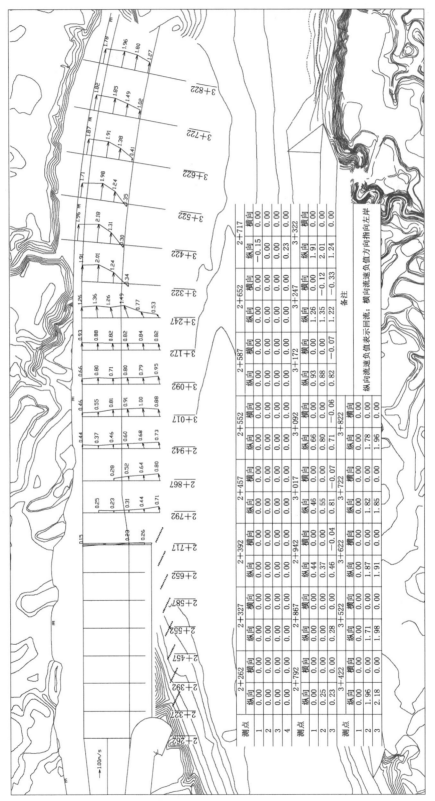

图 5.1.91 优化方案Ⅱ下游口门区流速分布（Q=2000m³/s）（流速单位：m/s）

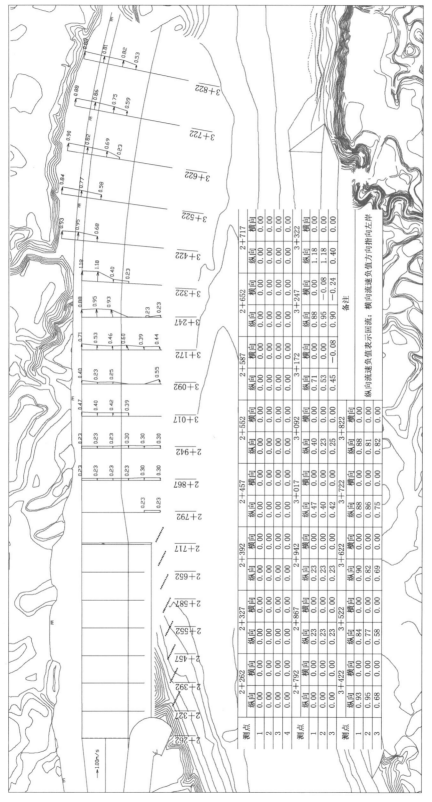

图 5.1.92 优化方案 II 下游口门区流速分布 (Q=700m³/s)（流速单位：m/s）

5.1.5.4 优化方案 Ⅱ 自航船模试验分析

下游引航道口门区推荐方案自航船模试验过程如图 5.1.93～图 5.1.112 所示。运行期下游航道船模试验成果汇总见表 5.1.17。

图 5.1.93 1+2×2000t 船队上行进闸
（下游航道 $Q=2000\mathrm{m^3/s}$）

图 5.1.94 1+2×2000t 船队出闸下行
（下游航道 $Q=2000\mathrm{m^3/s}$）

图 5.1.95 3000t 机动货船上行进闸
（下游航道 $Q=2000\mathrm{m^3/s}$）

图 5.1.96 3000t 机动货船出闸下行
（下游航道 $Q=2000\mathrm{m^3/s}$）

图 5.1.97 1+2×2000t 船队上行进闸
（下游航道 $Q=8000\mathrm{m^3/s}$）

图 5.1.98 1+2×2000t 船队出闸下行
（下游航道 $Q=8000\mathrm{m^3/s}$）

图 5.1.99　3000t 机动货船上行进闸
（下游航道 $Q=8000\mathrm{m^3/s}$）

图 5.1.100　3000t 机动货船出闸下行
（下游航道 $Q=8000\mathrm{m^3/s}$）

图 5.1.101　1+2×2000t 船队上行进闸
（下游航道 $Q=17000\mathrm{m^3/s}$）

图 5.1.102　1+2×2000t 船队出闸下行
（下游航道 $Q=17000\mathrm{m^3/s}$）

图 5.1.103　3000t 机动货船上行进闸
（下游航道 $Q=17000\mathrm{m^3/s}$）

图 5.1.104　3000t 机动货船出闸下行
（下游航道 $Q=17000\mathrm{m^3/s}$）

图 5.1.105 1+2×2000t 船队上行进闸

（下游航道 $Q=25500\mathrm{m}^3/\mathrm{s}$）

图 5.1.106 1+2×2000t 船队出闸下行

（下游航道 $Q=25500\mathrm{m}^3/\mathrm{s}$）

图 5.1.107 3000t 机动货船上行进闸

（下游航道 $Q=25500\mathrm{m}^3/\mathrm{s}$）

图 5.1.108 3000t 机动货船出闸下行

（下游航道 $Q=25500\mathrm{m}^3/\mathrm{s}$）

图 5.1.109 3000t 机动货船上行进闸

（下游航道 $Q_{20\%}=30600\mathrm{m}^3/\mathrm{s}$）

图 5.1.110 3000t 机动货船出闸下行

（下游航道 $Q_{20\%}=30600\mathrm{m}^3/\mathrm{s}$）

图 5.1.111　3000t 机动货船上行进闸

（下游航道 $Q_{10\%}=35200\mathrm{m}^3/\mathrm{s}$）

图 5.1.112　3000t 机动货船出闸下行

（下游航道 $Q_{10\%}=35200\mathrm{m}^3/\mathrm{s}$）

表 5.1.17　　　　　大藤峡水利枢纽运行期下游航道船模试验成果汇总表

船型	航向	流量/(m³/s)	最大舵角/(°)		最大漂角/(°)		车挡/(m/s)		航速/(m/s)		航程/m	航行时间/min	平均航速/(m/s)	备注
			右	左	右	左	最大	最小	最大	最小				
1+2×2000t	上行	2000	17.89	22.58	6.46	9.58	4.50	4.50	3.72	1.83	1168	7.25	2.68	3 次平均
		8000	14.76	18.78	7.22	12.10	4.50	4.50	4.10	2.08	1265	6.90	3.06	3 次平均
		17000	17.12	20.47	7.89	14.55	4.50	4.50	3.92	1.26	1151	8.19	2.35	3 次平均
		25500	20.64	24.25	21.04	35.01	4.50	4.50	3.83	0.52	1125	10.24	1.83	3 次平均
	下行	2000	19.28	21.08	6.38	8.56	3.50	3.50	4.76	2.76	1206	5.04	3.99	3 次平均
		8000	16.61	17.04	13.05	9.45	3.50	3.50	5.09	2.89	1161	4.66	4.16	3 次平均
		17000	17.33	18.72	17.87	11.40	3.50	3.50	5.68	3.10	1157	4.22	4.58	3 次平均
		25500	17.57	22.65	20.83	12.05	3.50	3.50	6.16	3.22	1161	3.97	4.87	3 次平均
3000t	上行	2000	19.09	21.79	5.24	8.79	5.00	5.00	4.53	2.39	1192	6.06	3.28	3 次平均
		8000	14.36	16.43	7.06	11.12	5.00	5.00	4.61	2.46	1168	5.89	3.32	3 次平均
		17000	15.99	18.11	7.68	13.56	5.00	5.00	4.38	1.68	1161	6.89	2.82	3 次平均
		25500	19.86	20.99	17.66	33.12	5.00	5.00	4.20	0.95	1183	7.98	2.48	3 次平均
		30600	21.76	22.17	18.27	42.97	5.00	5.00	3.80	0.76	1153	9.09	2.11	3 次平均
		35200	22.97	23.74	19.52	49.14	5.00	5.00	3.71	0.49	1220	10.11	2.02	3 次平均
	下行	2000	18.11	20.68	4.62	7.34	3.50	3.50	5.34	3.24	1162	4.34	4.46	3 次平均
		8000	14.07	16.08	6.28	10.33	3.50	3.50	5.71	3.36	1149	4.14	4.63	3 次平均
		17000	15.17	17.54	7.26	12.89	3.50	3.50	5.97	3.49	1150	4.03	4.77	3 次平均
		25500	18.84	19.93	16.82	31.32	3.50	3.50	6.19	3.54	1149	4.00	4.80	3 次平均
		30600	20.42	21.93	17.73	40.26	3.50	3.50	6.37	3.62	1174	4.01	4.89	3 次平均
		35200	21.71	22.66	18.36	44.69	3.50	3.50	6.45	3.67	1111	3.71	4.99	3 次平均

1. 船舶上行进闸情况

（1）1+2×2000t 船队上行情况。枢纽运行期下游航道 $Q=2000\mathrm{m}^3/\mathrm{s}$、$Q=8000\mathrm{m}^3/\mathrm{s}$、

$Q=17000\mathrm{m^3/s}$ 和 $Q=25500\mathrm{m^3/s}$ 四组流量工况船模成果如图 5.1.113～图 5.1.115 所示。

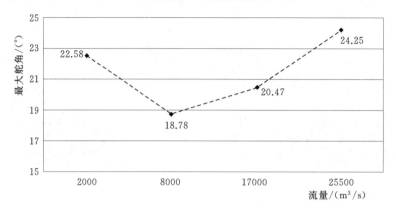

图 5.1.113 1＋2×2000t 船队上行时不同流量最大舵角比较图

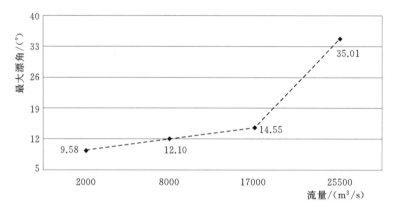

图 5.1.114 1＋2×2000t 船队上行时不同流量最大漂角比较图

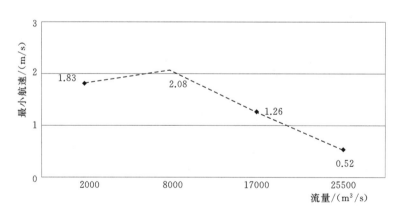

图 5.1.115 1＋2×2000t 船队上行时不同流量最小航速比较图

在 $Q=2000\mathrm{m^3/s}$ 流量时，上行平均航程为 1168m，最大舵角为 22.58°，最大漂角为 9.58°，最小航速为 1.83m/s（6.59km/h），航行时间为 7.25min，平均航速为 2.68m/s（9.65km/h），由于枢纽下泄水量少，下游航道水位偏低，船舶航行由于浅底效应的影响，上行阻力有所增大，操作性能变差，船舶上行航速偏低，但最小航速高于船模试验最低航速安全限值（0.4m/s）。

在 $Q=8000\text{m}^3/\text{s}$、$Q=17000\text{m}^3/\text{s}$ 和 $Q=25500\text{m}^3/\text{s}$ 流量时，上行平均航程分别为 1265m、1151m 和 1125m，最大舵角分别为 18.78°、20.47° 和 24.25°，最大漂角分别为 12.10°、14.55° 和 35.01°，随流量增加而加大，但均未超过船模试验舵角安全限值（25°）；最小航速分别为 2.08m/s、1.26m/s 和 0.52m/s（7.49km/h、4.54km/h 和 1.87km/h），航行时间分别为 6.90min、8.19min 和 10.24min，平均航速分别为 3.06m/s、2.35m/s 和 1.83m/s（11.02km/h、8.46km/h 和 6.59km/h），随流量增加而减小，但最小航速均高于船模试验最低航速安全限值（0.4m/s），说明船舶航行难度在 $Q=8000\sim25500\text{m}^3/\text{s}$ 时随流量的加大而加大。

船模试验成果表明，枢纽运行期下游航道，在 $Q=2000\text{m}^3/\text{s}$、$Q=8000\text{m}^3/\text{s}$、$Q=17000\text{m}^3/\text{s}$ 时，舵角、航速未超过船模试验安全限值，只要操纵得当，上行进闸船舶均可自航通过下游连接段、口门区和引航道驶入船闸，满足 $1+2\times2000\text{t}$ 船队通航要求。在 $Q=25500\text{m}^3/\text{s}$ 时，$1+2\times2000\text{t}$ 船队上行进闸的最大舵角为 24.25°，上行进闸的最小航速为 0.52m/s，上行舵角和航速均接近船模试验安全限值，需谨慎驾驶方可保航行安全。

（2）3000t 机动货船上行情况。枢纽运行期下游航道 $Q=2000\text{m}^3/\text{s}$、$Q=8000\text{m}^3/\text{s}$、$Q=17000\text{m}^3/\text{s}$、$Q=25500\text{m}^3/\text{s}$、$Q_{20\%}=30600\text{m}^3/\text{s}$、$Q_{10\%}=35200\text{m}^3/\text{s}$ 六组流量工况船模成果如图 5.1.116～图 5.1.118 所示。

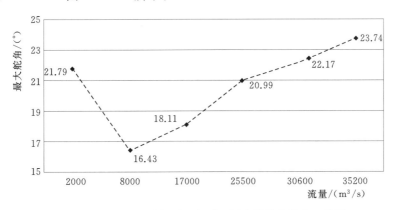

图 5.1.116　3000t 自航驳上行时不同流量最大舵角比较图

在 $Q=2000\text{m}^3/\text{s}$ 流量时，上行平均航程 1192m，最大舵角 21.79°（未超过船模试验舵角安全限值 25°），最大漂角 8.79°，最小航速 2.39m/s（8.60km/h），航行时间 6.06min，平均航速 3.28m/s（11.81km/h），枢纽下泄量少，航道水位偏低，存在船舶航行浅底效应，上行阻力增大，操作性能变差，上行航速偏低，但高于船模试验最低航速安全限值（0.4m/s）。

在 $Q=8000\text{m}^3/\text{s}$、$Q=17000\text{m}^3/\text{s}$、$Q=25500\text{m}^3/\text{s}$、$Q_{20\%}=30600\text{m}^3/\text{s}$、$Q_{10\%}=35200\text{m}^3/\text{s}$ 流量时，上行平均航程分别为 1168m、1161m、1183m、1153m 和 1220m，最大舵角分别为 16.43°、18.11°、20.99°、22.17° 和 23.74°（均未超过船模试验舵角安全限值 25°），最大漂角分别为 11.12°、13.56°、33.12°、42.97° 和 49.14°，随流量增加而加

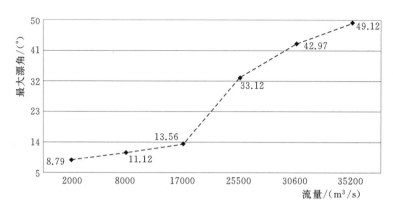

图 5.1.117　3000t 自航驳上行时不同流量最大漂角比较图

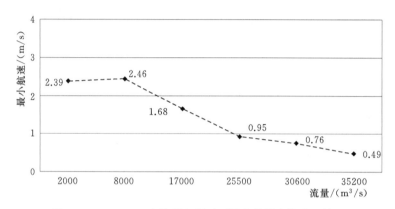

图 5.1.118　3000t 自航驳上行时不同流量最小航速比较图

大，说明船舶航行难度随流量的加大而加大。最小航速分别为 2.46m/s、1.68m/s、0.95m/s、0.76m/s 和 0.49m/s（8.86km/h、6.05km/h、3.42km/h、2.74km/h 和 1.76km/h），航行时间分别为 5.89min、6.89min、7.98min、9.09min 和 10.11min，平均航速分别为 3.32m/s、2.82m/s、2.48m/s、2.11m/s 和 2.02m/s（11.95km/h、10.15km/h、8.93km/h、7.60km/h 和 7.27km/h），随流量增加而减小（高于船模试验最低航速安全限值 0.4m/s），船舶航行难度随流量加大而加大。

试验流量船模成果表明，枢纽运行期下游航道船舶舵角、航速未超过船模试验安全限值，只要操纵得当，上行进闸船舶均可以自航通过下游连接段、口门区和引航道驶入船闸，满足 3000t 机动货船通航要求。$Q=35200\text{m}^3/\text{s}$ 时，3000t 机动货船上行进闸最大舵角和最小航速均接近船模试验安全限值，需谨慎驾驶方可保航行安全。

2. 船舶出闸下行情况

（1）$1+2\times2000\text{t}$ 船队下行情况。枢纽运行期下游航道 $Q=2000\text{m}^3/\text{s}$、$Q=8000\text{m}^3/\text{s}$、$Q=17000\text{m}^3/\text{s}$ 和 $Q=25500\text{m}^3/\text{s}$ 四组流量工况船模成果如图 5.1.119、图 5.1.120 所示。

在 $Q=2000\text{m}^3/\text{s}$ 流量时，下行平均航程为 1206m，最大舵角为 21.08°，最大漂角为 8.56°，最大航速为 4.76m/s（17.14km/h），航行时间为 5.04min，平均航速为 3.99m/s（14.36km/h），由于枢纽下泄水量少，下游航道水位偏低，船舶航行由于浅底效应的影

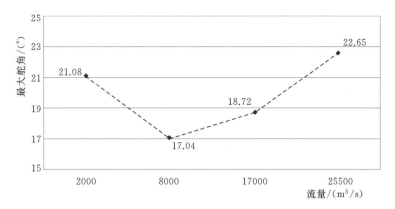

图 5.1.119 1+2×2000t 船队下行时不同流量最大舵角比较图

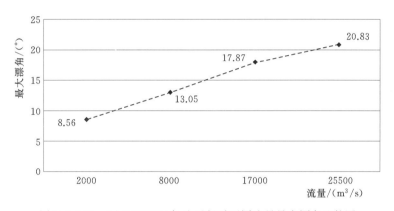

图 5.1.120 1+2×2000t 船队下行时不同流量最大漂角比较图

响，上行阻力有所增大，操作性能变差，船舶上行航速偏低，但最小航速高于船模试验最低航速安全限值（0.4m/s）。

在 $Q=8000\mathrm{m^3/s}$、$Q=17000\mathrm{m^3/s}$ 和 $Q=25500\mathrm{m^3/s}$ 流量时，下行平均航程分别为 1161m、1157m 和 1161m，最大舵角分别为 17.04°、18.72° 和 22.65°，最大漂角分别为 13.05°、18.72° 和 22.65°，随流量增加而加大，但均未超过船模试验舵角安全限值（25°）；最大航速分别为 5.09m/s、5.68m/s 和 6.16m/s（18.32km/h、20.45km/h 和 22.18km/h），航行时间分别为 4.66min、4.22min 和 3.97min，平均航速分别为 4.16m/s、4.58m/s 和 4.87m/s（14.98km/h、16.49km/h 和 17.53km/h），随流量增加而减小，但最小航速均高于船模试验最低航速安全限值（0.4m/s），说明船舶航行难度在 $Q=8000\sim25500\mathrm{m^3/s}$ 时随流量的加大而加大。

船模试验成果表明，枢纽运行期下游航道，在 $Q=2000\mathrm{m^3/s}$、$Q=8000\mathrm{m^3/s}$、$Q=17000\mathrm{m^3/s}$、$Q=25500\mathrm{m^3/s}$ 时，下行最大舵角都未超过船模试验安全限值，只要操纵得当，出闸航行的船舶可自航下行通过引航道和口门区、连接段驶向下游，均满足 1+2×2000t 船队的通航要求。但在 $Q=25500\mathrm{m^3/s}$（泄水闸控泄、电站发电）流量工况时，1+2×2000t 船队出闸下行的最大舵角为 22.65°，较接近船模试验安全限值，需谨慎驾驶方可保航行安全。

（2）3000t 机动货船下行情况。枢纽运行期下游航道 $Q=2000\mathrm{m}^3/\mathrm{s}$、$Q=8000\mathrm{m}^3/\mathrm{s}$、$Q=17000\mathrm{m}^3/\mathrm{s}$、$Q=25500\mathrm{m}^3/\mathrm{s}$、$Q_{20\%}=30600\mathrm{m}^3/\mathrm{s}$、$Q_{10\%}=35200\mathrm{m}^3/\mathrm{s}$ 六组流量工况船模成果如图 5.1.121、图 5.1.122 所示。

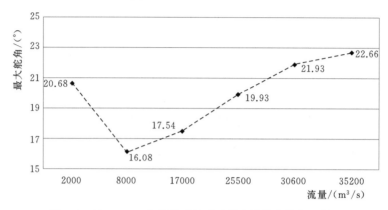

图 5.1.121 3000t 自航驳下行时不同流量最大舵角比较图

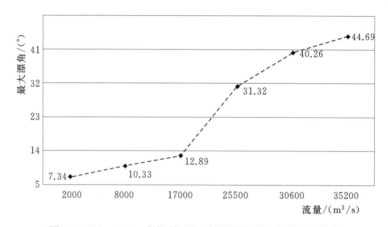

图 5.1.122 3000t 自航驳下行时不同流量最大漂角比较图

在 $Q=2000\mathrm{m}^3/\mathrm{s}$ 流量时，下行平均航程为 1162m，最大舵角为 20.68°（未超过船模试验舵角安全限值 25°），最大漂角为 7.34°，最大航速为 5.34m/s（19.22km/h），航行时间为 4.34min，平均航速为 4.46m/s（16.06km/h），枢纽下泄量少，航道水位偏低，存在船舶航行浅底效应，上行阻力增大，操作性能变差。

在 $Q=8000\mathrm{m}^3/\mathrm{s}$、$Q=17000\mathrm{m}^3/\mathrm{s}$、$Q=25500\mathrm{m}^3/\mathrm{s}$、$Q_{20\%}=30600\mathrm{m}^3/\mathrm{s}$、$Q_{10\%}=35200\mathrm{m}^3/\mathrm{s}$ 流量时，下行平均航程分别为 1149m、1150m、1149m、1174m 和 1111m，最大舵角分别为 16.08°、17.54°、19.93°、21.93°和 22.66°（均未超过船模试验舵角安全限值 25°），最大漂角分别为 10.33°、12.89°、31.32°、40.26°和 44.69°，随流量增加而加大，说明船舶航行难度随流量的加大而加大。最大航速分别为 5.71m/s、5.97m/s、6.19m/s、6.37m/s 和 6.45m/s（20.56km/h、21.49km/h、22.28km/h、22.93km/h 和 23.22km/h），航行时间分别为 4.14min、4.03min、4.00min、4.01min 和 3.71min，平均航速分别为 4.63m/s、4.77m/s、4.80m/s、4.89m/s 和 4.99m/s（16.67km/h、

17.17km/h、17.28km/h、17.60km/h 和 17.96km/h），随流量增加而减小（高于船模试验最低航速安全限值 0.4m/s），船舶航行难度随流量加大而加大。

船模试验成果表明，在试验流量工况下，枢纽运行期下游航道下行最大舵角都未超过船模试验安全限值，只要操纵得当，出闸航行的船舶可自航下行通过引航道和口门区、连接段驶向下游。均可满足 3000t 机动货船的通航要求。但在 $Q=35200\text{m}^3/\text{s}$（10 年一遇洪水、泄水闸敞泄、电站停机）流量工况时，3000t 机动货船出闸下行的最大舵角为 22.66°，较接近船模试验安全限值，需谨慎驾驶方可保航行安全。

3. 自航船模试验小结

（1）船模试验成果表明，枢纽运行期下游航道，在 $Q=8000\sim35200\text{m}^3/\text{s}$ 流量时，船舶航行难度随流量加大而加大。

（2）在 $Q=2000\text{m}^3/\text{s}$ 流量时，枢纽下泄水量少，下游航道水位偏低，船舶航行受浅底效应的影响，船舶操作性能变差，上行阻力变大，造成船舶上行航速偏低，上、下行舵角偏大。

（3）在 $Q\leqslant25500\text{m}^3/\text{s}$ 流量时，1＋2×2000t 船队的上、下行最大舵角分别为 24.25° 和 22.65°，均未超过船模试验安全舵角限值（25°），上行的最小航速为 0.52m/s，也高于船模试验最低航速安全限值（0.4m/s），枢纽运行期下游航道通航条件满足 1＋2×2000t 船队的通航要求。

（4）在 $Q\leqslant35200\text{m}^3/\text{s}$ 流量时，3000t 机动货船的上、下行最大舵角分别为 23.74° 和 22.66°，均未超过船模试验安全舵角限值（25°），上行的最小航速为 0.49m/s 也高于船模试验最低航速安全限值（0.4m/s），枢纽运行期下游航道通航条件满足 3000t 机动货船的通航要求。

（5）由于船舶上行进闸时由宽广水域驶向狭窄水域，且要克服口门附近的横流驶入口门，下行时由狭窄水域驶向宽广水域，出闸后船舶顺流而下，操纵难度相对较小，各方案各流量的船模试验均显示，船舶上行舵角略大于下行，上行航行难度略大于下行。

（6）船模试验成果表明，枢纽运行期下游航道相同的流量工况船模试验，1＋2×2000t 船队上行进闸的最小航速均小于 3000t 机动货船；上行进闸和出闸下行的最大舵角均大于 3000t 机动货船，总体来看 1＋2×2000t 船队的通航难度大于 3000t 机动货船。

（7）最佳航线：船舶上行，在距引航道堤头 1300～1400m 处时逐渐操右舵转向左岸并保持左岸距 80～120m 沿左岸缓流区上行，在靠近引航道堤头时，要注意和堤头保持距离，并适当用舵克服堤头横流的影响，调整好船位和航向驶入引航道进入船闸。船舶下行，驶出船闸引航道堤头时，适当操右舵克服堤头横流的影响，调整好船位和航向并保持好岸距顺流而下通过口门区、连接段驶向下游航道。

（8）航行难点：枢纽运行期下游航道航行难点在小流量时，由于下游航道水位偏低，船舶航行具有明显的浅底效应，船舶操作性能变差，上行阻力变大从而造成船舶航行困难；在大流量时，由于枢纽敞泄，航道主流区流速较大，需利用左岸缓流区上行，需保持好安全岸距，避免引发触碰岸线或搁浅的海损事故。

5.2　排桩整流技术在红花水利枢纽工程二线船闸口门区的应用研究

5.2.1　红花水利枢纽工程概况

红花水电站位于柳州市柳州区，是柳江干流规划 23 级开发方案的最后一个梯级，是一个以发电、航运为主，兼顾灌溉、旅游、养殖的综合利用工程。

坝址控制流域面积 46810km²，水库正常蓄水位 77.5m，相应库容为 5.7 亿 m³，总库容为 30 亿 m³，电站装机容量 228MW，灌溉农田 15 万亩，建成后可渠化 108km 的航道，与上游的大埔电站尾水位衔接，使柳州市以下的 60km 航道不需整治可通航 1000t 级的船舶，属 Ⅰ 等中型工程。

红花水电站主要建筑物有泄水闸、厂房和船闸，泄水闸位于河床中央，共设 18 孔，分为两区：Ⅰ区（8 孔区）、Ⅱ区（10 孔区）。闸孔净宽 16m，闸墩厚 4m，堰型为改进机翼堰，工作门选用平板钢闸门，采用固定卷扬机启闭；发电厂房为河床式，布置在河床的右侧，安装 6 台灯泡式贯流水轮机组；枢纽工程通航建筑物为一座Ⅲ级船闸，位于枢纽左侧，闸室有效尺度为 180m×18m×3m（长×宽×门槛水深），可改善柳江 108km 航道的水运条件。红花水电站二线船闸为 Ⅱ 级，总体布置如图 5.2.1 所示，闸室有效尺度为 200m×34m×5.6m（长×宽×门槛水深），设计代表船型分别为 2×2000t 级顶推船队（主尺度为总长×型宽×满载吃水：182m×16.2m×2.6m）、2000t 级货船（主尺度：90.0m×16.2m×3.0m）、2000t 级多用途集装箱船（主尺度：59.0m×15.6m×3.5m）。

5.2.2　二线船闸下游口门区方案及优化研究

试验研究在 1：100 的水工整体模型上进行。当天然来水量小于 6 台机组满发流量 1842m³/s 时，全部通过机组过流；当天然来水量大于 6 台机组满发流量 1842m³/s 而小于 4800m³/s 时，机组过流 1842m³/s，其余通过泄水闸下泄；当天然来水量大于 4800m³/s 而小于 9000m³/s 时，机组停机不发电，来水量全部通过泄水闸控泄；当天然来水大于 9000m³/s 时，为减少对柳州市水位的影响，库水位不得超过 72.50m，18 孔泄水闸敞开泄洪；当洪峰过后，逐渐下闸回蓄维护水位 77.50m。泄水闸局部开启的第一开度档次为 1.5m，此后每次开或关的开度档次为 1m，18 个泄水闸应先全部完成某一开度后才进行下一个开度的操作，并采用先从右区 8 孔中间闸孔开始开启，再往两边隔孔跳开的形式把右区 8 孔开完后，再开启 10 孔闸，当开度大于 6.5m 时，直接全开。

工程下游为微弯河段，河道向右侧摆动，过闸水流沿程扩散，主流略偏左岸。一线船闸下游隔流堤淹没于水下，水流贴一线船闸下游引航道左岸坡即二线船闸下游隔流堤右岸坡流动。二线船闸下游隔流堤末段向河道中央偏转角度较大，形同一个挑流丁坝，以减少主流对下游口门区水域的影响。试验中发现，该"丁坝"长度较短，不能将沿岸主流挑离下游口门区，如图 5.2.2 所示，左侧主流经过"丁坝"头部后即向左岸扩散，导致下游口门区出现大范围明显回流和横向水流。二线船闸下游口门区流速分布如图 5.2.3 所示，X_2 断面 1 号测点（−0.41m/s）和 X_5 断面 1 号测点回流超标（−0.44m/s），

图 5.2.1　红花水电站二线船闸总体布置图

表 5.2.1　　　　　　　　　　红花水电站模型试验放水条件

频率	流量 /(m³/s)	枢纽下泄流量 /(m³/s)		泄水闸调度		上游水位 /m	下游水位 /m	试验内容
		泄水闸	厂房	Ⅰ区 (8 孔)	Ⅱ区 (10 孔)			
2%	29700	29700	0	敞泄			84.39	泄流规模
10%	22500	22500	0	敞泄			80.18	二线船闸最大通航
50%	14100	14100	0	敞泄			74.62	一线船闸最大通航
	11100	11100	0	敞泄		72.50	72.31	
	8800	8800	0	等开度		76.90	70.49	
	6800	6800	0	等开度		77.25	68.81	通航
	4800	4800	0	等开度		77.50	66.83	
	4800	2958	1842	等开度	关闭	77.50	66.83	
	1842	0	1842	关闭		77.50	63.59	

X_5 断面 6 号点（-0.48m/s）和 X_6 断面 4 号点（-0.35m/s）、5 号点（-0.49m/s）、6 号点（-0.61m/s）横向流速均超标。

为改善下游口门区下游航道的水流条件，需要改变贴近隔流堤右坡主流的流向，使其失去隔流堤束缚后尽量顺着隔流堤的延长线方向流动，沿程均匀扩散，避免其直冲左岸，这样口门区就不会出现明显的横向水流，同时一定程度上降低口门区内的回流强度。为此需在隔流堤末端顺延长线方向增设导流隔

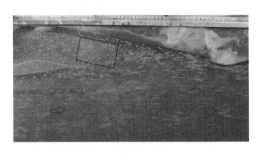

图 5.2.2　二线船闸下游口门区流态
（22500m³/s，原设计方案）

墙，隔墙高度与隔流堤顶同高，隔墙末段可考虑做成透水式，通过适度补水消除口门区内的回流。

方案 1 采用不透水式导流隔墙，隔墙长 264m，该方案下游口门区流态如图 5.2.4 所示，增设导流隔墙后，"丁坝"的挑流作用得以发挥，但下游口门区的一角仍处于主流区内，横向流速超标。方案 2 将导流隔墙延长至 384m，末段的 120m 改为桩板式透水隔墙，以期能消除口门区内的回流。该方案下游口门区流态如图 5.2.5 所示，"丁坝"的有效作用距离增加后，下游口门区基本避开了主流，横向流速满足规范要求；但隔墙透水段长度偏大，经透水隔墙进入引航道的水量过多，从引航道底部翻上来之后形成了新的回流。方案 3 在方案 2 的基础上将隔墙末段的桩板式透水隔墙缩短为 90m，透水段灌注桩直径 1.00m，桩间距 0.67m，方案布置如图 5.2.6 所示，该方案下游口门区流态如图 5.2.7 所示，口门区内无回流，下游口门区流速分布如图 5.2.8 所示，横向流速未超过 0.30m/s，口门区通航条件满足规范要求，因此将方案 3 作为二线船闸下游口门区推荐布置方案。

14100m³/s、11100m³/s、8800m³/s、6800m³/s、4800m³/s、1842m³/s 工况下二线船闸下游口门区流态如图 5.2.9~图 5.2.15 所示。14100m³/s、11100m³/s、8800m³/s、6800m³/s 工况，泄水闸敞泄或全部均匀开启的情况下，随着下泄流量的减少，导流隔墙

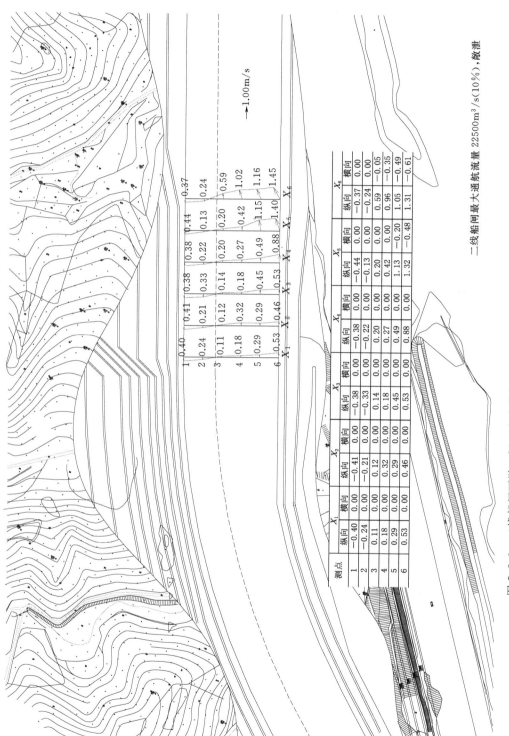

图 5.2.3 二线船闸下游口门区流速分布（22500m³/s，原方案）（流速单位：m/s）

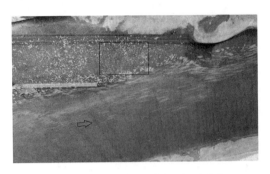

图 5.2.4 二线船闸下游口门区流态
（22500m³/s，方案 1）

图 5.2.5 二线船闸下游口门区流态
（22500m³/s，方案 2）

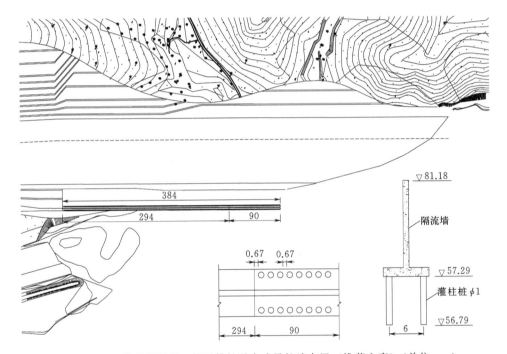

图 5.2.6 二线船闸下流口门区排桩透水式导航墙布置（推荐方案）（单位：m）

的挑流作用发挥的更加充分；4800m³/s
的两个工况是位于右侧的Ⅰ区泄水闸均
匀开启和Ⅰ区泄水闸与靠近右岸的电厂
联合运行，1842m³/s 的运行工况为靠近
右岸的电厂单独运行，这三个工况下泄
主流沿程由偏右岸向偏左岸扩散，故水
流与导流隔墙的交角较大。各工况下游
口门区流速分布如图 5.2.6 ～
图 5.2.22 所示，可见二线船闸下游口门
区流速指标满足通航要求。

图 5.2.7 二线船闸下流口门区流态
（22500m³/s，推荐方案）

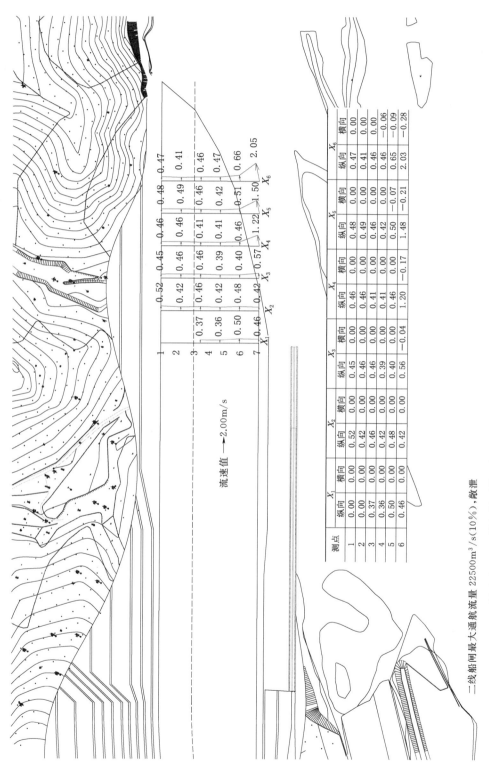

二线船闸最大通航流量22500m³/s(10%)，敞泄

图5.2.8 二线船闸下游口门区流速分布（22500m³/s，推荐方案）（流速单位：m/s）

图 5.2.9 二线船闸下游口门区流态
（14100m³/s，推荐方案）

图 5.2.10 二线船闸下游口门区流态
（11100m³/s，推荐方案）

图 5.2.11 二线船闸下游口门区流态
（8800m³/s，推荐方案）

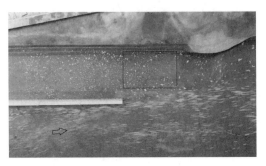

图 5.2.12 二线船闸下游口门区流态
（6800m³/s，推荐方案）

图 5.2.13 二线船闸下游口门区流态
（4800m³/s 泄洪，推荐方案）

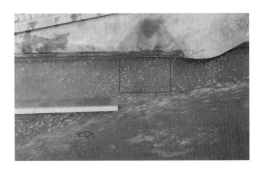

图 5.2.14 二线船闸下游口门区流态
（4800m³/s 发电，推荐方案）

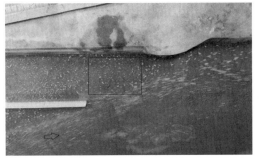

图 5.2.15 二线船闸下游口门区流态
（1842m³/s 发电，推荐方案）

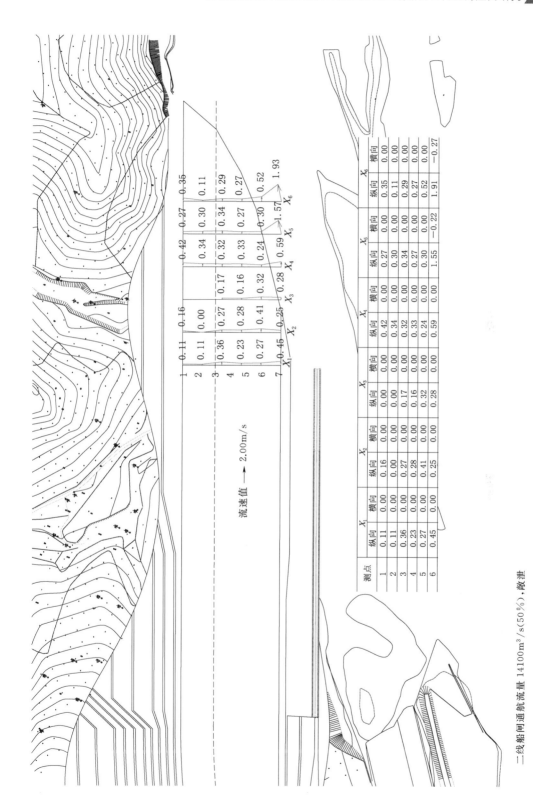

流速值 → 2.00m/s

二线船闸下游口门区流速分布（14100m³/s，推荐方案）（流速单位：m/s）

测点	X_1 纵向	X_1 横向	X_2 纵向	X_2 横向	X_3 纵向	X_3 横向	X_4 纵向	X_4 横向	X_5 纵向	X_5 横向	X_6 纵向	X_6 横向
1	0.11	0.00	0.16	0.00	0.00	0.00	0.42	0.00	0.35	0.00	0.35	0.00
2	0.11	0.00	0.00	0.00	0.00	0.00	0.34	0.00	0.11	0.00	0.11	0.00
3	0.36	0.00	0.27	0.00	0.17	0.00	0.32	0.00	0.34	0.00	0.29	0.00
4	0.23	0.00	0.28	0.00	0.16	0.00	0.33	0.00	0.27	0.00	0.27	0.00
5	0.27	0.00	0.41	0.00	0.32	0.00	0.24	0.00	0.30	0.00	0.52	0.00
6	0.45	0.00	0.25	0.00	0.28	0.00	0.59	0.00	1.55	−0.22	1.91	−0.27

图 5.2.16 二线船闸下游口门区流速分布（14100m³/s，推荐方案）（流速单位：m/s）

二线船闸通航流量 14100m³/s(50%)，敞泄

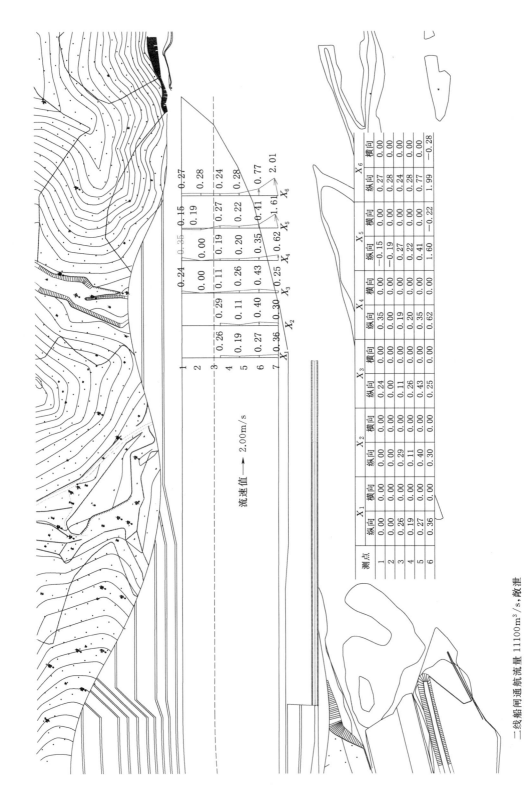

二线船闸通航流量 11100m³/s，敞泄

图 5.2.17　二线船闸下游口门区流速分布（11100m³/s，推荐方案）（流速单位：m/s）

测点	X₁		X₂		X₃		X₄		X₅		X₆	
	纵向	横向	纵向	横向	纵向	横向	纵向	横向	纵向	横向	纵向	横向
1	0.00	0.00	0.00	0.00	0.24	0.00	0.35	0.00	−0.15	0.00	0.27	0.00
2	0.00	0.00	0.00	0.00	0.11	0.00	0.19	0.00	−0.19	0.00	0.28	0.00
3	0.26	0.00	0.29	0.00	0.11	0.00	0.20	0.00	0.22	0.00	0.24	0.00
4	0.19	0.00	0.11	0.00	0.26	0.00	0.35	0.00	0.41	0.00	0.28	0.00
5	0.27	0.00	0.40	0.00	0.43	0.00	0.62	0.00	1.60	−0.22	0.77	0.00
6	0.36	0.00	0.30	0.00	0.25	0.00					1.99	−0.28

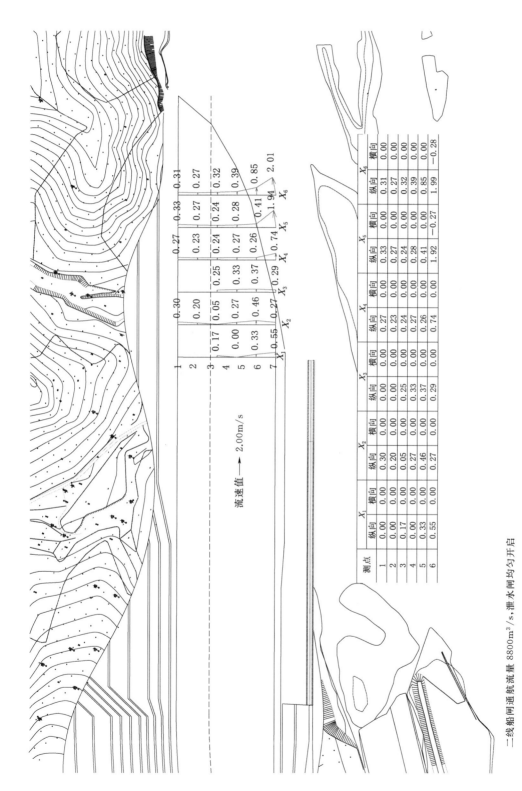

流速值 —— 2.00m/s

二线船闸通航流量8800m³/s，泄水闸闸均匀开启

测点	X_1		X_2		X_3		X_4		X_5		X_6	
	纵向	横向	纵向	横向	纵向	横向	纵向	横向	纵向	横向	纵向	横向
1	0.00	0.00	0.30	0.00	0.00	0.00	0.27	0.00	0.33	0.00	0.31	0.00
2	0.00	0.00	0.05	0.00	0.25	0.00	0.24	0.00	0.27	0.00	0.27	0.00
3	0.17	0.00	0.27	0.00	0.33	0.00	0.27	0.00	0.24	0.00	0.32	0.00
4	0.00	0.00	0.46	0.00	0.37	0.00	0.26	0.00	0.28	0.00	0.39	0.00
5	0.55	0.00	0.27	0.00	0.29	0.00	0.74	0.00	0.41	−0.27	0.85	0.00
6									1.92		1.99	−0.28

图 5.2.18 二线船闸下游口门区流速分布（8800m³/s，推荐方案）（流速单位：m/s）

145

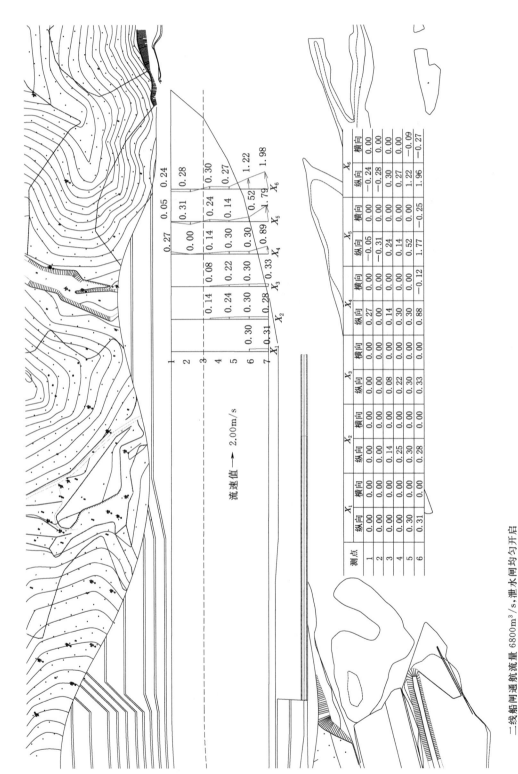

二线船闸通航流量 6800m³/s，泄水闸均匀开启

图 5.2.19 二线船闸下游口门区流速分布（6800m³/s，推荐方案）（流速单位：m/s）

测点	X_1		X_2		X_3		X_4		X_5		X_6	
	纵向	横向	纵向	横向	纵向	横向	纵向	横向	纵向	横向	纵向	横向
1	0.00	0.00	0.00	0.00	0.00	0.00	0.27	0.00	-0.05	0.00	-0.24	0.00
2	0.00	0.00	0.14	0.00	0.08	0.00	0.14	0.00	-0.31	0.00	-0.28	0.00
3	0.00	0.00	0.25	0.00	0.22	0.00	0.30	0.00	0.24	0.00	0.30	0.00
4	0.30	0.00	0.30	0.00	0.30	0.00	0.30	0.00	0.14	0.00	0.27	0.00
5	0.30	0.00	0.28	0.00	0.33	0.00	0.88	-0.12	0.52	0.00	1.22	-0.09
6	0.31	0.00							1.77	-0.25	1.96	-0.27

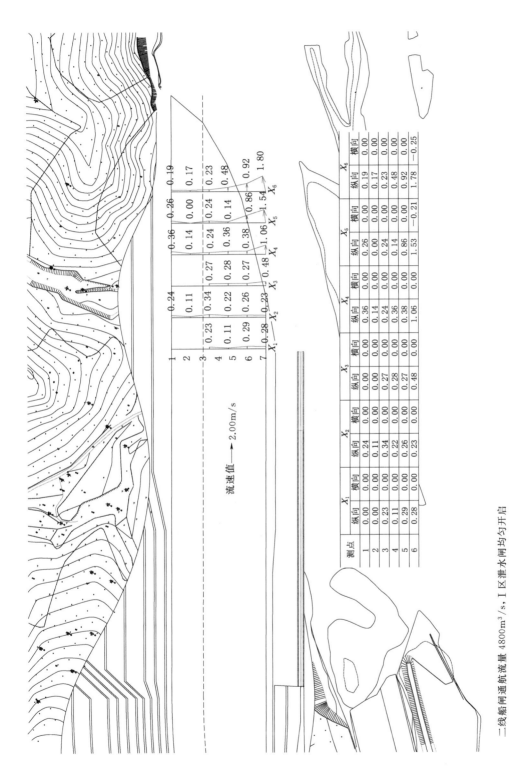

二线船闸通航流量 4800m³/s，Ⅰ区泄水闸均匀开启

流速值 —— 2.00m/s

测点	X_1		X_2		X_3		X_4		X_5		X_6	
	纵向	横向	纵向	横向	纵向	横向	纵向	横向	纵向	横向	纵向	横向
1	0.00	0.00	0.24	0.00	0.00	0.00	0.36	0.00	0.26	0.00	0.19	0.00
2	0.23	0.00	0.11	0.00	0.00	0.00	0.14	0.00	0.00	0.00	0.17	0.00
3	0.11	0.00	0.34	0.00	0.27	0.00	0.24	0.00	0.24	0.00	0.23	0.00
4	0.29	0.00	0.22	0.00	0.28	0.00	0.36	0.00	0.14	0.00	0.48	0.00
5	0.28	0.00	0.26	0.00	0.27	0.00	0.38	0.00	0.86	0.00	0.92	0.00
6			0.23	0.00	0.48	0.00	1.06	0.00	1.53	−0.21	1.78	−0.25

图 5.2.20　二线船闸下游口门区流速分布（4800m³/s，推荐方案）（流速单位：m/s）

147

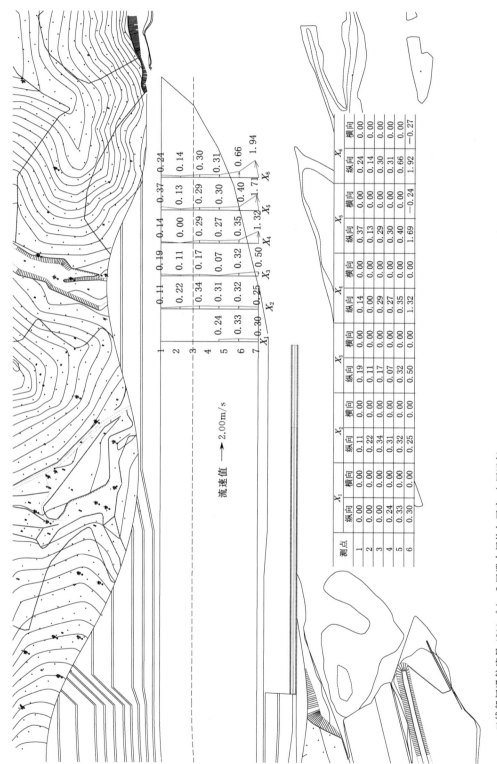

流速值 ——→ 2.00m/s

测点	X_1		X_2		X_3		X_4		X_5		X_6	
	纵向	横向	纵向	横向	纵向	横向	纵向	横向	纵向	横向	纵向	横向
1	0.00	0.00	0.11	0.00	0.19	0.00	0.14	0.00	0.37	0.00	0.24	0.00
2	0.00	0.00	0.22	0.00	0.11	0.00	0.00	0.00	0.13	0.00	0.14	0.00
3	0.24	0.00	0.34	0.00	0.07	0.00	0.29	0.00	0.29	0.00	0.31	0.00
4	0.33	0.00	0.31	0.00	0.32	0.00	0.27	0.00	0.30	0.00	0.66	0.00
5	0.30	0.00	0.32	0.00	0.50	0.00	0.35	0.00	0.40	0.00	0.66	0.00
6			0.25				1.32		1.69	−0.24	1.92	−0.27

图 5.2.21　二线船闸下游口门区流速分布（4800m³/s，推荐方案）（流速单位：m/s）

二线船闸通航流量 4800m³/s，I 区泄水闸均匀开启，电厂运行

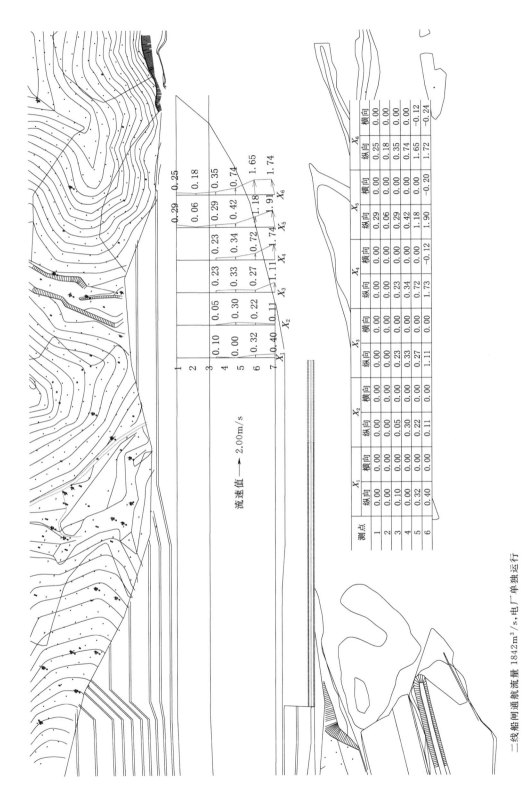

二线船闸通航流量 1842m³/s，电厂单独运行

图 5.2.22 二线船闸下游口门区流速分布（1842m³/s，推荐方案）（流速单位：m/s）

测点	X_1		X_2		X_3		X_4		X_5		X_6	
	纵向	横向	纵向	横向	纵向	横向	纵向	横向	纵向	横向	纵向	横向
1	0.00	0.00	0.00	0.00	0.00	0.00	0.00	0.00	0.29	0.00	0.25	0.00
2	0.00	0.00	0.05	0.00	0.23	0.00	0.23	0.00	0.06	0.00	0.18	0.00
3	0.10	0.00	0.30	0.00	0.33	0.00	0.34	0.00	0.29	0.00	0.35	0.00
4	0.32	0.00	0.22	0.00	0.27	0.00	0.72	0.00	0.42	0.00	0.74	-0.12
5	0.40	0.00	0.11	0.00	1.11	0.00	1.73	-0.12	1.18	-0.20	1.65	-0.12
6									1.90		1.72	-0.24

5.3 排桩整流技术在山秀水电站二线船闸口门区的应用研究

5.3.1 山秀水电站概况与扩建方案

5.3.1.1 工程概况

左江是珠江流域西江水系的主要支流之一，在广西境内流经龙州、江州区、扶绥、南宁等县区，在南宁宋村附近与右江汇合，国务院《关于珠江流域综合规划（2012—2030）的批复》（国函〔2013〕37号）将左江（龙州-宋村三江口）规划为Ⅲ级航道。

已建的山秀水电站位于左江主干流下游河段（图5.3.1），距崇左市扶绥县约14km，距南宁市约90km，是一座以发电为主、兼顾航运、灌溉等综合效益的水利水电工程，枢纽由右岸河床式厂房、河中溢流闸坝、左岸船闸等主要建筑物组成。

图5.3.1 山秀水电站现状（上游）

水库库容2.855亿m³，电站装机3台，总容量78MW。山秀梯级枢纽于2004年3月21日开工，2007年建成投产发电。已建山秀梯级枢纽通航建筑物采用单级船闸（图5.3.2），级别为Ⅴ级，设计通航标准为最大通航一顶2×300t分节驳船队及300t级机动驳船，设计代表船型尺度（总长×型宽×吃水）35m×9.2m×1.3m，船队尺度（长×宽×设计吃水）87m×9.2m×1.3m，闸室有效尺度为（有效长度×有效宽度×门槛最小水深）100m×12m×2.08m，设计单向年通过能力仅为95万t。

已建山秀船闸由上游引航道、上闸首、闸室、下闸首、下游引航道等组成，全长750.3m，沿左岸岸边布置，其中心线与坝轴线垂直。上下游引航道平面布置采用不对称型；船舶上行为"曲线进闸，曲线出闸"，下行为"曲线进闸，直线出闸"。船闸主要建筑物的基本尺度如下：

1. 上、下游引航道

上、下游引航道直线段总长均为301.5m，底宽32.0m，设计底高程分别为80.90m、67.67m，停泊段长度均为80.0m，设5个靠船墩，墩中心距20.0m。

图 5.3.2　山秀船闸（上游）

2. 上、下闸首

上、下闸首长分别为 26.3m、26.0m，宽均为 28.0m，通航净宽 12.0m，门槛高程分别为 80.9m 和 67.67m，最高通航水位时的通航净空分别为 10.15m 和 8.27m，均采用边墩与底板相连的整体式结构。

3. 闸室

闸室结构长度 90.08m，利用上、下闸首部分长度后有效长度为 100.0m，通航净宽 12.0m，底板顶高程 67.67m，墙顶高程 88.5m，为闸墙与底板相连的整体式结构。船闸输水系统采用闸底长廊道侧支孔型式，输水廊道布置于闸室底板中。现状山秀船闸阀门、启闭机、船闸结构等总体运行良好。

4. 设计通航水位

上游最高通航水位：按规范要求，应采用重现期为 10 年的洪水确定最大通航流量及相应的最高通航水位，且不低于水库的正常蓄水位。考虑到左江为山区性河流，出现高于设计最高通航水位的历时很短，因此采用重现期为 3 年的洪水确定最大通航流量（6560m³/s）及最高通航水位（85.21m）。根据现状实际运行管理情况，河道下泄流量不超过 2500m³/s 时一线船闸可正常通航。山秀水库正常蓄水位为 86.50m，死水位为 86.00m，故上游设计最高通航水位为 86.50m。

上游最低通航水位：当流量 $Q>2410m^3/s$ 时，需逐步开启闸门泄洪，电站水位降到死水位 86.00m 运行；当 $Q>5000m^3/s$ 时，为了减轻上游库区淹没损失，敞开全部闸门泄洪，基本上恢复到天然河道状态，此时上游水位为 83.00m 为水库最低运行水位，故上游最低通航水位定为 83.00m。

下游最高通航水位：采用上游洪水重现期为 3 年的下泄流量（$Q=6560m^3/s$）所对应的下游最高水位为 85.03m。

下游最低通航水位：原设计按保证率为 95% 确定最低通航水位，为 69.75m。现状按下游老口库区死水位 75.00m 作为下游最低通航水位。

左江崇左至南宁（宋村三江口）Ⅲ级航道工程即将建成投入使用，由于现有山秀船闸是按照 V 级航道通航 300t 级货船（队）的标准设计和建设，其基本尺度尚未达到Ⅲ级航道的标准，为满足中远期货运量增长情况和适应Ⅲ级航道的通航规模要求，适时建设山秀船闸扩能工程，才能从根本上解决山秀梯级的航运过坝问题，避免山秀枢纽成为阻碍腹地水运发展的瓶颈。

5.3.1.2　扩建方案

根据现场地形条件，枢纽坝轴线上游为地势非常高的陡石山且位于库区，坝轴线下游左侧为地势相对低且较为开阔的阶地，因此推荐将新建二线船闸主体段布置于左岸接头坝下游、已建一线船闸的左侧阶地上，中心线与坝轴线斜交，与一线船闸轴线夹角为 8°；船闸轴线与坝轴线交点处与已建船闸中心线相距 60m。将枢纽左岸接头坝部分拆除，在新建的接头坝体上设置宽 23m、底槛高程 77.5m 的通航孔，并设挡洪检修闸门，新建的接头坝段和挡洪检修门形成二线船闸的挡水坝段，挡水坝段上游与船闸上游导航墙连接，下游设通航衔接段与上闸首连接，上闸首布置于坝轴线下游 145m 处，其后布置闸室、下闸首和下游引航道，船闸主体及下游引航道均布置在左岸阶地上。

拟建山秀船闸扩能工程船闸等级为Ⅲ级，初拟船闸主尺度：190m × 23m × 5.0m（长×宽×门槛水深），主体段结构总长度 267m。山秀船闸扩能工程上闸首为枢纽挡水建筑物的一部分，上闸首按拦河坝的设计标准即 2 级建筑物设计，闸室、下闸首按 3 级建筑物设计，引航道导航墙、靠船墩等按 4 级建筑物设计。

船闸上游引航道采用"直线进闸、曲线出闸"的布置方式，主导航墙和靠船墩布置于上游引航道左侧，通航衔接段和导航调顺段总长 400m，停泊段长 300m，共设 15 个靠船墩，墩距 20m。上游引航道向下游通过 150m 长的通航衔接段与上闸首连接，向上游方向通过一段转弯半径为 640m 的弧线，向右侧转角 18° 与上游主航道顺畅连接。

船闸下游引航道采用"曲线进闸、直线出闸"的布置方式，主导航墙和靠船墩布置于引航道左侧，主导航墙兼做调顺段，采用 $y=x/6$ 的直线线型，主导航墙沿船闸轴线方向投影长度 180m，停泊段长 200m，共设 10 个靠船墩，墩距 20m，下游引航道经过一段长度约为 180m 的直线段，通过一段转弯半径为 640m 的弧线，向右侧转角 9° 与下游主航道顺畅连接。

表 5.3.1　　　　　　　　　工 程 主 要 特 性 表

序号	项　目	单位	指　标	备　注
1	船闸等级	级	Ⅲ	
2	年单向通过能力	万 t	1470	设计水平年单向
3	设计船型		1000t 级船舶（队）	兼顾通航 2000t 级船舶
4	枢纽校核洪水水位	m	上游 95.80	重现期 1000 年，$Q=16800\text{m}^3/\text{s}$
			下游 94.81	
5	枢纽设计洪水水位	m	上游 92.80	重现期 100 年，$Q=13100\text{m}^3/\text{s}$
			下游 92.15	
6	枢纽正常蓄水位	m	86.50	
7	死水位	m	86.00	

序号	项目		单位	指 标	备 注
8	最高通航水位		m	上游 88.42	重现期 10 年，$Q=8790\text{m}^3/\text{s}$
				下游 88.22	重现期 10 年，$Q=8790\text{m}^3/\text{s}$
9	最低通航水位		m	上游 83.00	敞泄流量 $Q=5000\text{m}^3/\text{s}$
				下游 75.00	老口枢纽死水位
10	设计最大水头		m	11.50	枢纽正常挡水位 86.50m，下游最低通航水位 75.00m
11	输水型式			闸墙长廊道侧支孔	
12	闸室有效尺度		m	190×23×5.5	有效长度×宽度×槛上水深
13	闸首门槛高程		m	77.50	上闸首
				69.50	下闸首
14	主体结构型式	上下闸首		整体式结构	
		闸室		分离式结构	
		主导航墙		衬砌式结构	上游
				混合式结构	下游，上部重力式下部衬砌式
		靠船墩		桩基承台式结构	上游
				衬砌重力墩式结构	下游
		通航衔接段		分离式结构	
15	引航道尺度		m	78.00	上游引航道底高程
				70.00	下游引航道底高程
				60.00	引航道宽
16	闸首工作闸门		套	4	梁式钢质人字门
17	工作闸、阀门启闭机		套	4	液压直推式启闭机
18	输水阀门		套	12	工作阀门 4 套，检修阀门 8 套
19	检修闸、阀门启闭机		套	1	门式启闭机

5.3.1.3 调度方式

当入库流量小于或等于电站水轮机引用流量 $837\text{m}^3/\text{s}$（1 台机 $279\text{m}^3/\text{s}$，2 台机 $558\text{m}^3/\text{s}$）时，水电站维持在正常蓄水位 86.50m 和死水位 86.00m 之间正常运行，溢流闸门全部关闭，入库流量全部通过水轮机发电下泄。

当来水流量 $Q \leqslant 2410\text{m}^3/\text{s}$ 时，按水电站综合利用需要，水电站水位维持在正常蓄水位 86.50m 与死水位 86.00m 之间运行；当来水流量 $Q>2410\text{m}^3/\text{s}$ 时，逐步开启闸门和降低水位运行，电站水位降至 86.50~84.00m 运行；当来水流量 $Q>5000\text{m}^3/\text{s}$ 时，此时电站的净水头已小于机组的最低水头 3.5m，机组停止运行，为了减轻上游库区淹没损失，也需要及时敞开全部闸门泄洪，使水电站水位基本上恢复到天然河道状态。

5.3.1.4 通航标准

现有山秀船闸按照 V 级航道通航 300t 级货船（队）的标准建设，设计代表船型尺

表 5.3.2 山秀水电站坝址下游水位-流量关系曲线

水位/m	流量/(m³/s)	水位/m	流量/(m³/s)	水位/m	流量/(m³/s)	水位/m	流量/(m³/s)
65	0	74	1180	83	5340	92	12900
66	5	75	1550	84	5920	93	14200
67	15	76	1930	85	6540	94	15600
68	25	77	2350	86	7200	95	17100
69	50	78	2820	87	7850	96	18800
70	100	79	3260	88	8610	97	21000
71	300	80	3740	89	9450	98	23300
72	570	81	4250	90	10400		
73	860	82	4780	91	11600		

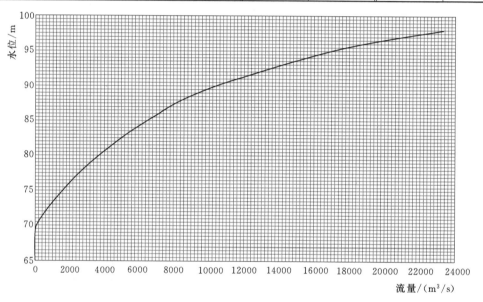

图 5.3.3 山秀水电站坝址下游水位-流量关系曲线

表 5.3.3 山秀坝址设计洪水成果表

频率/%	洪峰流量/(m³/s)	上游水位/m	下游水位/m
0.05	17900	96.77	95.49
0.1	16800	95.80	94.81
0.2	15800	95.03	94.14
0.5	14300	93.83	93.07
1	13100	92.80	92.15
2	11900	91.76	91.24
5	10100	89.99	89.70
10	8790	88.42	88.22
20	7440	86.65	86.37
50	5380	83.24	83.07

度（总长×型宽×吃水）35m×9.2m×1.3m，船队尺度（长×宽×设计吃水）87m×9.2m×1.3m。根据《船闸总体设计规范》（JTJ 305—2001），口门区长度174m（取2.0倍顶推船队长度），口门区宽度与引航道口门有效宽度相同。口门区范围内纵向流速小于1.50m/s，横向流速小于0.25m/s，回流流速小于0.40m/s。

拟建二线船闸级别为Ⅲ级，口门区长度取停泊段末端上下游210m（约3倍单船长度），口门区宽度60m，与引航道口门有效宽度相同。口门区范围内纵向流速小于2.00m/s，横向流速小于0.30m/s，回流流速小于0.40m/s。停泊段纵向流速按小于等于0.50m/s，横向流速小于等于0.15m/s控制；导航和调顺段宜为静水区，考虑导航墙与上闸首间存在150m的通航现阶段，可以按纵向流速0.30m/s，横向流速0.10m/s控制。

特殊情况下口门区内局部最大流速略有超出规定值时，需经过充分论证确定。船闸引航道、口门区应避免出现影响船舶航行安全的泡漩和乱流，并应避免出现影响船舶、船队航行和停泊安全的风浪、泄水波、涌浪等不良水流条件。

引航道口门区与主航道不能直接平顺衔接时，应设置连接段。连接段应与口门区及主航道平顺衔接，连接段的宽度和水深应与口门区相同，连接段的水流表面最大流速不应影响过闸船舶和船队的安全航行。连接段和内河航道具体的通航水流条件目前无相关规范和标准。周华兴编著的《船闸通航水力学研究》提出："分析连接段通航水流条件的限值，应介于口门区与内河航道水流限值之间，即 $V_口 < V_连 < V_主$，连接段流速限值比口门区的水流条件可适当放宽，建议纵向流速 $V_y = 2.4 \sim 2.5$m/s，横向流速 $V_x = 0.45$m/s，水面比降 $i = 2‰$"。内河主航道自航标准参考西江上其他工程经验，取河道表面允许流速为3.00m/s，水面比降不超过4‰。

表5.3.4　　　　　　　　　山秀船闸扩能工程设计代表船型主尺度表

船　型	总长/m	型宽/m	吃水/m	备　注
一、干散货船				
500t级	42～44	9	1.8～2.4	兼顾船型
1000t级	45～46	9.8	1.8～2.4	设计船型
	49～50	10.8	2.6～3.0	
1500t级	64～66	10.8	3.4～3.6	兼顾船型
2000t级	64～66	15.6	3.5～3.6	兼顾船型
	68～72	14	3.5～3.6	
1顶2×1000t船队	160	10.8	2.0	兼顾船型
二、自卸沙船				
500t级	48～50	10.8	2.0～2.5	兼顾船型
1000t级	58～60	10.8	2.8～3.0	设计船型
三、集装箱船				

船　　型	总长/m	型宽/m	吃水/m	备　注
500t 级	39～42	9.8	2.0～2.5	兼顾船型
	48～50	9.8	2.0～2.5	兼顾船型
1000t 级	48～50	14	2.8～3.0	设计船型
	54～57	10.8	2.8～3.0	设计船型
1500t 级	48～50	15.8	3.0～3.3	兼顾船型
	63～66	10.8	3.4～3.6	兼顾船型
2000t 级	70～74	15.8	3.2～3.4	兼顾船型
	66～70	15.8	3.3～3.6	兼顾船型

5.3.1.5　试验工况

本次试验主要对上下游最高通航水位、最低通航水位、典型频率洪水以及设计所需的运行条件下的上下游口门区通航水流条件进行研究。通常情况下,设计方案的验证和优化在最大通航流量条件下进行,由于上游口门区最低通航水位工况也可能是控制工况,试验中修改方案在 5000m³/s 的通航流量条件下进行验证,得出的推荐方案在各选定工况条件下施测相关水流参数。

表 5.3.5　　　　　　　　　　试　验　工　况

频率	流量 /(m³/s)	枢纽下泄流量/(m³/s)		泄水闸调度	上游水位 /m	下游水位 /m	备　注
		泄水闸	厂房				
2%	11900	11900	0	敞泄	91.76	91.24	泄流规模
10%	8790	8790	0	敞泄	88.42	88.22	二线船闸最大通航
20%	7440	7440	0	敞泄	86.65	86.37	二线船闸通航
33%	6390	6390	0	敞泄	85.21	85.03	一线船闸最大通航
50%	5380	5380	0	敞泄	83.24	83.07	通航
	5000	5000	0	敞泄	83.00		上游最低通航水位
	3000				86.5～84.0	78.41	通航
	1500				86.5～86.0	75.00	下游最低通航水位
	枯水期				86.5～86.0	75.00	

5.3.2　上游口门区方案试验及优化

5.3.2.1　原布置方案试验情况

上游引航道位于弯道河段下游的凹岸,根据弯道环流效应,河道主流偏引航道一侧;工程河段的河道比较狭窄(宽度仅约 180m),引航道宽度为 60m,占了河道 1/3 的宽度;所以引航道、口门区和停泊段的大部分区域处于河道主流区,纵向流速比较大;上游引航道轴线与泄水闸轴线存在 10°夹角,靠近泄水闸的区域受斜向水流影响,水流方向逐渐偏转，横向流速较大；受导航墙头部附近斜向水流和导墙墩板式透水段过水的影响，导航调顺段内存在回流区。10 年一遇、5 年一遇、3 年一遇、2 年一遇、上游最低通航水位工况上游口门区及停泊段的流态如图 5.3.4～图 5.3.8 所示。

图 5.3.4　上游引航道流态（$Q_{10\%}$＝8790m³/s）

图 5.3.5　上游引航道流态（$Q_{20\%}$＝7440m³/s）

图 5.3.6　上游引航道流态（$Q_{33\%}$＝6390m³/s）

图 5.3.7　上游引航道流态（$Q_{50\%}$＝5380m³/s）

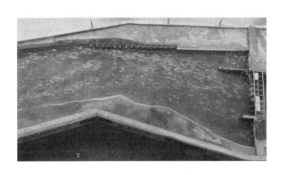
图 5.3.8　上游引航道流态（Q＝5000m³/s 上游最低通航水位）

10 年一遇、5 年一遇、3 年一遇、2 年一遇、上游最低通航水位的敞泄工况下，河道流量达到8790m³/s、7440m³/s、6390m³/s、5380m³/s 和 5000m³/s，口门区所在河道断面平均流速分别达到 2.42m/s、2.25m/s、2.11m/s、2.01m/s 和 1.90m/s（表 5.3.6）。断面流速水平分布不均匀，处于主流区的引航道水流速度比平均流速偏大；河道水深较大，影响通航的表层水流的流速值一般也大于垂向流速的平均值；故主流影响范围的引航道表层流速会明显超过河道的断面平均流速，流速分布如图 5.3.9～图 5.3.13 所示，流速分量见表 5.3.7，大部分区域测点的纵向流速都超过了 2.00m/s。

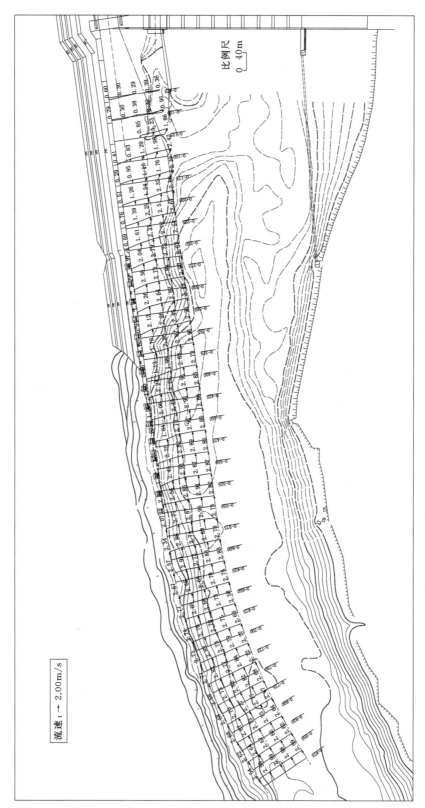

图 5.3.9 上游引航道流速分布（$Q_{10\%}=8790\,\mathrm{m}^3/\mathrm{s}$）（流速单位：$\mathrm{m}/\mathrm{s}$）

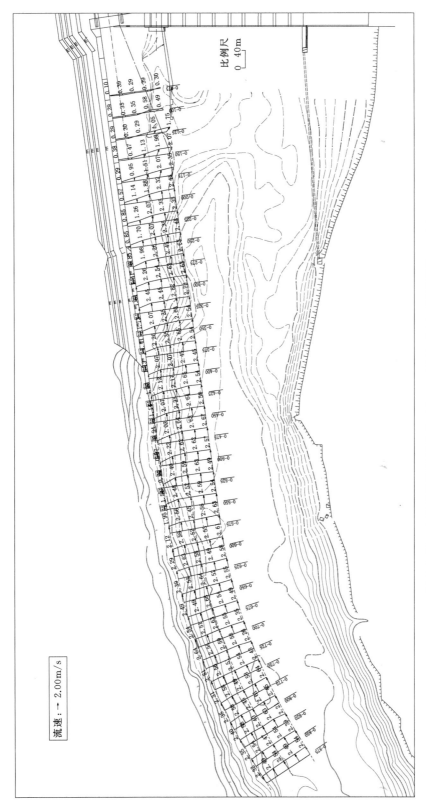

比例尺
0   40m

流速：→ 2.00m/s

图 5.3.10 上游引航道流速分布（$Q_{20\%}=7440\mathrm{m}^3/\mathrm{s}$）（流速单位：m/s）

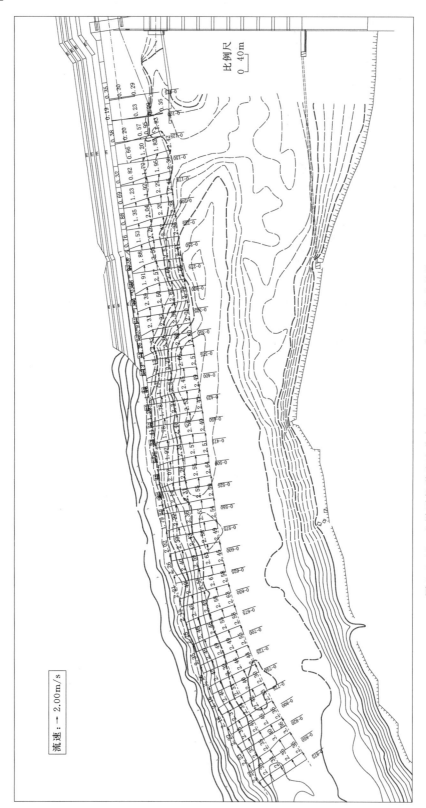

图 5.3.11 上游引航道流速分布（$Q_{33\%}=6390\text{m}^3/\text{s}$）（流速单位：m/s）

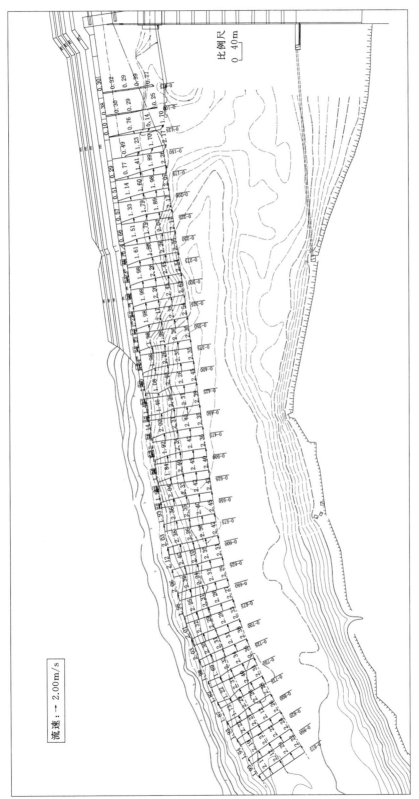

图 5.3.12 上游引航道流速分布（$Q_{50\%}=5380\,\mathrm{m^3/s}$）（流速单位：m/s）

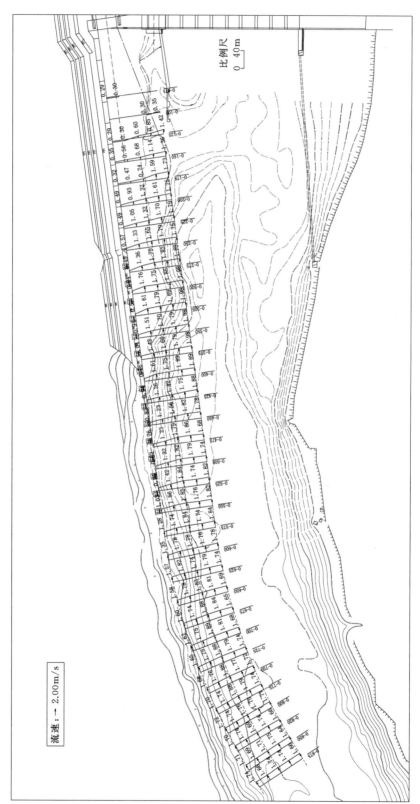

图 5.3.13 上游引航道流速分布（$Q=5000\text{m}^3/\text{s}$，上游最低通航水位）（流速单位：m/s）

表 5.3.6　　　　　　　　　　　上游河道平均流速计算表 (0-460m 断面)

频率	流量/(m³/s)	过流断面面积/m²	平均流速/(m/s)	备　　注
10%	8790	3622	2.43	
20%	7440	3301	2.25	
33%	6390	3019	2.12	
50%	5380	2671	2.01	
	5000	2630	1.90	上游最低通航水位
	5000	3300	1.52	泄水闸电厂联合运行

表 5.3.7　　　　　　　　　　　二线船闸上游引航道流速分量表

断面 /m	测点	8790m³/s (10%)		7440m³/s (20%)		6390m³/s (33%)		5380m³/s (50%)		5000m³/s (敞泄)	
		纵向	横向	纵向	横向	纵向	横向	纵向	横向	纵向	横向
0-875	1	2.59	0.00	2.49	0.00	2.35	0.00	2.17	0.00	1.98	0.00
	2	2.59	0.00	2.49	0.00	2.35	0.00	2.17	0.00	1.98	0.00
	3	2.59	0.00	2.54	0.00	2.31	0.00	2.12	0.00	2.12	0.00
	4	2.58	0.00	2.49	0.00	2.35	0.00	2.29	0.00	2.17	0.00
	5	2.59	0.00	2.54	0.00	2.36	0.00	2.22	0.00	2.21	0.00
0-850	1	2.62	0.00	2.35	0.00	2.23	0.00	1.94	0.00	1.86	0.00
	2	2.64	0.00	2.54	0.00	2.35	0.00	2.19	0.00	1.95	0.00
	3	2.67	0.00	2.47	0.00	2.35	0.00	2.21	0.00	2.18	0.00
	4	2.66	0.00	2.54	0.00	3.40	0.00	2.22	0.00	2.19	0.00
	5	2.62	0.00	2.39	0.00	3.36	0.00	2.24	0.00	2.21	0.00
0-825	1	2.68	0.00	2.40	0.00	2.22	0.00	1.93	0.00	1.89	0.00
	2	2.67	0.00	2.58	0.00	2.35	0.00	2.22	0.00	1.93	0.00
	3	2.73	0.00	2.40	0.00	2.40	0.00	2.27	0.00	2.26	0.00
	4	2.73	0.00	2.63	0.00	2.45	0.00	2.12	0.00	2.22	0.00
	5	2.64	0.00	2.21	0.00	2.36	0.00	2.26	0.00	2.22	0.00
0-800	1	2.68	0.00	2.35	0.00	2.18	0.00	1.87	0.00	1.91	0.00
	2	2.70	0.00	2.58	0.00	2.37	0.00	1.73	0.00	2.05	0.00
	3	2.77	0.00	2.45	0.00	2.34	0.00	2.29	0.00	2.27	0.00
	4	2.77	0.00	2.61	0.00	2.42	0.00	2.26	0.00	2.26	0.00
	5	2.67	0.00	2.45	0.00	2.33	0.00	2.28	0.00	2.22	0.00
0-775	1	2.68	0.00	2.31	0.00	2.16	0.00	1.82	0.00	1.94	0.00
	2	2.73	0.00	2.58	0.00	2.40	0.00	1.22	0.00	2.17	0.00
	3	2.82	0.00	2.49	0.00	2.31	0.00	2.31	0.00	2.25	0.00
	4	2.82	0.00	2.58	0.00	2.40	0.00	2.40	0.00	2.31	0.00
	5	2.68	0.00	2.64	0.00	2.30	0.00	2.31	0.00	2.23	0.00

续表

断面 /m	测点	8790m³/s (10%)		7440m³/s (20%)		6390m³/s (33%)		5380m³/s (50%)		5000m³/s （敞泄）	
		纵向	横向	纵向	横向	纵向	横向	纵向	横向	纵向	横向
0-750	1	2.71	0.00	2.51	0.00	2.26	0.00	1.98	0.00	1.96	0.00
	2	2.82	0.00	2.56	0.00	2.45	0.00	1.69	0.00	2.19	0.00
	3	2.77	0.00	2.51	0.00	2.39	0.00	2.33	0.00	2.24	0.00
	4	2.84	0.00	2.54	0.00	2.46	0.00	2.34	0.00	2.27	0.00
	5	2.72	0.00	2.43	0.00	2.44	0.00	2.36	0.00	2.21	0.00
0-725	1	2.73	0.00	2.64	0.00	2.35	0.00	2.03	0.00	1.98	0.00
	2	2.82	0.00	2.54	0.00	2.49	0.00	2.35	0.00	2.22	0.00
	3	2.73	0.00	2.59	0.00	2.49	0.00	2.31	0.00	2.22	0.00
	4	2.79	0.00	2.58	0.00	2.49	0.00	2.31	0.00	2.24	0.00
	5	2.77	0.00	2.26	0.00	2.55	0.00	2.38	0.00	2.16	0.00
0-700	1	2.74	0.00	2.54	0.00	2.25	0.00	2.01	0.00	1.92	0.00
	2	2.76	0.00	2.51	0.00	2.46	0.00	2.32	0.00	2.19	0.00
	3	2.70	0.00	2.63	0.00	2.48	0.00	2.29	0.00	2.18	0.00
	4	2.75	0.00	2.55	0.00	2.55	0.00	2.28	0.00	2.24	0.00
	5	2.68	0.00	2.35	0.00	2.58	0.00	2.33	0.00	2.22	0.00
0-675	1	2.77	0.00	2.49	0.00	2.15	0.00	1.98	0.00	1.89	0.00
	2	2.69	0.00	2.49	0.00	2.45	0.00	2.25	0.00	2.17	0.00
	3	2.68	0.00	2.68	0.00	2.49	0.00	2.31	0.00	2.15	0.00
	4	2.73	0.00	2.54	0.00	2.58	0.00	2.26	0.00	2.26	0.00
	5	2.58	0.00	2.49	0.00	2.63	0.00	2.27	0.00	2.29	0.00
0-650	1	2.67	0.00	2.39	0.00	2.21	0.00	2.06	0.00	1.85	0.00
	2	2.65	0.00	2.53	0.00	2.42	0.00	2.32	0.00	2.14	0.00
	3	2.69	0.00	2.64	0.00	2.55	0.00	2.24	0.00	2.19	0.00
	4	2.78	0.00	2.52	0.00	2.61	0.00	2.31	0.00	2.32	0.00
	5	2.74	0.00	2.55	0.00	2.58	0.00	2.29	0.00	2.35	0.00
0-625	1	2.57	0.00	2.29	0.00	2.26	0.00	2.12	0.00	1.79	0.00
	2	2.91	0.00	2.63	0.00	2.40	0.00	2.40	0.00	2.12	0.00
	3	2.72	0.00	2.58	0.00	2.59	0.00	2.10	0.00	2.26	0.00
	4	2.83	0.00	2.49	0.00	2.63	0.00	2.35	0.00	2.40	0.00
	5	2.83	0.00	2.58	0.00	2.45	0.00	2.31	0.00	2.40	0.00
0-600	1	2.34	0.00	2.12	0.00	2.02	0.00	2.03	0.00	1.65	0.00
	2	2.86	0.00	2.59	0.00	2.33	0.00	2.35	0.00	2.14	0.00
	3	2.74	0.00	2.52	0.00	2.43	0.00	2.26	0.00	2.32	0.00
	4	2.88	0.00	2.53	0.00	2.58	0.00	2.36	0.00	2.35	0.00
	5	2.78	0.00	2.61	0.00	2.49	0.00	2.42	0.00	2.34	0.00

续表

断面 /m	测点	8790m³/s (10%)		7440m³/s (20%)		6390m³/s (33%)		5380m³/s (50%)		5000m³/s (敞泄)	
		纵向	横向	纵向	横向	纵向	横向	纵向	横向	纵向	横向
0-575	1	2.07	0.00	1.95	0.00	1.79	0.00	1.93	0.00	1.55	0.00
	2	2.77	0.00	2.56	0.00	2.22	0.00	2.36	0.00	2.12	0.00
	3	2.87	0.00	2.45	0.00	2.36	0.00	2.35	0.00	2.35	0.00
	4	2.96	0.00	2.56	0.00	2.53	0.00	2.4	0.00	2.31	0.00
	5	2.73	0.00	2.63	0.00	2.54	0.00	2.45	0.00	2.31	0.00
0-550	1	2.35	0.00	1.54	0.00	1.58	0.00	1.56	0.00	1.35	0.00
	2	2.56	0.00	2.48	0.00	2.14	0.00	2.04	0.00	2.08	0.00
	3	2.86	0.00	2.52	0.00	2.31	0.00	2.33	0.00	2.26	0.00
	4	2.91	0.00	2.59	0.00	2.55	0.00	2.42	0.00	2.24	0.00
	5	1.32	0.00	0.99	0.00	1.13	0.00	1.06	0.00	1.19	0.00
0-525	1	2.45	0.00	2.40	0.00	2.07	0.00	1.84	0.00	2.06	0.00
	2	2.91	0.00	2.59	0.00	2.26	0.00	2.40	0.00	2.12	0.00
	3	2.87	0.00	2.63	0.00	2.55	0.00	2.45	0.00	2.17	0.00
	4	2.87	0.00	2.49	0.00	2.64	0.00	2.40	0.00	2.16	0.00
	5	1.53	0.00	0.97	0.00	1.26	0.00	1.12	0.00	1.22	0.00
0-500	1	1.53	0.00	0.97	0.00	1.26	0.00	1.12	0.00	1.22	0.00
	2	2.25	0.00	2.22	0.00	1.92	0.00	1.92	0.00	1.95	0.00
	3	2.82	0.00	2.62	0.00	2.32	0.00	2.34	0.00	2.18	0.00
	4	2.89	0.00	2.62	0.00	2.57	0.00	2.42	0.00	2.21	0.00
	5	2.86	0.00	2.57	0.00	2.51	0.00	2.36	0.00	2.16	0.00
0-475	1	1.60	0.00	0.94	0.00	1.41	0.00	1.14	0.00	1.32	0.00
	2	1.84	0.00	2.02	0.00	1.78	0.00	2.02	0.00	1.89	0.00
	3	2.73	0.00	2.64	0.00	2.40	0.00	2.31	0.00	2.23	0.00
	4	2.91	0.00	2.63	0.00	2.59	0.00	2.40	0.00	2.23	0.00
	5	2.86	0.00	2.67	0.00	2.40	0.00	2.35	0.00	2.17	0.00
0-450	1	1.56	0.00	1.14	0.00	1.26	0.00	1.42	0.00	1.23	0.00
	2	2.06	0.00	2.07	0.00	1.78	0.00	1.46	0.00	1.76	0.00
	3	2.45	0.00	2.35	0.00	2.34	0.00	2.36	0.00	2.19	0.00
	4	2.91	0.00	2.64	0.00	2.52	0.00	2.31	0.00	2.21	0.00
	5	2.84	0.00	2.58	0.00	2.43	0.00	2.39	0.00	2.21	0.00
0-425	1	1.60	0.00	1.23	0.00	1.18	0.00	1.60	0.00	1.04	0.00
	2	2.24	0.00	2.12	0.00	1.79	0.00	1.08	0.00	1.61	0.00
	3	2.26	0.00	2.17	0.00	2.31	0.00	2.40	0.00	2.17	0.00
	4	2.91	0.00	2.65	0.00	2.45	0.00	2.26	0.00	2.15	0.00
	5	2.83	0.00	2.54	0.00	2.49	0.00	2.45	0.00	2.24	0.00

续表

断面 /m	测点	8790m³/s (10%)		7440m³/s (20%)		6390m³/s (33%)		5380m³/s (50%)		5000m³/s (敞泄)	
		纵向	横向	纵向	横向	纵向	横向	纵向	横向	纵向	横向
0-400	1	0.66	0.00	1.13	0.00	1.13	0.00	1.04	0.00	0.57	0.00
	2	1.19	0.00	2.17	0.00	2.07	0.00	1.98	0.00	1.78	0.00
	3	1.98	0.00	2.23	0.00	2.07	0.00	2.26	0.00	1.88	0.00
	4	2.63	0.00	2.66	0.00	2.45	0.00	2.35	0.00	2.17	0.00
	5	2.73	0.00	2.51	0.00	2.45	0.00	2.35	0.00	2.26	0.00
0-375	1	1.60	0.00	1.26	0.00	1.41	0.00	1.23	0.00	1.41	0.00
	2	1.70	0.00	2.32	0.00	2.26	0.00	1.98	0.00	1.98	0.00
	3	2.26	0.00	2.36	0.00	2.35	0.00	1.98	0.00	2.07	0.00
	4	2.82	0.00	2.60	0.00	2.65	0.00	2.26	0.00	2.26	0.00
	5	2.91	0.00	2.80	0.00	2.54	0.00	2.35	0.00	2.26	0.00
0-350	1	0.94	0.00	0.91	0.00	1.13	0.00	1.23	0.00	0.74	0.00
	2	2.12	0.00	2.31	0.00	2.07	0.00	1.98	0.00	1.79	0.00
	3	2.26	0.00	2.32	0.00	2.35	0.00	2.17	0.00	2.17	0.00
	4	2.45	0.00	2.58	0.00	2.63	0.00	2.35	0.00	2.17	0.00
	5	2.91	0.00	2.70	0.00	2.54	0.00	2.54	0.00	2.54	0.00
0-325	1	1.04	0.00	1.54	0.00	1.51	0.00	1.32	0.00	1.13	0.00
	2	2.26	0.00	2.39	0.00	2.45	0.00	1.98	0.00	1.89	0.00
	3	2.64	0.00	2.50	0.00	2.45	0.00	2.26	0.00	2.35	0.00
	4	2.82	0.00	2.67	0.00	2.82	0.00	2.45	0.00	2.45	0.00
	5	3.19	0.00	2.79	0.00	2.73	0.00	2.63	0.00	2.54	0.00
0-300	1	1.29	0.00	0.38	0.00	1.41	0.00	1.23	0.00	1.32	0.00
	2	2.38	0.00	1.91	0.00	2.26	0.00	1.98	0.00	1.89	0.00
	3	2.73	0.00	2.57	0.00	2.54	0.00	2.26	0.00	2.17	0.00
	4	2.88	0.00	2.60	0.00	2.63	0.00	2.45	0.00	2.35	0.00
	5	2.97	0.00	2.66	0.00	2.63	0.00	2.54	0.00	2.54	0.00
0-275	1	0.97	0.00	0.38	0.00	0.85	0.00	0.76	0.00	0.66	0.00
	2	2.04	0.00	1.88	0.00	1.98	0.00	1.61	0.00	1.42	0.00
	3	2.79	0.00	2.55	0.00	2.26	0.00	1.98	0.00	1.98	0.00
	4	2.72	0.00	2.51	0.00	2.45	0.00	2.26	0.00	2.26	0.00
	5	2.63	0.00	2.41	0.00	2.63	0.00	2.35	0.00	2.35	0.00
0-250	1	0.69	0.00	0.76	0.00	0.85	0.00	0.66	0.00	0.76	0.00
	2	1.61	0.00	1.53	0.00	1.70	0.00	1.51	0.00	1.42	0.00
	3	2.31	0.00	2.26	0.00	2.07	0.00	1.79	0.00	1.88	0.00
	4	2.70	0.00	2.42	0.00	2.35	0.00	2.07	0.00	2.07	0.00
	5	2.54	0.00	2.35	0.00	2.45	0.00	2.17	0.00	2.07	0.00

续表

断面/m	测点	8790m³/s (10%)		7440m³/s (20%)		6390m³/s (33%)		5380m³/s (50%)		5000m³/s (敞泄)	
		纵向	横向	纵向	横向	纵向	横向	纵向	横向	纵向	横向
0-225	1	0.76	0.00	0.88	0.00	0.85	0.00	0.57	0.00	0.57	0.00
	2	1.39	0.00	1.35	0.00	1.26	0.00	1.33	0.00	1.14	0.00
	3	2.29	0.00	2.04	0.00	2.07	0.00	1.79	0.00	1.88	0.00
	4	2.51	0.00	2.26	0.00	2.35	0.00	1.89	0.00	1.98	0.00
	5	2.67	0.00	2.38	0.00	2.35	0.00	2.17	0.00	2.26	0.00
0-200	1	0.51	0.00	0.69	0.00	0.57	0.00	0.51	0.00	0.47	0.00
	2	1.26	0.00	1.23	0.00	1.14	0.00	1.14	0.00	1.14	0.00
	3	1.51	0.27	1.91	0.17	1.88	0.00	1.60	0.00	1.79	0.00
	4	2.29	0.40	2.28	0.20	2.32	0.00	1.98	0.00	2.07	0.00
	5	2.62	0.46	2.45	0.00	2.45	0.00	2.07	0.00	2.22	0.00
0-175	1	0.29	0.00	0.32	0.06	0.29	0.00	0.29	0.00	0.29	0.00
	2	0.95	0.00	0.81	0.14	0.94	0.16	0.76	0.13	0.95	0.00
	3	1.05	0.49	1.64	0.44	1.42	0.52	1.40	0.12	1.49	0.26
	4	1.53	0.88	1.88	0.50	1.95	0.71	1.88	0.16	1.85	0.33
	5	2.07	1.19	2.30	0.62	2.27	0.61	2.25	0.2	2.14	0.38
0-150	1	−0.41	0.00	0.00	0.00	0.38	0.00	0.00	0.00	0.00	0.00
	2	0.72	0.42	0.57	0.33	0.39	0.27	0.40	0.28	−0.42	−0.25
	3	1.12	0.65	1.04	0.6	0.98	0.57	1.07	0.62	0.94	0.44
	4	1.71	0.99	1.58	0.91	1.71	0.99	1.47	0.85	1.46	0.68
	5	1.98	1.39	2.10	1.21	1.79	1.04	1.88	1.09	1.79	0.84
0-125	1	0.00	0.00	−0.38	0.00	−0.29	0.00	0.10	0.00	−0.23	−0.09
	2	0.00	0.00	−0.20	0.00	−0.30	0.00	0.00	0.00	−0.23	0.09
	3	0.70	0.49	0.40	0.40	0.29	0.00	0.71	−0.26	−0.36	−0.13
	4	1.01	0.71	0.73	−0.61	0.80	0.67	0.87	0.73	−0.78	−0.54
	5	1.52	1.06	1.50	−1.05	1.24	1.24	1.20	1.20	1.32	0.92
0-100	1	−0.29	0.00	0.14	−0.14	−0.29	0.00	−0.38	0.00	0.00	0.00
	2	−0.26	0.15	0.00	0.00	−0.35	0.00	−0.30	0.00	0.00	0.00
	3	0.31	0.22	−0.22	0.08	−0.30	−0.18	−0.29	0.00	0.00	0.00
	4	0.21	0.21	−0.21	0.21	0.53	−0.25	0.00	0.00	0.32	−0.22
	5	0.67	0.67	0.25	0.25	0.44	−0.21	0.25	0.00	−0.59	−0.49
0-075	1	−0.60	0.00	−0.35	0.00	−0.10	0.00	0.30	0.00	−0.28	−0.08
	2	−0.30	0.05	−0.30	0.00	−0.39	0.00	0.32	0.00	−0.34	−0.09
	3	0.00	0.29	−0.24	0.17	−0.27	−0.10	0.29	−0.05	0.00	0.00
	4	0.00	0.39	0.00	0.00	−0.37	−0.13	0.34	−0.20	0.00	0.00
	5	0.29	0.21	0.00	0.00	0.30	0.00	0.54	−0.54	0.30	0.00

河道下泄流量小于 $5000\text{m}^3/\text{s}$ 后闸门控泄,一方面上游水位升高;另一方面上游河道的流速分布随着河道流量的减少而降低,引航道的水流速度也随之降低,流态趋于平缓。$5000\text{m}^3/\text{s}$(控泄)、$4000\text{m}^3/\text{s}$、$3000\text{m}^3/\text{s}$、$2000\text{m}^3/\text{s}$ 和 $1000\text{m}^3/\text{s}$ 流量条件下上游口门区及停泊段的流态如图 5.3.14~图 5.3.19 所示,流速分布如图 5.3.20~图 5.3.25 所示,流速分量见表 5.3.8。$0-775\sim0-550\text{m}$ 范围相当于上游口门区,按水面最大纵向流速不大于 $2.00\text{m}/\text{s}$ 的要求,只有下泄流量降至 $5000\text{m}^3/\text{s}$ 控泄工况才能达到。$0-550\sim0-250\text{m}$ 范围为停泊段,按水面最大纵向流速不大于 $0.50\text{m}/\text{s}$ 的要求,只有下泄流量降至 $1000\text{m}^3/\text{s}$ 后才能达到。

图 5.3.14 上游引航道流态
($Q=5000\text{m}^3/\text{s}$,联合运行)

图 5.3.15 上游引航道流态
($Q=4000\text{m}^3/\text{s}$,联合运行)

图 5.3.16 上游引航道流态
($Q=3000\text{m}^3/\text{s}$,联合运行)

图 5.3.17 上游引航道流态
($Q=2000\text{m}^3/\text{s}$,联合运行)

图 5.3.18 上游引航道流态
($Q=1500\text{m}^3/\text{s}$,联合运行)

图 5.3.19 上游引航道流态
($Q=1000\text{m}^3/\text{s}$,联合运行)

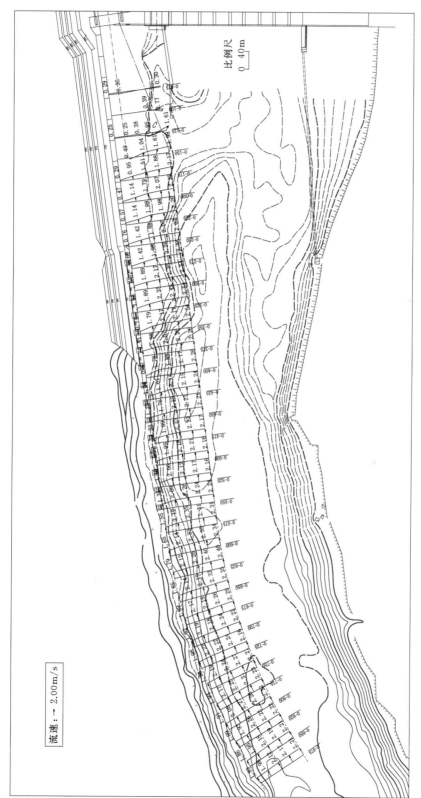

图 5.3.20　上游引航道流速分布（Q=5000m³/s，联合运行）（流速单位：m/s）

比例尺
0 40m

流速：→ 2.00m/s

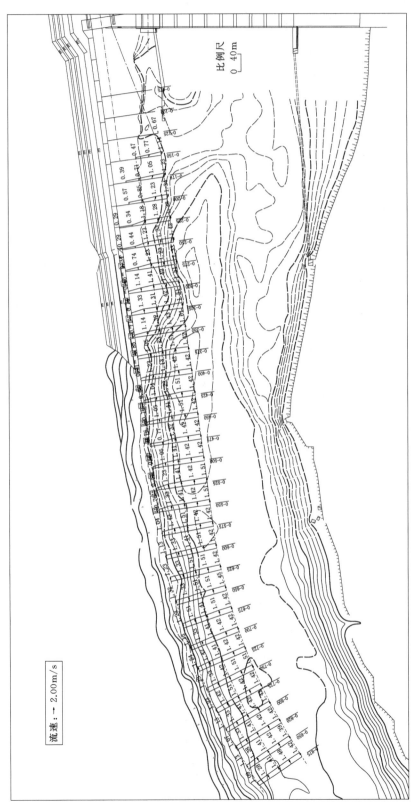

图 5.3.21 上游引航道流速分布 （$Q = 4000 \, \mathrm{m}^3/\mathrm{s}$，联合运行）（流速单位：$\mathrm{m/s}$）

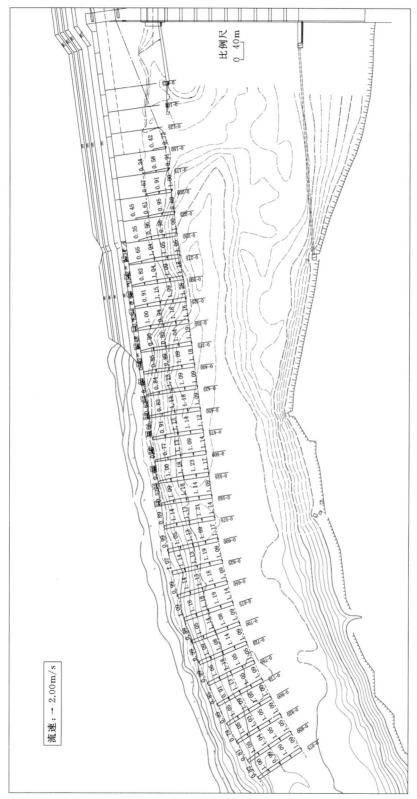

图 5.3.22 上游引航道流速分布 （Q＝3000m³/s，联合运行）（流速单位：m/s）

流速：→ 2.00m/s

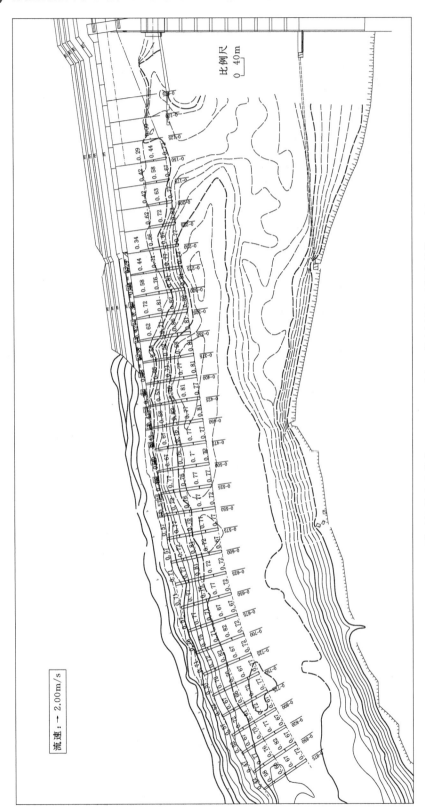

图 5.3.23 上游引航道流速分布（Q＝2000m³/s，联合运行）（流速单位：m/s）

172

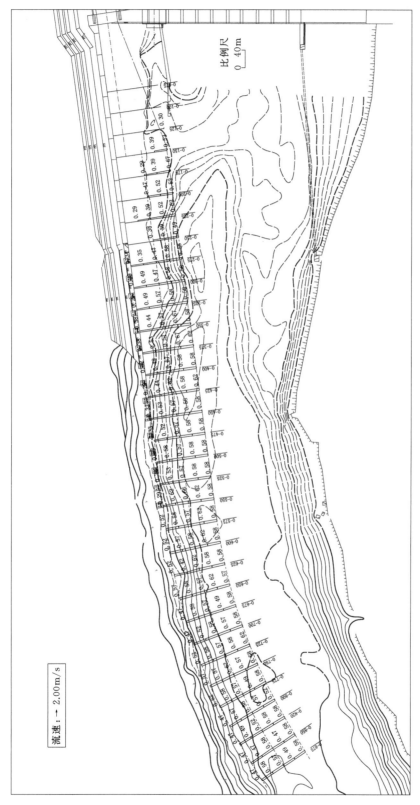

图 5.3.24 上游引航道流速分布（Q＝1500m³/s，联合运行）（流速单位：m/s）

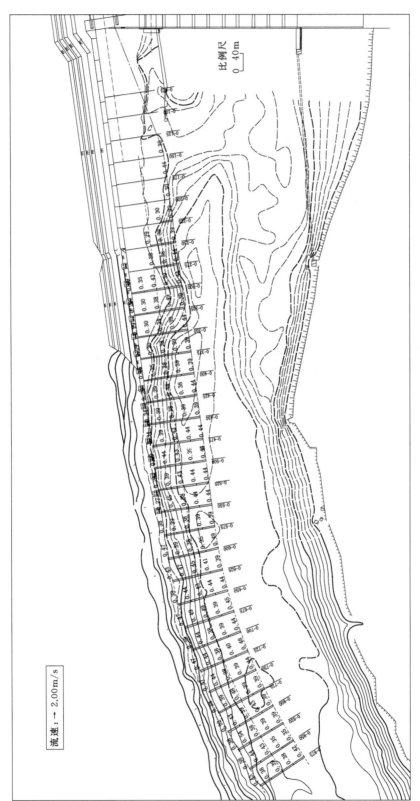

图 5.3.25 上游引航道流速分布（$Q=1000\mathrm{m^3/s}$，联合运行）（流速单位：$\mathrm{m/s}$）

表 5.3.8　　　　　　　　　　二线船闸上游引航道流速分量表

断面 /m	测点	5000m³/s（联合运行）		4000m³/s（联合运行）		3000m³/s（联合运行）		2000m³/s（联合运行）		1500m³/s（联合运行）		1000m³/s（联合运行）	
		纵向	横向	纵向	横向	纵向	横向	纵向	横向	纵向	横向	纵向	横向
0-875	1	1.66	0.00	1.09	0.00	0.82	0.00	0.42	0.00	0.47	0.00	0.43	0.00
	2	1.66	0.00	1.28	0.00	1.00	0.00	0.58	0.00	0.58	0.00	0.38	0.00
	3	1.74	0.00	1.41	0.00	0.99	0.00	0.66	0.00	0.57	0.00	0.39	0.00
	4	1.74	0.00	1.48	0.00	1.09	0.00	0.67	0.00	0.49	0.00	0.38	0.00
	5	1.66	0.00	1.42	0.00	1.09	0.00	0.72	0.00	0.58	0.00	0.42	0.00
0-850	1	1.71	0.00	1.13	0.00	0.81	0.00	0.47	0.00	0.47	0.00	0.38	0.00
	2	1.69	0.00	1.38	0.00	1.05	0.00	0.77	0.00	0.47	0.00	0.44	0.00
	3	1.71	0.00	1.41	0.00	1.04	0.00	0.76	0.00	0.58	0.00	0.43	0.00
	4	1.75	0.00	1.42	0.00	1.05	0.00	0.82	0.00	0.47	0.00	0.35	0.00
	5	1.64	0.00	1.39	0.00	1.05	0.00	0.67	0.00	0.58	0.00	0.35	0.00
0-825	1	1.70	0.00	1.07	0.00	0.78	0.00	0.52	0.00	0.47	0.00	0.38	0.00
	2	1.74	0.00	1.33	0.00	1.05	0.00	0.67	0.00	0.49	0.00	0.54	0.00
	3	1.69	0.00	1.41	0.00	1.03	0.00	0.75	0.00	0.52	0.00	0.38	0.00
	4	1.74	0.00	1.42	0.00	1.05	0.00	0.77	0.00	0.58	0.00	0.39	0.00
	5	1.66	0.00	1.42	0.00	1.09	0.00	0.67	0.00	0.58	0.00	0.39	0.00
0-800	1	1.72	0.00	1.13	0.00	0.89	0.00	0.57	0.00	0.47	0.00	0.52	0.00
	2	1.74	0.00	1.33	0.00	1.05	0.00	0.72	0.00	0.57	0.00	0.43	0.00
	3	1.76	0.00	1.41	0.00	1.09	0.00	0.61	0.00	0.58	0.00	0.39	0.00
	4	1.75	0.00	1.42	0.00	1.05	0.00	0.72	0.00	0.57	0.00	0.43	0.00
	5	1.71	0.00	1.42	0.00	1.00	0.00	0.67	0.00	0.52	0.00	0.39	0.00
0-775	1	1.70	0.00	1.23	0.00	0.85	0.00	0.52	0.00	0.52	0.00	0.38	0.00
	2	1.74	0.00	1.42	0.00	0.91	0.00	0.67	0.00	0.58	0.00	0.39	0.00
	3	1.88	0.00	1.51	0.00	1.13	0.00	0.66	0.00	0.57	0.00	0.48	0.00
	4	1.79	0.00	1.42	0.00	1.05	0.00	0.72	0.00	0.49	0.00	0.39	0.00
	5	1.74	0.00	1.42	0.00	1.09	0.00	0.77	0.00	0.58	0.00	0.39	0.00
0-750	1	1.68	0.00	1.23	0.00	0.99	0.00	0.57	0.00	0.57	0.00	0.47	0.00
	2	1.76	0.00	1.33	0.00	1.05	0.00	0.72	0.00	0.57	0.00	0.44	0.00
	3	1.88	0.00	1.42	0.00	1.18	0.00	0.76	0.00	0.62	0.00	0.38	0.00
	4	1.77	0.00	1.51	0.00	1.05	0.00	0.67	0.00	0.57	0.00	0.39	0.00
	5	1.72	0.00	1.51	0.00	1.05	0.00	0.77	0.00	0.58	0.00	0.44	0.00
0-725	1	1.65	0.00	1.24	0.00	0.99	0.00	0.71	0.00	0.52	0.00	0.47	0.00
	2	1.79	0.00	1.42	0.00	1.09	0.00	0.72	0.00	0.58	0.00	0.44	0.00
	3	1.88	0.00	1.41	0.00	1.08	0.00	0.82	0.00	0.57	0.00	0.38	0.00
	4	1.79	0.00	1.42	0.00	1.14	0.00	0.67	0.00	0.58	0.00	0.40	0.00
	5	1.74	0.00	1.42	0.00	1.09	0.00	0.72	0.00	0.62	0.00	0.48	0.00

续表

断面 /m	测点	5000m³/s （联合运行）		4000m³/s （联合运行）		3000m³/s （联合运行）		2000m³/s （联合运行）		1500m³/s （联合运行）		1000m³/s （联合运行）	
		纵向	横向	纵向	横向	纵向	横向	纵向	横向	纵向	横向	纵向	横向
0-700	1	1.62	0.00	1.13	0.00	0.89	0.00	0.76	0.00	0.47	0.00	0.38	0.00
	2	1.75	0.00	1.33	0.00	1.05	0.00	0.75	0.00	0.52	0.00	0.44	0.00
	3	1.89	0.00	1.41	0.00	1.14	0.00	0.71	0.00	0.58	0.00	0.38	0.00
	4	1.81	0.00	1.42	0.00	1.08	0.00	0.82	0.00	0.57	0.00	0.39	0.00
	5	1.68	0.00	1.42	0.00	1.09	0.00	0.72	0.00	0.58	0.00	0.44	0.00
0-675	1	1.60	0.00	1.23	0.00	1.09	0.00	0.57	0.00	0.47	0.00	0.47	0.00
	2	1.74	0.00	1.41	0.00	1.18	0.00	0.71	0.00	0.57	0.00	0.49	0.00
	3	1.88	0.00	1.51	0.00	1.18	0.00	0.67	0.00	0.49	0.00	0.39	0.00
	4	1.84	0.00	1.42	0.00	1.19	0.00	0.67	0.00	0.58	0.00	0.45	0.00
	5	1.65	0.00	1.32	0.00	1.14	0.00	0.71	0.00	0.57	0.00	0.38	0.00
0-650	1	1.58	0.00	1.32	0.00	0.99	0.00	0.71	0.00	0.57	0.00	0.38	0.00
	2	1.78	0.00	1.33	0.00	1.14	0.00	0.77	0.00	0.58	0.00	0.44	0.00
	3	1.83	0.00	1.51	0.00	1.13	0.00	0.76	0.00	0.57	0.00	0.43	0.00
	4	1.81	0.00	1.51	0.00	1.18	0.00	0.77	0.00	0.62	0.00	0.44	0.00
	5	1.69	0.00	1.45	0.00	1.09	0.00	0.72	0.00	0.57	0.00	0.44	0.00
0-625	1	1.57	0.00	1.23	0.00	1.07	0.00	0.71	0.00	0.52	0.00	0.43	0.00
	2	1.82	0.00	1.33	0.00	1.14	0.00	0.77	0.00	0.42	0.00	0.47	0.00
	3	1.74	0.00	1.51	0.00	1.13	0.00	0.81	0.00	0.62	0.00	0.45	0.00
	4	1.79	0.00	1.51	0.00	1.19	0.00	0.72	0.00	0.58	0.00	0.41	0.00
	5	1.74	0.00	1.42	0.00	1.09	0.00	0.72	0.00	0.58	0.00	0.39	0.00
0-600	1	1.35	0.00	1.13	0.00	0.99	0.00	0.57	0.00	0.52	0.00	0.47	0.00
	2	1.78	0.00	1.33	0.00	1.05	0.00	0.72	0.00	0.57	0.00	0.39	0.00
	3	1.78	0.00	1.41	0.00	1.13	0.00	0.81	0.00	0.58	0.00	0.38	0.00
	4	1.76	0.00	1.51	0.00	1.09	0.00	0.72	0.00	0.62	0.00	0.35	0.00
	5	1.78	0.00	1.42	0.00	1.17	0.00	0.67	0.00	0.58	0.00	0.49	0.00
0-575	1	1.28	0.00	1.04	0.00	0.89	0.00	0.57	0.00	0.52	0.00	0.38	0.00
	2	1.74	0.00	1.42	0.00	1.14	0.00	0.77	0.00	0.58	0.00	0.39	0.00
	3	1.84	0.00	1.51	0.00	1.13	0.00	0.76	0.00	0.57	0.00	0.38	0.00
	4	1.74	0.00	1.42	0.00	1.21	0.00	0.77	0.00	0.62	0.00	0.39	0.00
	5	1.84	0.00	1.42	0.00	1.14	0.00	0.77	0.00	0.58	0.00	0.39	0.00
0-550	1	1.03	0.00	0.76	0.00	0.52	0.00	0.57	0.00	0.29	0.00	0.27	0.00
	2	1.56	0.00	1.33	0.00	1.09	0.00	0.72	0.00	0.62	0.00	0.45	0.00
	3	1.85	0.00	1.41	0.00	1.18	0.00	0.76	0.00	0.66	0.00	0.38	0.00
	4	1.76	0.00	1.42	0.00	1.14	0.00	0.77	0.00	0.62	0.00	0.44	0.00
	5	0.85	0.00	0.57	0.00	0.62	0.00	0.42	0.00	0.38	0.00	0.24	0.00

续表

断面/m	测点	5000m³/s（联合运行）		4000m³/s（联合运行）		3000m³/s（联合运行）		2000m³/s（联合运行）		1500m³/s（联合运行）		1000m³/s（联合运行）	
		纵向	横向	纵向	横向	纵向	横向	纵向	横向	纵向	横向	纵向	横向
0-525	1	1.42	0.00	1.23	0.00	1.00	0.00	0.77	0.00	0.53	0.00	0.39	0.00
	2	1.84	0.00	1.41	0.00	1.18	0.00	0.76	0.00	0.57	0.00	0.43	0.00
	3	1.74	0.00	1.42	0.00	1.23	0.00	0.77	0.00	0.58	0.00	0.44	0.00
	4	1.82	0.00	1.51	0.00	1.17	0.00	0.77	0.00	0.58	0.00	0.44	0.00
	5	0.82	0.00	0.47	0.00	0.47	0.00	0.42	0.00	0.33	0.00	0.29	0.00
0-500	1	0.82	0.00	0.47	0.00	0.47	0.00	0.42	0.00	0.33	0.00	0.29	0.00
	2	1.32	0.00	1.05	0.00	0.77	0.00	0.67	0.00	0.58	0.00	0.44	0.00
	3	1.82	0.00	1.41	0.00	1.13	0.00	0.76	0.00	0.57	0.00	0.43	0.00
	4	1.79	0.00	1.42	0.00	1.09	0.00	0.77	0.00	0.58	0.00	0.39	0.00
	5	1.74	0.00	1.42	0.00	1.14	0.00	0.72	0.00	0.58	0.00	0.44	0.00
0-475	1	0.76	0.00	0.76	0.00	0.66	0.00	0.43	0.00	0.33	0.00	0.34	0.00
	2	1.23	0.00	0.77	0.00	0.91	0.00	0.67	0.00	0.52	0.00	0.39	0.00
	3	1.79	0.00	1.32	0.00	1.13	0.00	0.76	0.00	0.57	0.00	0.43	0.00
	4	1.86	0.00	1.42	0.00	1.14	0.00	0.77	0.00	0.58	0.00	0.44	0.00
	5	1.68	0.00	1.42	0.00	1.12	0.00	0.77	0.00	0.58	0.00	0.44	0.00
0-450	1	0.82	0.00	0.76	0.00	0.62	0.00	0.42	0.00	0.32	0.00	0.34	0.00
	2	1.23	0.00	1.05	0.00	0.82	0.00	0.58	0.00	0.53	0.00	0.39	0.00
	3	1.56	0.00	1.41	0.00	1.13	0.00	0.82	0.00	0.57	0.00	0.38	0.00
	4	1.82	0.00	1.51	0.00	1.18	0.00	0.77	0.00	0.58	0.00	0.39	0.00
	5	1.78	0.00	1.42	0.00	1.09	0.00	0.81	0.00	0.58	0.00	0.39	0.00
0-425	1	0.94	0.00	0.66	0.00	0.42	0.00	0.38	0.00	0.29	0.00	0.29	0.00
	2	1.26	0.00	1.04	0.00	0.84	0.00	0.53	0.00	0.44	0.00	0.29	0.00
	3	1.42	0.00	1.23	0.00	1.13	0.00	0.76	0.00	0.62	0.00	0.44	0.00
	4	1.75	0.00	1.51	0.00	1.09	0.00	0.81	0.00	0.58	0.00	0.38	0.00
	5	1.88	0.00	1.42	0.00	1.09	0.00	0.77	0.00	0.62	0.00	0.44	0.00
0-400	1	0.76	0.00	0.71	0.00	0.62	0.00	0.38	0.00	0.32	0.00	0.15	0.00
	2	1.61	0.00	1.23	0.00	0.95	0.00	0.58	0.00	0.49	0.00	0.35	0.00
	3	1.75	0.00	1.13	0.00	0.89	0.00	0.71	0.00	0.57	0.00	0.38	0.00
	4	1.89	0.00	1.42	0.00	1.09	0.00	0.77	0.00	0.58	0.00	0.39	0.00
	5	1.89	0.00	1.42	0.00	1.18	0.00	0.81	0.00	0.58	0.00	0.39	0.00
0-375	1	1.04	0.00	0.85	0.00	0.48	0.00	0.38	0.00	0.38	0.00	0.29	0.00
	2	1.42	0.00	1.05	0.00	0.90	0.00	0.58	0.00	0.53	0.00	0.30	0.00
	3	1.60	0.00	1.23	0.00	0.85	0.00	0.52	0.00	0.57	0.00	0.38	0.00
	4	1.79	0.00	1.51	0.00	1.04	0.00	0.58	0.00	0.66	0.12	0.39	0.00
	5	1.98	0.00	1.42	0.00	1.19	0.00	0.81	0.00	0.61	0.11	0.39	0.00

续表

断面/m	测点	5000m³/s (联合运行)		4000m³/s (联合运行)		3000m³/s (联合运行)		2000m³/s (联合运行)		1500m³/s (联合运行)		1000m³/s (联合运行)	
		纵向	横向	纵向	横向	纵向	横向	纵向	横向	纵向	横向	纵向	横向
0-350	1	0.94	0.00	0.71	0.00	0.62	0.00	0.42	0.00	0.38	0.00	0.29	0.00
	2	1.51	0.00	1.14	0.00	1.00	0.00	0.62	0.00	0.44	0.00	0.30	0.00
	3	1.70	0.00	1.32	0.00	0.94	0.00	0.71	0.00	0.57	0.00	0.34	0.00
	4	1.79	0.00	1.43	0.00	1.18	0.00	0.86	0.00	0.66	0.12	0.39	0.00
	5	1.98	0.00	1.61	0.00	1.16	0.00	0.81	0.00	0.56	0.15	0.44	0.00
0-325	1	0.57	0.00	0.71	0.00	0.61	0.00	0.72	0.00	0.49	0.00	0.30	0.00
	2	1.61	0.00	1.31	0.00	1.15	0.00	0.81	0.00	0.57	0.00	0.38	0.00
	3	1.79	0.00	1.42	0.00	1.09	0.00	0.81	0.14	0.58	0.00	0.49	0.00
	4	1.89	0.00	1.51	0.00	1.28	0.00	0.81	0.14	0.57	0.10	0.39	0.00
	5	1.98	0.00	0.66	0.00	0.42	0.00	0.33	0.06	0.28	0.08	0.29	0.00
0-300	1	0.94	0.00	1.14	0.00	0.82	0.00	0.58	0.00	0.49	0.00	0.35	0.00
	2	1.76	0.00	1.41	0.00	1.04	0.00	0.76	0.00	0.47	0.00	0.43	0.00
	3	1.75	0.00	1.42	0.00	1.09	0.00	0.80	0.14	0.58	0.00	0.39	0.00
	4	1.85	0.00	1.51	0.00	1.18	0.00	0.80	0.14	0.58	0.00	0.44	0.00
	5	1.98	0.00	0.34	0.00	0.34	0.00	0.28	0.08	0.32	0.12	0.00	0.00
0-275	1	0.45	0.00	0.74	0.00	0.65	0.00	0.44	0.00	0.35	0.00	0.00	0.00
	2	1.36	0.00	1.23	0.00	1.04	0.00	0.71	0.00	0.47	0.00	0.38	0.00
	3	1.75	0.00	1.21	0.21	1.05	0.00	0.74	0.20	0.53	0.25	0.33	0.09
	4	1.82	0.00	1.31	0.23	1.05	0.00	0.70	0.19	0.53	0.25	0.43	0.11
	5	1.89	0.00	0.29	0.05	0.00	0.00	0.00	0.00	0.00	0.00	0.00	0.00
0-250	1	0.57	0.00	0.44	0.00	0.35	0.00	0.34	0.00	0.00	0.00	0.00	0.00
	2	1.33	0.00	1.23	0.00	0.96	0.00	0.66	0.00	0.38	0.00	0.29	0.00
	3	1.65	0.00	1.31	0.23	0.98	0.00	0.65	0.17	0.39	0.00	0.39	0.00
	4	1.79	0.00	1.40	0.25	1.00	0.00	0.74	0.20	0.49	0.00	0.39	0.00
	5	1.75	0.00	0.28	0.08	0.00	0.00	0.72	0.26	0.49	0.00	0.38	0.10
0-225	1	0.49	0.00	0.29	0.00	0.00	0.00	0.00	0.00	0.00	0.00	0.00	0.00
	2	1.05	0.00	0.34	0.00	0.45	0.00	0.00	0.00	0.27	0.10	0.00	0.00
	3	1.32	0.00	1.14	0.31	0.61	0.00	0.60	0.16	0.35	0.16	0.00	0.00
	4	1.70	0.00	1.24	0.33	0.89	0.32	0.70	0.19	0.47	0.22	0.28	0.10
	5	1.79	0.00	1.33	0.36	0.84	0.30	0.77	0.28	0.62	0.00	0.37	0.13
0-200	1	0.49	0.00	0.00	0.00	0.00	0.00	0.00	0.00	0.00	0.00	0.00	0.00
	2	0.93	0.00	0.57	0.00	0.00	0.00	0.00	0.00	0.00	0.00	0.00	0.00
	3	1.32	0.00	0.80	0.29	0.52	0.24	0.41	0.11	0.41	0.24	0.00	0.00
	4	1.61	0.00	1.11	0.52	0.82	0.38	0.61	0.16	0.45	0.26	0.00	0.00
	5	1.75	0.00	1.21	0.57	0.91	0.42	0.72	0.26	0.45	0.26	0.27	0.13

续表

断面/m	测点	5000m³/s（联合运行）		4000m³/s（联合运行）		3000m³/s（联合运行）		2000m³/s（联合运行）		1500m³/s（联合运行）		1000m³/s（联合运行）	
		纵向	横向	纵向	横向	纵向	横向	纵向	横向	纵向	横向	纵向	横向
0-175	1	0.32	0.00	0.00	0.00	0.00	0.00	0.00	0.00	0.00	0.00	0.00	0.00
	2	0.47	0.00	0.39	0.00	0.00	0.00	0.00	0.00	0.00	0.00	0.00	0.00
	3	0.74	0.06	0.64	0.30	0.31	0.14	0.41	0.11	0.25	0.15	0.00	0.00
	4	1.58	0.14	0.91	0.53	0.53	0.25	0.56	0.15	0.39	0.16	0.00	0.00
	5	1.72	0.15	1.07	0.62	0.79	0.46	0.63	0.23	0.58	0.34	0.40	0.19
0-150	1	0.35	0.00	0.00	0.00	0.00	0.00	0.00	0.00	0.00	0.00	0.00	0.00
	2	0.56	0.00	0.00	0.00	0.00	0.00	0.00	0.00	0.00	0.00	0.00	0.00
	3	0.68	0.06	0.43	0.20			0.27	0.10				
	4	1.12	0.20	0.70	0.33	0.36	0.21	0.41	0.15	0.35	0.16		
	5	1.34	0.24	1.03	0.48	0.62	0.36	0.65	0.30	0.46	0.27	0.30	
0-125	1	−0.29	0.00	0.00	0.00	0.00	0.00	0.00	0.00	0.00	0.00	0.00	0.00
	2	−0.30	0.00	0.00	0.00	0.00	0.00	0.00	0.00	0.00	0.00	0.00	0.00
	3	0.52	0.30										
	4	0.77	0.36	0.00	0.00			0.39					
	5	1.33	0.49	0.67						0.29	0.08		
0-100	1	0.00	0.00	0.00	0.00	0.00	0.00	0.00	0.00	0.00	0.00	0.00	0.00
	2	0.00	0.00	0.00	0.00	0.00	0.00	0.00	0.00	0.00	0.00	0.00	0.00
	3	0.00	0.00	0.00	0.00	0.00	0.00	0.00	0.00	0.00	0.00	0.00	0.00
	4	−0.23	−0.19	0.00	0.00								
	5	0.27	−0.22	0.00	0.00								
0-075	1	−0.26	−0.12	0.00	0.00								
	2	−0.27	−0.13	0.00	0.00								
	3	0.00	0.00	0.00	0.00	0.00	0.00	0.00	0.00	0.00	0.00	0.00	0.00
	4	0.00	0.00	0.00	0.00	0.00	0.00	0.00	0.00	0.00	0.00	0.00	0.00
	5	0.00	0.00	0.00	0.00	0.00	0.00	0.00	0.00	0.00	0.00	0.00	0.00

注 0-870～0-550m 范围为上游口门区，0-550～0-250m 为停泊段。

5.3.2.2 方案 1 试验情况

河道现状通航水流条件较差，二线船闸原方案的停泊段水域没有导航建筑物防护，使得停泊段水域的流速指标成为整个上游引航道可通航流量的控制节点。经与设计协商，提出了修改方案 1：在上游停泊段范围沿引航道外边线布置一道浮式隔流堤，浮堤截面为矩形（图 5.3.26），宽度 5.0m，水上高度 1.5m，水下深度 3.5m。浮堤的工程量较小，又能对停泊段水域起到一定的防护作用，上游引航道可通航流量也会相应提高，因整体河势及引航道尺度没有变化，上游引航道可通航流量提高有限。

根据原布置方案试验情况，方案 1 从 4000m³/s 的流量条件开始进行试验。4000m³/s、

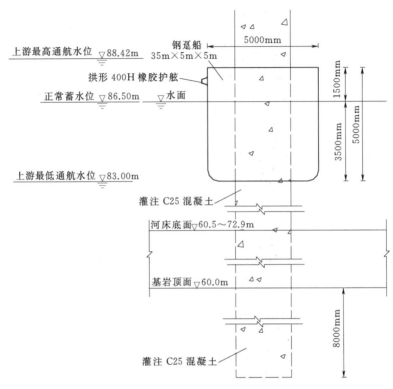

图 5.3.26 浮式隔流堤断面布置图

3000m³/s、2000m³/s 和 1000m³/s 流量条件下上游口门区及停泊段的流态如图 5.3.27～图 5.3.30 所示，流速分布如图 5.3.31～图 5.3.35 所示，流速分量见表 5.3.9。

图 5.3.27 上游引航道流态（$Q=4000m^3/s$，联合运行）

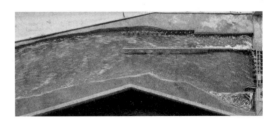

图 5.3.28 上游引航道流态（$Q=3000m^3/s$，联合运行）

图 5.3.29 上游引航道流态（$Q=2000m^3/s$，联合运行）

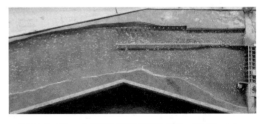

图 5.3.30 上游引航道流态（$Q=1000m^3/s$，联合运行）

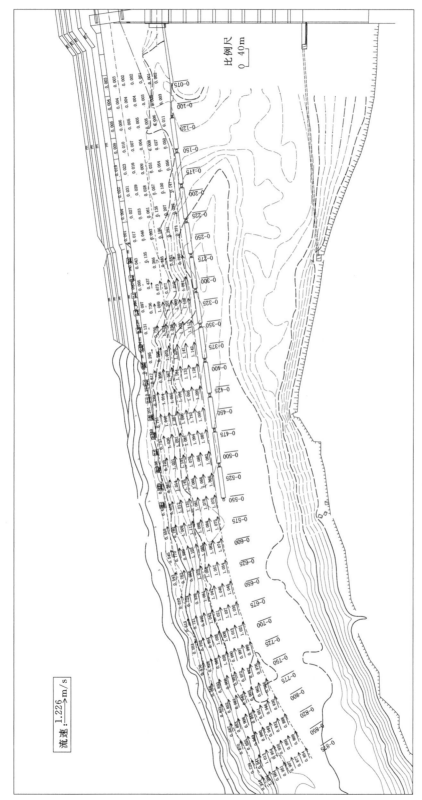

图 5.3.31 上游引航道流速分布（$Q=4000\,\text{m}^3/\text{s}$，联合运行）（流速单位：m/s）

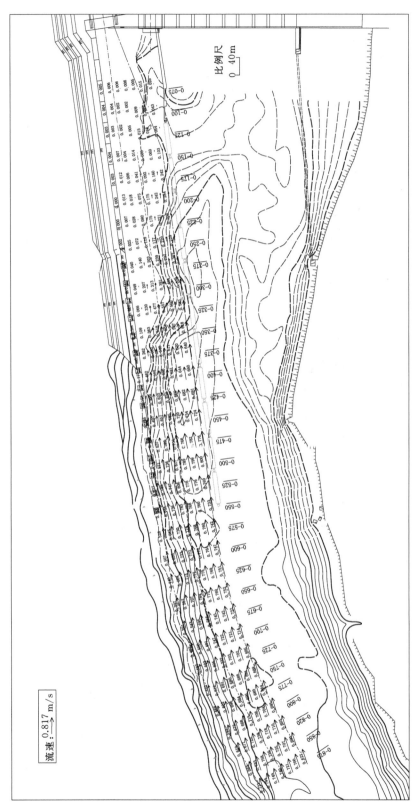

图 5.3.32　上游引航道流速分布（Q=3000m³/s，联合运行）（流速单位：m/s）

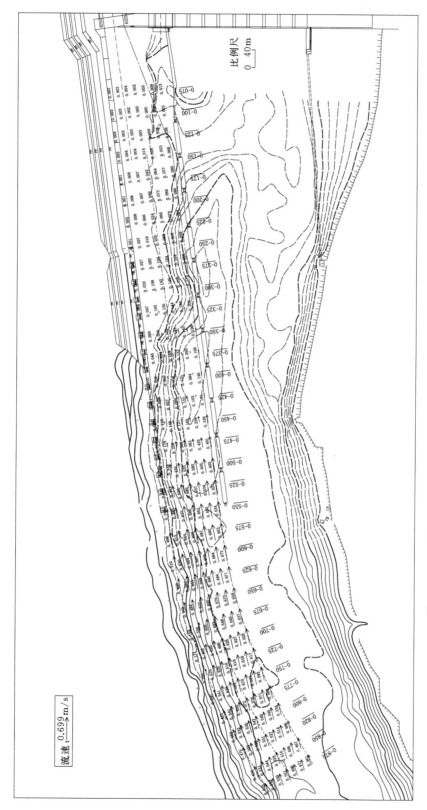

图 5.3.33 上游引航道流速分布 (Q=2500m³/s, 联合运行) (流速单位: m/s)

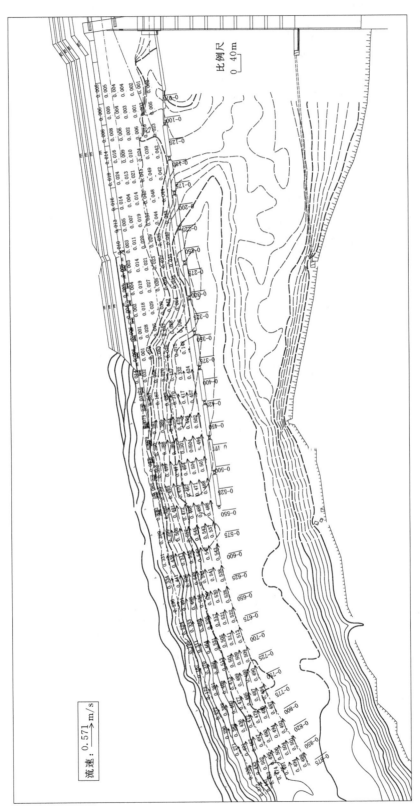

图 5.3.34 上游引航道流速分布（$Q=2000\text{m}^3/\text{s}$，联合运行）（流速单位：m/s）

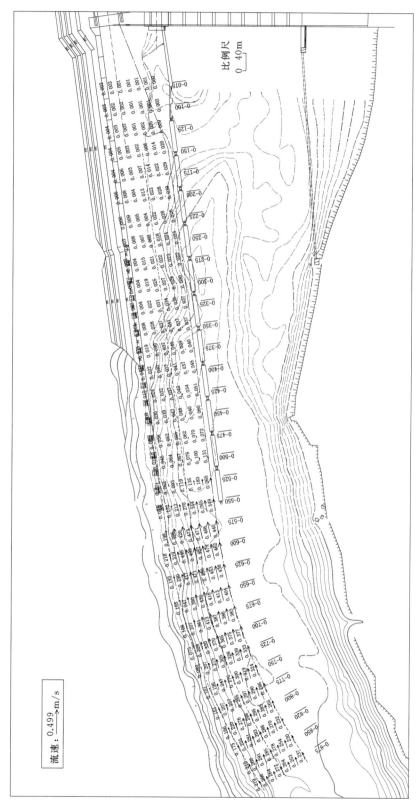

图 5.3.35　上游引航道流速分布（$Q=1000\text{m}^3/\text{s}$，联合运行）（流速单位：m/s）

表 5.3.9 二线船闸上游引航道流速分量表（浮堤方案）

断面/m	测点	4000m³/s		3000m³/s		2500m³/s		2000m³/s		1000m³/s	
		纵向	横向	纵向	横向	纵向	横向	纵向	横向	纵向	横向
0-875	1	0.90	0.00	0.72	0.00	0.52	0.00	0.37	0.00	0.21	0.00
	2	1.04	0.00	0.79	0.00	0.55	0.00	0.44	0.00	0.25	0.00
	3	0.95	0.00	0.74	0.00	0.53	0.00	0.45	0.00	0.26	0.00
	4	0.94	0.00	0.73	0.00	0.52	0.00	0.47	0.00	0.27	0.00
	5	0.89	0.00	0.71	0.00	0.49	0.00	0.49	0.00	0.26	0.00
	6	0.86	0.00	0.69	0.00	0.48	0.00	0.49	0.00	0.25	0.00
	7	0.84	0.00	0.67	0.00	0.46	0.00	0.49	0.00	0.24	0.00
0-850	1	0.72	0.00	0.66	0.00	0.49	0.00	0.34	0.00	0.21	0.00
	2	0.93	0.00	0.73	0.00	0.53	0.00	0.44	0.00	0.26	0.00
	3	1.00	0.00	0.75	0.00	0.54	0.00	0.50	0.00	0.29	0.00
	4	0.94	0.00	0.73	0.00	0.53	0.00	0.50	0.00	0.28	0.00
	5	0.93	0.00	0.72	0.00	0.51	0.00	0.51	0.00	0.27	0.00
	6	0.88	0.00	0.70	0.00	0.48	0.00	0.50	0.00	0.25	0.00
	7	0.86	0.00	0.68	0.00	0.47	0.00	0.50	0.00	0.23	0.00
0-825	1	0.67	0.00	0.62	0.00	0.47	0.00	0.27	0.00	0.17	0.00
	2	0.85	0.00	0.67	0.00	0.50	0.00	0.40	0.00	0.25	0.00
	3	0.94	0.00	0.72	0.00	0.53	0.00	0.46	0.00	0.29	0.00
	4	0.97	0.00	0.73	0.00	0.53	0.00	0.49	0.00	0.29	0.00
	5	0.94	0.00	0.71	0.00	0.53	0.00	0.49	0.00	0.28	0.00
	6	0.92	0.00	0.71	0.00	0.51	0.00	0.49	0.00	0.27	0.00
	7	0.88	0.00	0.69	0.00	0.49	0.00	0.49	0.00	0.23	0.00
0-800	1	0.68	0.00	0.54	0.00	0.45	0.00	0.29	0.00	0.16	0.00
	2	0.85	0.00	0.67	0.00	0.53	0.00	0.38	0.00	0.22	0.00
	3	0.90	0.00	0.68	0.00	0.53	0.00	0.43	0.00	0.27	0.00
	4	0.95	0.00	0.71	0.00	0.55	0.00	0.47	0.00	0.29	0.00
	5	0.94	0.00	0.70	0.00	0.55	0.00	0.48	0.00	0.29	0.00
	6	0.94	0.00	0.70	0.00	0.54	0.00	0.48	0.00	0.28	0.00
	7	0.92	0.00	0.69	0.00	0.53	0.00	0.48	0.00	0.26	0.00
0-775	1	0.63	0.00	0.47	0.00	0.42	0.00	0.27	0.00	0.15	0.00
	2	0.85	0.00	0.62	0.00	0.54	0.00	0.39	0.00	0.21	0.00
	3	0.95	0.00	0.69	0.00	0.55	0.00	0.46	0.00	0.25	0.00
	4	0.94	0.00	0.68	0.00	0.57	0.00	0.47	0.00	0.28	0.00
	5	0.96	0.00	0.69	0.00	0.58	0.00	0.49	0.00	0.29	0.00
	6	0.96	0.00	0.69	0.00	0.57	0.00	0.48	0.00	0.29	0.00
	7	0.95	0.00	0.68	0.00	0.56	0.00	0.48	0.00	0.28	0.00

续表

断面 /m	测点	4000m³/s		3000m³/s		2500m³/s		2000m³/s		1000m³/s	
		纵向	横向	纵向	横向	纵向	横向	纵向	横向	纵向	横向
0-750	1	0.57	0.00	0.42	0.00	0.29	0.00	0.17	0.00	0.10	0.00
	2	0.85	0.00	0.61	0.00	0.54	0.00	0.38	0.00	0.20	0.00
	3	0.97	0.00	0.69	0.00	0.63	0.00	0.47	0.00	0.25	0.00
	4	0.95	0.00	0.68	0.00	0.60	0.00	0.47	0.00	0.27	0.00
	5	0.97	0.00	0.69	0.00	0.61	0.00	0.49	0.00	0.30	0.00
	6	0.97	0.00	0.69	0.00	0.60	0.00	0.49	0.00	0.32	0.00
	7	0.97	0.00	0.69	0.00	0.59	0.00	0.49	0.00	0.32	0.00
0-725	1	0.57	0.00	0.44	0.00	0.23	0.00	0.19	0.00	0.08	0.00
	2	0.83	0.00	0.60	0.00	0.52	0.00	0.37	0.00	0.21	0.00
	3	0.97	0.00	0.69	0.00	0.64	0.00	0.47	0.00	0.27	0.00
	4	1.03	0.00	0.73	0.00	0.62	0.00	0.51	0.00	0.30	0.00
	5	0.99	0.00	0.70	0.00	0.62	0.00	0.50	0.00	0.33	0.00
	6	1.00	0.00	0.70	0.00	0.62	0.00	0.51	0.00	0.34	0.00
	7	1.00	0.00	0.69	0.00	0.62	0.00	0.51	0.00	0.33	0.00
0-700	1	0.55	0.00	0.41	0.00	0.17	0.00	0.19	0.00	0.07	0.00
	2	0.75	0.00	0.55	0.00	0.46	0.00	0.31	0.00	0.23	0.00
	3	0.95	0.00	0.69	0.00	0.62	0.00	0.46	0.00	0.32	0.00
	4	1.04	0.00	0.75	0.00	0.69	0.00	0.52	0.00	0.37	0.00
	5	1.01	0.00	0.72	0.00	0.63	0.00	0.50	0.00	0.36	0.00
	6	1.01	0.00	0.72	0.00	0.63	0.00	0.51	0.00	0.38	0.00
	7	1.02	0.00	0.71	0.00	0.63	0.00	0.51	0.00	0.38	0.00
0-675	1	0.51	0.00	0.39	0.00	0.16	0.00	0.22	0.00	0.11	0.00
	2	0.72	0.00	0.54	0.00	0.33	0.00	0.33	0.00	0.21	0.00
	3	0.94	0.00	0.69	0.00	0.61	0.00	0.46	0.00	0.36	0.00
	4	1.04	0.00	0.77	0.00	0.69	0.00	0.52	0.00	0.41	0.00
	5	1.02	0.00	0.74	0.00	0.65	0.00	0.52	0.00	0.39	0.00
	6	1.03	0.00	0.74	0.00	0.64	0.00	0.52	0.00	0.39	0.00
	7	1.03	0.00	0.73	0.00	0.64	0.00	0.52	0.00	0.38	0.00
0-650	1	0.51	0.00	0.40	0.00	0.35	0.00	0.30	0.00	0.15	0.00
	2	0.72	0.00	0.56	0.00	0.48	0.00	0.40	0.00	0.25	0.00
	3	0.94	0.00	0.71	0.00	0.63	0.00	0.49	0.00	0.38	0.00
	4	1.05	0.00	0.78	0.00	0.70	0.00	0.54	0.00	0.43	0.00
	5	1.04	0.00	0.77	0.00	0.68	0.00	0.53	0.00	0.42	0.00
	6	1.05	0.00	0.77	0.00	0.67	0.00	0.53	0.00	0.41	0.00
	7	1.04	0.00	0.75	0.00	0.66	0.00	0.53	0.00	0.40	0.00

续表

断面 /m	测点	4000m³/s		3000m³/s		2500m³/s		2000m³/s		1000m³/s	
		纵向	横向	纵向	横向	纵向	横向	纵向	横向	纵向	横向
0-625	1	0.54	0.00	0.45	0.00	0.46	0.00	0.33	0.00	0.19	0.00
	2	0.76	0.00	0.60	0.00	0.59	0.00	0.44	0.00	0.29	0.00
	3	0.97	0.00	0.71	0.00	0.66	0.00	0.51	0.00	0.42	0.00
	4	1.08	0.00	0.78	0.00	0.70	0.00	0.55	0.00	0.47	0.00
	5	1.06	0.00	0.77	0.00	0.69	0.00	0.54	0.00	0.46	0.00
	6	1.06	0.00	0.77	0.00	0.68	0.00	0.54	0.00	0.45	0.00
	7	1.05	0.00	0.75	0.00	0.67	0.00	0.54	0.00	0.44	0.00
0-600	1	0.55	0.00	0.51	0.00	0.51	0.00	0.33	0.00	0.22	0.00
	2	0.77	0.00	0.65	0.00	0.63	0.00	0.44	0.00	0.32	0.00
	3	0.99	0.00	0.72	0.00	0.66	0.00	0.51	0.00	0.45	0.00
	4	1.10	0.00	0.77	0.00	0.70	0.00	0.55	0.00	0.50	0.00
	5	1.09	0.00	0.77	0.00	0.69	0.00	0.55	0.00	0.49	0.00
	6	1.08	0.00	0.76	0.00	0.68	0.00	0.55	0.00	0.48	0.00
	7	1.07	0.00	0.75	0.00	0.67	0.00	0.54	0.00	0.46	0.00
0-575	1	0.55	0.00	0.53	0.00	0.50	0.00	0.29	0.00	0.20	0.00
	2	0.78	0.00	0.66	0.00	0.61	0.00	0.40	0.00	0.30	0.00
	3	1.01	0.00	0.73	0.00	0.66	0.00	0.51	0.00	0.42	0.00
	4	1.12	0.00	0.77	0.00	0.70	0.00	0.56	0.00	0.47	0.00
	5	1.09	0.00	0.77	0.00	0.69	0.00	0.54	0.00	0.47	0.00
	6	1.08	0.00	0.76	0.00	0.68	0.00	0.54	0.00	0.47	0.00
	7	1.07	0.00	0.74	0.00	0.66	0.00	0.54	0.00	0.44	0.00
0-550	1	0.43	0.00	0.51	0.00	0.34	0.00	0.15	0.00	0.07	0.00
	2	0.68	0.00	0.64	0.00	0.48	0.00	0.28	0.00	0.13	0.00
	3	1.01	0.00	0.74	0.00	0.64	0.00	0.49	0.00	0.21	0.00
	4	1.13	0.00	0.78	0.00	0.69	0.00	0.47	0.00	0.27	0.00
	5	1.08	0.00	0.77	0.00	0.66	0.00	0.47	0.00	0.34	0.00
	6	1.08	0.00	0.76	0.00	0.65	0.00	0.49	0.00	0.37	0.00
	7	1.07	0.00	0.73	0.00	0.63	0.00	0.49	0.00	0.35	0.00
0-525	1	0.27	0.00	0.43	0.00	0.19	0.00	0.09	0.00	0.02	0.00
	2	0.57	0.00	0.58	0.00	0.47	0.00	0.24	0.00	0.06	0.00
	3	1.01	0.00	0.75	0.00	0.62	0.00	0.49	0.00	0.09	0.00
	4	1.15	0.00	0.81	0.00	0.68	0.00	0.47	0.00	0.12	0.00
	5	1.07	0.00	0.78	0.00	0.64	0.00	0.47	0.00	0.14	0.00
	6	1.07	0.00	0.78	0.00	0.63	0.00	0.47	0.00	0.18	0.00
	7	1.07	0.00	0.77	0.00	0.62	0.00	0.49	0.00	0.26	0.00

断面 /m	测点	4000m³/s		3000m³/s		2500m³/s		2000m³/s		1000m³/s	
		纵向	横向	纵向	横向	纵向	横向	纵向	横向	纵向	横向
0-500	1	0.14	0.00	0.27	−0.01	0.09	0.00	0.08	0.00	0.01	0.00
	2	0.72	−0.04	0.57	−0.03	0.33	−0.01	0.35	−0.02	0.04	0.00
	3	1.02	−0.06	0.73	−0.04	0.47	−0.02	0.50	−0.03	0.06	0.00
	4	1.15	−0.07	0.81	−0.05	0.53	−0.03	0.47	−0.03	0.07	0.00
	5	1.07	−0.06	0.79	−0.05	0.58	−0.03	0.46	−0.03	0.08	0.00
	6	1.08	−0.06	0.80	−0.05	0.60	−0.03	0.50	−0.03	0.10	0.00
	7	1.08	−0.06	0.80	−0.05	0.60	−0.03	0.50	−0.03	0.13	0.00
0-475	1	0.15	−0.01	0.13	0.00	0.05	0.00	0.08	0.00	0.01	0.00
	2	0.76	−0.04	0.51	−0.02	0.18	0.00	0.35	−0.01	0.04	0.00
	3	1.03	−0.05	0.69	−0.03	0.26	−0.01	0.49	−0.02	0.05	0.00
	4	1.05	−0.05	0.73	−0.04	0.30	−0.01	0.49	−0.02	0.05	0.00
	5	1.08	−0.06	0.76	−0.04	0.36	−0.01	0.50	−0.02	0.06	0.00
	6	1.09	−0.06	0.78	−0.04	0.42	−0.02	0.50	−0.02	0.07	0.00
	7	1.08	−0.06	0.77	−0.04	0.49	−0.02	0.49	−0.02	0.07	0.00
0-450	1	0.20	−0.01	0.14	0.00	0.03	0.00	0.07	0.00	0.01	0.00
	2	0.79	−0.03	0.50	−0.01	0.12	0.00	0.28	0.00	0.03	0.00
	3	1.04	−0.04	0.66	−0.02	0.15	0.00	0.39	0.00	0.04	0.00
	4	1.06	−0.04	0.68	−0.02	0.13	0.00	0.43	0.00	0.04	0.00
	5	1.09	−0.05	0.72	−0.03	0.16	0.00	0.48	−0.01	0.05	0.00
	6	1.11	−0.05	0.73	−0.03	0.26	−0.01	0.49	−0.01	0.04	0.00
	7	1.09	−0.05	0.72	−0.04	0.34	−0.01	0.50	−0.02	0.06	0.00
0-425	1	0.25	−0.01	0.16	0.00	0.01	0.00	0.03	0.00	0.01	0.00
	2	0.79	−0.02	0.49	0.00	0.03	0.00	0.09	0.01	0.02	0.00
	3	1.01	−0.03	0.62	0.00	0.06	0.00	0.17	0.01	0.03	0.00
	4	1.05	−0.03	0.63	0.00	0.10	0.00	0.29	0.00	0.04	0.00
	5	1.10	−0.03	0.67	−0.01	0.12	−0.01	0.37	0.00	0.04	0.00
	6	1.09	−0.03	0.68	−0.02	0.10	0.00	0.42	−0.01	0.03	0.00
	7	1.09	−0.03	0.69	−0.03	0.16	−0.01	0.46	−0.01	0.05	0.00
0-400	1	0.24	0.00	0.18	0.00	0.01	0.00	0.01	0.00	0.01	0.00
	2	0.62	−0.01	0.46	0.01	0.03	0.00	0.03	0.00	0.02	0.00
	3	0.85	−0.01	0.57	0.01	0.06	0.00	0.06	0.00	0.03	0.00
	4	1.07	−0.03	0.59	0.00	0.10	−0.01	0.08	0.00	0.04	0.00
	5	1.16	−0.03	0.63	0.00	0.12	−0.01	0.16	0.00	0.04	0.00
	6	1.13	−0.02	0.64	−0.01	0.08	−0.01	0.33	−0.01	0.04	0.00
	7	1.13	−0.02	0.66	−0.02	0.15	−0.01	0.42	−0.01	0.04	0.00

断面 /m	测点	4000m³/s		3000m³/s		2500m³/s		2000m³/s		1000m³/s	
		纵向	横向	纵向	横向	纵向	横向	纵向	横向	纵向	横向
0−375	1	0.09	0.01	0.14	0.00	0.02	0.00	−0.01	0.00	0.01	0.00
	2	0.29	0.00	0.26	0.00	0.04	0.00	0.00	0.00	0.02	0.00
	3	0.59	0.00	0.39	0.00	0.08	−0.01	0.02	0.00	0.03	0.00
	4	1.07	−0.01	0.54	0.00	0.11	−0.01	0.05	0.00	0.04	0.00
	5	1.22	−0.01	0.61	0.00	0.12	−0.01	0.08	0.00	0.04	0.00
	6	1.14	−0.01	0.62	0.00	0.10	−0.01	0.07	0.00	0.04	0.00
	7	1.14	−0.01	0.64	−0.01	0.17	−0.01	0.15	0.00	0.04	0.00
0−350	1	−0.06	0.01	0.01	0.00	0.02	0.00	−0.01	0.00	0.00	0.00
	2	0.13	0.00	0.11	0.00	0.05	0.00	0.00	0.00	0.01	0.00
	3	0.73	−0.01	0.36	0.00	0.09	−0.01	0.03	0.00	0.03	0.00
	4	1.07	−0.01	0.52	−0.01	0.12	−0.01	0.04	0.00	0.04	0.00
	5	1.22	−0.01	0.60	−0.01	0.14	−0.01	0.06	0.00	0.04	0.00
	6	1.11	−0.01	0.60	−0.01	0.14	−0.01	0.04	0.00	0.04	0.00
	7	1.11	−0.01	0.62	0.00	0.20	0.00	0.11	0.00	0.04	0.00
0−325	1	−0.10	0.02	−0.03	0.00	0.02	0.00	0.00	0.00	0.00	0.00
	2	0.10	0.00	0.07	0.00	0.05	0.00	0.00	0.00	0.00	0.00
	3	0.73	−0.01	0.33	−0.01	0.10	−0.01	0.02	0.00	0.02	0.00
	4	1.00	0.01	0.40	0.01	0.13	0.01	0.03	0.00	0.02	0.00
	5	1.20	−0.01	0.56	−0.01	0.14	0.00	0.04	0.00	0.03	0.00
	6	1.10	−0.01	0.55	−0.01	0.17	0.00	0.04	0.00	0.04	0.00
	7	1.10	−0.01	0.58	−0.01	0.20	0.00	0.06	0.00	0.04	0.00
0−300	1	−0.04	0.01	−0.02	0.00	0.00	0.00	0.00	0.00	0.00	0.00
	2	0.09	0.00	0.05	0.00	0.03	0.00	0.00	0.00	0.00	0.00
	3	0.43	0.01	0.21	0.00	0.11	0.00	0.02	0.00	0.02	0.00
	4	0.67	0.00	0.31	0.00	0.14	0.00	0.03	0.00	0.02	0.00
	5	0.88	−0.02	0.39	−0.01	0.14	0.00	0.03	0.00	0.03	0.00
	6	1.01	−0.02	0.46	−0.01	0.16	0.00	0.03	0.00	0.03	0.00
	7	1.09	−0.02	0.53	−0.01	0.17	0.00	0.03	0.00	0.03	0.00
0−275	1	−0.01	0.00	−0.01	0.00	0.00	0.00	0.00	0.00	0.00	0.00
	2	0.04	0.01	0.04	0.00	0.03	0.00	0.00	0.00	0.00	0.00
	3	0.12	0.03	0.14	0.01	0.08	0.01	0.01	0.00	0.02	0.00
	4	0.26	0.03	0.20	0.01	0.10	0.01	0.02	0.00	0.02	0.00
	5	0.48	0.02	0.24	0.00	0.10	0.01	0.02	0.00	0.02	0.00
	6	0.64	0.01	0.30	0.00	0.11	0.00	0.03	0.00	0.02	0.00
	7	0.76	0.01	0.37	−0.01	0.10	0.01	0.03	0.00	0.02	0.00

续表

断面/m	测点	4000m³/s		3000m³/s		2500m³/s		2000m³/s		1000m³/s	
		纵向	横向	纵向	横向	纵向	横向	纵向	横向	纵向	横向
0-250	1	0.00	0.00	0.00	0.00	0.00	0.00	−0.01	0.00	0.00	0.00
	2	0.01	0.01	0.02	0.00	0.00	0.00	0.00	0.00	−0.01	0.00
	3	0.01	0.01	0.07	0.01	0.01	0.01	0.01	0.00	−0.01	0.00
	4	0.07	0.03	0.12	0.01	0.03	0.01	0.02	0.00	0.00	0.00
	5	0.19	0.03	0.18	0.00	0.05	0.00	0.03	0.00	0.02	0.00
	6	0.29	0.03	0.22	0.00	0.06	0.00	0.03	0.00	0.02	0.00
	7	0.37	0.02	0.23	0.00	0.06	0.00	0.04	0.00	0.02	0.00
0-225	1	0.00	0.00	0.00	0.00	0.00	0.00	−0.01	0.00	−0.01	0.00
	2	−0.01	−0.01	0.00	0.00	0.00	0.00	0.00	0.00	−0.01	0.00
	3	0.00	0.00	0.02	0.01	0.00	0.00	0.01	0.00	−0.01	0.00
	4	0.04	0.02	0.08	0.01	0.02	0.00	0.02	0.00	0.00	0.00
	5	0.13	0.02	0.17	0.00	0.06	0.00	0.04	0.00	0.02	0.00
	6	0.20	0.02	0.22	0.00	0.07	0.00	0.04	0.00	0.03	0.00
	7	0.29	0.02	0.20	0.01	0.06	0.00	0.04	0.00	0.03	0.00
0-200	1	−0.02	0.00	0.00	0.00	0.00	0.00	−0.02	0.00	−0.01	0.00
	2	−0.03	−0.01	−0.01	0.00	−0.01	0.00	−0.01	0.00	−0.01	0.00
	3	−0.01	−0.01	0.01	0.01	0.01	0.00	0.00	0.00	0.00	0.00
	4	0.01	0.00	0.07	0.01	0.05	0.00	0.01	0.00	0.01	0.00
	5	0.05	0.02	0.17	0.01	0.07	0.00	0.04	0.00	0.02	0.00
	6	0.09	0.02	0.24	0.01	0.08	0.00	0.05	0.00	0.03	0.00
	7	0.14	0.02	0.28	0.00	0.08	0.00	0.04	0.00	0.03	0.00
0-175	1	−0.02	0.00	0.00	0.00	0.00	0.00	−0.02	0.00	0.00	0.00
	2	−0.02	0.00	−0.01	0.00	0.00	0.00	−0.02	0.00	−0.01	0.00
	3	−0.02	0.00	0.00	0.00	0.01	0.00	−0.01	0.00	0.00	0.00
	4	0.01	0.00	0.04	0.01	0.04	0.00	0.02	0.00	0.01	0.00
	5	0.03	0.01	0.09	0.01	0.06	0.00	0.04	0.00	0.01	0.00
	6	0.05	0.01	0.16	0.01	0.08	0.00	0.05	0.00	0.02	0.00
	7	0.05	0.02	0.24	0.01	0.08	0.00	0.04	0.00	0.03	0.00
0-150	1	−0.01	0.00	0.00	0.00	0.00	0.00	−0.01	0.00	0.00	0.00
	2	−0.01	0.00	−0.01	0.00	0.00	0.00	−0.02	0.00	0.00	0.00
	3	−0.01	0.00	0.00	0.00	0.00	0.00	−0.01	0.00	0.00	0.00
	4	0.00	0.00	0.01	0.00	0.01	0.00	0.01	0.00	0.00	0.00
	5	0.01	0.00	0.03	0.00	0.03	0.00	0.02	0.00	0.00	0.00
	6	0.03	0.00	0.07	0.01	0.05	0.00	0.04	0.00	0.01	0.00
	7	0.05	0.00	0.10	0.01	0.07	0.00	0.04	0.00	0.02	0.00

续表

断面 /m	测点	4000m³/s		3000m³/s		2500m³/s		2000m³/s		1000m³/s	
		纵向	横向	纵向	横向	纵向	横向	纵向	横向	纵向	横向
0-125	1	0.00	0.00	0.00	0.00	0.00	0.00	−0.01	0.00	0.00	0.00
	2	0.00	0.00	0.00	0.00	0.00	0.00	−0.01	0.00	0.00	0.00
	3	0.00	0.00	0.00	0.00	0.00	0.00	0.00	0.00	0.00	0.00
	4	0.00	0.00	0.00	0.00	0.00	0.00	0.00	0.00	0.00	0.00
	5	0.00	0.00	0.01	0.00	0.01	0.00	0.01	0.00	0.00	0.00
	6	0.00	0.00	0.02	0.00	0.02	0.00	0.02	0.00	0.00	0.00
	7	0.01	0.00	0.05	0.01	0.04	0.00	0.02	0.00	0.01	0.00
0-100	1	0.00	0.00	0.00	0.00	0.00	0.00	0.00	0.00	0.00	0.00
	2	0.00	0.00	0.00	0.00	0.00	0.00	0.00	0.00	0.00	0.00
	3	0.00	0.00	0.00	0.00	0.00	0.00	0.00	0.00	0.00	0.00
	4	0.00	0.00	0.00	0.00	0.00	0.00	0.00	0.00	0.00	0.00
	5	0.00	0.00	0.01	0.00	0.00	0.00	0.00	0.00	0.00	0.00
	6	0.00	0.00	0.03	0.00	0.02	0.00	0.00	0.00	0.00	0.00
	7	0.00	0.00	0.04	0.00	0.02	0.00	0.01	0.00	0.00	0.00
0-075	1	0.00	0.00	0.00	0.00	0.00	0.00	0.00	0.00	0.00	0.00
	2	0.00	0.00	0.00	0.00	0.00	0.00	0.00	0.00	0.00	0.00
	3	0.00	0.00	0.00	0.00	0.00	0.00	0.00	0.00	0.00	0.00
	4	0.00	0.00	0.00	0.00	0.00	0.00	0.00	0.00	0.00	0.00
	5	0.00	0.00	0.00	0.00	0.00	0.00	0.00	0.00	0.00	0.00
	6	0.00	0.00	0.02	0.00	0.01	0.00	0.00	0.00	0.00	0.00
	7	0.00	0.00	0.03	0.00	0.01	0.00	0.00	0.00	0.00	0.00

注 0-870～0-550m 范围为上游口门区，0-550～0-250m 为停泊段。

停泊段加设浮堤对上游河段口门区的水流条件改变不大，只对停泊段水域的表层水流有一定的阻挡作用，阻水效应沿程累积，越往下游越明显，按水面最大纵向流速不大于 0.50m/s 的要求，只有下泄流量降至 2000m³/s 后才能达到。

5.3.2.3 方案 2 试验情况

根据一线船闸实际运行管理情况，河道下泄流量不超过 2500m³/s 时一线船闸可正常通航。山秀船闸扩能后，一线、二线船闸共用上游引航道，采用浮堤方案，不仅二线船闸通航保证率较低，而且一线船闸的通航保证率也受影响。鉴于河道本身天然通航水流的基础条件较差，原址扩建又有诸多限制，且山区河流 10 年一遇洪水出现的时段很短，综合工程效益、工程投资、施工难度等多方面因素，经与建设单位、管理单位、设计单位协商，将山秀船闸扩能工程的通航标准调整为 2 年一遇 (5380m³/s)，后续试验方案优化在该流量条件下进行。

根据方案 1 的试验情况，停泊段加设浮堤对上游河段口门区的水流条件改变不大：口门区按最大纵向流速不大于 2.00m/s 的要求，只有下泄流量降至 5000m³/s 控泄工况才能达到；停泊段按最大纵向流速不大于 0.50m/s 的要求，只有下泄流量降至 2000m³/s 后才能达到。要想上游引航道满足设计要求，在引航道尺度不变的前提下，必须对整体河势和停泊段防护措施做出较大调整，使口门区的水域成为低流速区，停泊段由低流速区过渡为静水区，这样导航调顺段的水流条件也能满足。

方案 2 布置如图 5.3.36 所示，具体调整措施如下：

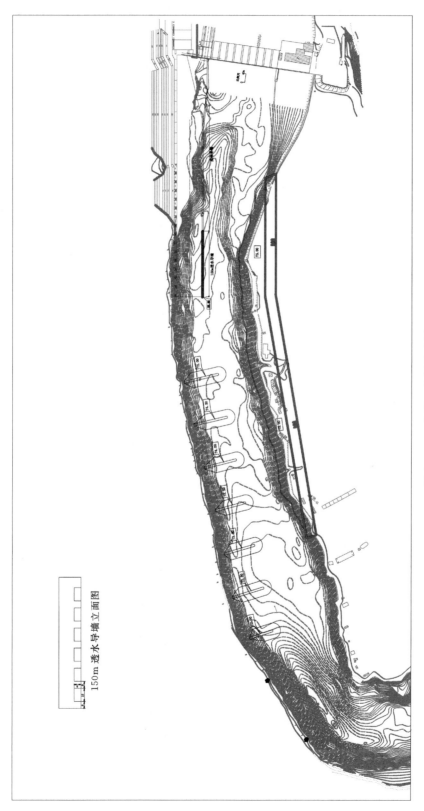

图 5.3.36 方案 2 布置示意图

（1）在上游停泊段范围沿引航道外边线布置导航墙，其中靠近口门区的 150m 为透水式导墙，经口门区进入停泊段的水量可经导墙透水孔流出，避免这部分水体在停泊段水域顶冲扩散形成横流或回流导致流速超标；其余导墙为实体导墙，与一线船闸原墩板式导航相接并将墩板式改造成不透水导墙，在实体导墙防护下，停泊段内流速才能降缓并过渡至导航调顺段形成静水区。

（2）因引航道宽度约占河宽的 1/3，引航道外边线布置导航墙后河道过流宽度束窄较多，为降低对河道泄洪的影响，同时为河势调整提供操作空间，将上游引航道对岸进行扩挖，扩挖后的河岸能与上游岸线平顺连接。

（3）上游航道从河道弯段末端起沿程布置 7 道潜坝，潜坝间距 100m，潜坝顶高程从 72.00m 逐渐增加至 75.00m，坝顶高程逐渐增加可避免在潜坝顶部出现明显集中的水面跌落，减少对船舶通行产生的不利影响。在潜坝群沿程作用下，河道主流逐渐被挑离左岸，趋于河道中间流动，上游引航道区域的流速值沿程降低，口门区处于低流速区，且进入停泊段的水量减少、流速降低，可明显改善停泊段的通航水流条件。

方案 2 布置条件下，5380m³/s 工况，上游引航道口门区、停泊段的流速指标满足规范要求，导航段和调顺段基本为静水区，上游引航道的通航标准可提高至 2 年一遇。

5000m³/s 流量敞泄工况，对应上游最低通航水位；5000m³/s 流量控泄工况是泄水闸控泄的最大过流工况，和敞泄工况相比上游水位升高，上游潜坝群淹没水深加大，潜坝群对河势的调整效果可能发生变化；故上述两工况均需要在方案 2 条件下验证上游引航道的通航水流条件。试验表明，这两个典型工况上游引航道的水流条件与 2 年一遇工况比较接近，均能满足通航要求。小流量工况河道流速趋缓，通航条件易于满足，不作赘述。上游口门区及停泊段的流态如图 5.3.37～图 5.3.39 所示，流速分布如图 5.3.40～图 5.3.42 所示，流速分量见表 5.3.10。

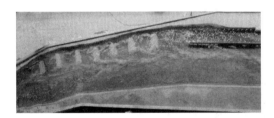
图 5.3.37　上游引航道流态（$Q_{50\%}=5380\text{m}^3/\text{s}$）

图 5.3.38　上游引航道流态（$Q_{敞}=5000\text{m}^3/\text{s}$）

图 5.3.39　上游引航道流态（$Q_{控}=5000\text{m}^3/\text{s}$）

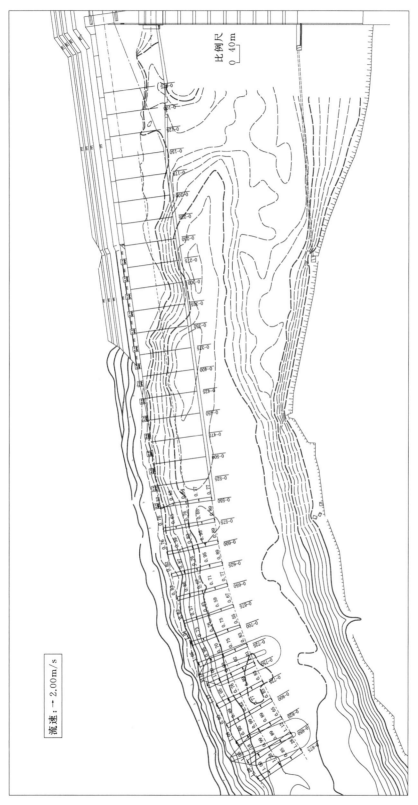

图 5.3.40　上游引航道流速分布（$Q_{50\%}=5380\,\mathrm{m^3/s}$）（流速单位：m/s）

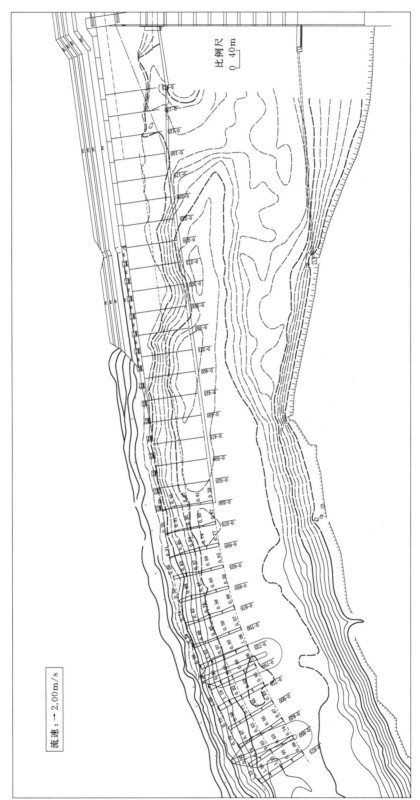

图 5.3.41 上游引航道流速分布（Q=5000m³/s，上游最低通航水位）（流速单位：m/s）

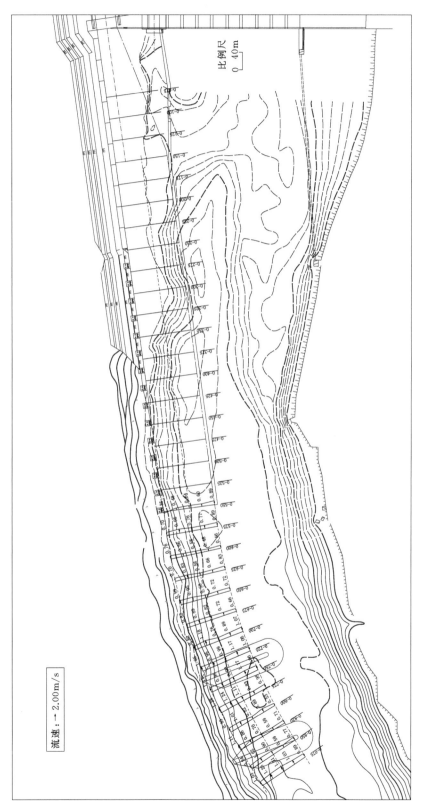

图 5.3.42 上游引航道流速分布（Q＝5000m³/s，联合运行）（流速单位：m/s）

表 5.3.10 二线船闸上游引航道流速分量表（方案 2）

断面 /m	测点	5380m³/s		5000m³/s 敞		5000m³/s 控	
		纵向	横向	纵向	横向	纵向	横向
0－875	1	1.26	0.00	1.12	0.00	1.03	0.00
	2	1.00	0.00	1.05	0.00	1.26	0.00
	3	1.28	0.00	1.11	0.00	1.31	0.00
	4	0.85	0.00	0.93	0.00	1.03	0.00
	5	1.28	0.00	0.99	0.00	0.89	0.00
	6	1.05	0.00	0.92	0.00	0.84	0.00
	7	1.18	0.00	0.78	0.00	1.02	0.00
0－850	1	0.99	0.00	0.83	0.00	0.90	0.00
	2	0.89	0.00	0.63	0.00	0.59	0.00
	3	1.12	0.00	0.74	0.00	0.77	0.00
	4	1.09	0.00	0.70	0.00	1.11	0.00
	5	0.95	0.00	0.47	0.00	0.86	0.00
	6	0.99	0.00	0.53	0.00	0.70	0.00
	7	0.89	0.00	0.56	0.00	0.59	0.00
0－825	1	0.65	0.00	0.87	0.00	0.71	0.00
	2	0.93	0.00	0.73	0.00	0.99	0.00
	3	0.89	0.00	0.58	0.00	1.01	0.00
	4	0.82	0.00	0.71	0.00	0.52	0.00
	5	0.77	0.00	0.65	0.00	0.89	0.00
	6	0.83	0.00	0.83	0.00	0.53	0.00
	7	1.17	0.00	1.05	0.00	1.28	0.00
0－800	1	1.05	0.00	1.19	0.00	1.24	0.00
	2	0.76	0.00	0.82	0.00	1.11	0.00
	3	0.89	0.00	0.93	0.00	0.83	0.00
	4	0.83	0.00	0.95	0.00	0.95	0.00
	5	1.11	0.00	1.28	0.00	1.11	0.00
	6	1.00	0.00	0.99	0.00	0.95	0.00
	7	0.99	0.00	0.95	0.00	0.99	0.00
0－775	1	1.02	0.00	0.89	0.00	1.17	0.00
	2	1.01	0.00	1.06	0.00	1.06	0.00
	3	1.05	0.00	0.99	0.00	1.05	0.00
	4	0.95	0.00	1.01	0.00	0.95	0.00
	5	0.70	0.00	0.97	0.00	0.99	0.00
	6	0.75	0.00	0.93	0.00	1.17	0.00
	7	0.83	0.00	1.06	0.00	1.06	0.00

续表

断面/m	测点	5380m³/s		5000m³/s 敞		5000m³/s 控	
		纵向	横向	纵向	横向	纵向	横向
0-750	1	1.01	0.00	0.78	0.00	0.82	0.00
	2	0.73	0.00	0.48	0.00	1.18	0.00
	3	0.76	0.00	0.45	0.00	0.76	0.00
	4	0.75	0.00	0.59	0.00	0.89	0.00
	5	0.55	0.00	0.57	0.00	1.07	0.00
	6	0.62	0.00	0.74	0.00	0.82	0.00
	7	0.57	0.00	0.42	0.00	0.89	0.00
0-725	1	0.45	0.00	0.76	0.00	0.82	0.00
	2	0.59	0.00	0.59	0.00	0.72	0.00
	3	0.67	0.00	0.89	0.00	0.66	0.00
	4	0.82	0.00	0.58	0.00	0.99	0.00
	5	0.86	0.00	0.89	0.00	0.95	0.00
	6	0.67	0.00	0.47	0.00	0.58	0.00
	7	0.71	0.00	0.65	0.00	0.72	0.00
0-700	1	0.77	0.00	0.58	0.10	0.72	0.00
	2	0.82	0.00	0.66	0.00	0.70	0.00
	3	0.87	0.00	0.83	0.00	0.83	0.00
	4	0.76	0.00	0.37	0.00	0.58	0.00
	5	0.95	0.00	0.59	0.00	0.66	0.00
	6	0.89	0.00	0.63	0.00	0.83	0.00
	7	0.76	0.00	−0.31	0.00	0.76	0.00
0-675	1	0.59	0.00	0.43	0.16	0.66	0.00
	2	0.82	0.00	0.64	0.00	0.58	0.00
	3	0.95	0.00	0.74	0.00	0.48	0.00
	4	0.89	0.00	0.77	0.00	0.66	0.00
	5	0.76	0.00	−0.35	0.00	0.70	0.00
	6	0.65	0.00	0.30	0.08	0.95	0.00
	7	0.76	0.00	0.30	0.00	0.76	0.00
0-650	1	0.65	0.00	0.30	0.00	0.77	0.00
	2	0.89	0.00	0.67	0.00	0.89	0.00
	3	−0.37	0.00	−0.33	0.00	−0.35	0.00
	4	0.64	0.11	0.45	0.00	0.48	0.00
	5	0.64	0.00	0.37	0.00	0.64	0.00
	6	0.77	0.00	0.41	0.00	0.60	0.00
	7	0.77	0.00	0.59	0.00	0.89	0.00

续表

断面 /m	测点	5380m³/s		5000m³/s 敞		5000m³/s 控	
		纵向	横向	纵向	横向	纵向	横向
0-625	1	1.26	0.00	1.12	0.00	1.03	0.00
	2	1.00	0.00	1.05	0.00	1.26	0.00
	3	1.28	0.00	1.11	0.00	1.31	0.00
	4	0.85	0.00	0.93	0.00	1.03	0.00
	5	1.28	0.00	0.99	0.00	0.89	0.00
	6	1.05	0.00	0.92	0.00	0.84	0.00
	7	1.18	0.00	0.78	0.00	1.02	0.00
0-600	1	0.99	0.00	0.83	0.00	0.90	0.00
	2	0.89	0.00	0.63	0.00	0.59	0.00
	3	1.12	0.00	0.74	0.00	0.77	0.00
	4	1.09	0.00	0.70	0.00	1.11	0.00
	5	0.95	0.00	0.47	0.00	0.86	0.00
	6	0.99	0.00	0.53	0.00	0.70	0.00
	7	0.89	0.00	0.56	0.00	0.59	0.00
0-575	1	0.65	0.00	0.87	0.00	0.71	0.00
	2	0.93	0.00	0.73	0.00	0.99	0.00
	3	0.89	0.00	0.58	0.00	1.01	0.00
	4	0.82	0.00	0.71	0.00	0.52	0.00
	5	0.77	0.00	0.65	0.00	0.89	0.00
	6	0.83	0.00	0.83	0.00	0.53	0.00
	7	1.17	0.00	1.05	0.00	1.28	0.00
0-550	1	1.05	0.00	1.19	0.00	1.24	0.00
	2	0.76	0.00	0.82	0.00	1.11	0.00
	3	0.89	0.00	0.93	0.00	0.83	0.00
	4	0.83	0.00	0.95	0.00	0.95	0.00
	5	1.11	0.00	1.28	0.00	1.11	0.00
	6	1.00	0.00	0.99	0.00	0.95	0.00
	7	0.99	0.00	0.95	0.00	0.99	0.00

5.4 应用效果分析

（1）大藤峡上游口门区的水流条件对于通航来说是非常恶劣的：①流量大，10 年一遇最大通航流量达到 35200m³/s；②口门区位于峡谷出口，河面不开阔；③工程上游受弯道水流影响，河道左侧水流集中、右侧为弱流区。而工程方案上口门区布置在左侧，正对峡谷主流出口，原设计导航墙方案完全不能满足通航要求。

推荐的优化方案对原方案进行了多项重大修改：①口门区整体左移，避开峡谷主流；②利用弃渣将口门区和连接段附近河床整体填高至满足最小通航水深的 38.2m 高程，通过增大河道左侧的整体阻力调整河道断面上的流量分配，以减小口门区的入流流量，同时解决了部分弃渣堆放的问题；③将实体导航墙改为排桩，避免了分流口前沿形成的横向水流集中，使得水流在口门区长度方向上均匀横向出流，以满足水流横向流速指标，同时节省了工程量。

（2）大藤峡下游口门区原设计方案是导航墙方案：①下游水位高，导航墙高且宽；②为修建导航墙需做很大的范围的围堰，围堰工程量大，施工复杂，工期长；③施工围堰占据河道很大的过流空间，产生严重的阻水效应，需在对岸进行大面积的开挖补偿。

推荐优化方案对原方案进行了重大修改：①对河道开挖形态进行了调整，在不增大开挖量的情况下对不利流态进行调顺，不仅改善口门区水流条件，而且利于河势长期稳定；②将实体导航墙改为多排排桩型式，不仅解决了口门区通航水流条件的问题，而且节省了混凝土浇筑量，采用水下打桩技术可以不需做围堰，极大简化了施工过程，缩短口门区施工工期。

（3）红花水利枢纽二线船闸与一线船闸邻近平行布置，水流条件复杂，为不影响一线船闸通航的条件下满足二线船闸口门区的通航水流条件，试验对比不透水式导流隔墙和排桩式透水隔墙两套方案，以排桩式透水隔墙的水流条件好、施工简单而作为推荐方案。

（4）山秀船闸扩建原设计方案按停泊段最大纵向流速不大于 0.50m/s 的要求，只有下泄流量降至 1000m³/s 后才能达到。浮式隔流堤方案按停泊段最大纵向流速不大于 0.50m/s 的要求只有下泄流量降至 2000m³/s 后才能达到。采用"对岸扩挖＋潜坝群＋排桩挂板"的优化措施，上游引航道口门区、停泊段的流速指标满足规范要求，导航段和调顺段基本为静水区，上游引航道的通航标准可提高至 2 年一遇。

第6章

排桩整流技术在潮汐河口中的应用

6.1 排桩整流技术在白花头水利枢纽工程中的应用研究

中顺大围位于珠江出海口横门和磨刀门之间，东侧自上而下紧邻东海水道、小榄水道和横门水道；西侧濒临西江主流西海水道、海州水道和磨刀门水道，地处广东省中山市的西北部和佛山市顺德区的南部，跨中山、佛山两个行政区。全围总集雨面积 779.21km²，主要功能是防洪、挡潮，是广东省五大重要堤围之一（图 6.1.1）。

近年来，由于上游洪水和下游风暴潮的袭击，致使大围地区洪、涝、暴潮等自然灾害交错频繁地出现，给围内工农业生产和人民生命财产安全带来严重威胁。2011 年 9 月中山市水利水电勘测设计咨询有限公司编制完成了《中山市中顺大围排涝规划（2010—2020）》，对中顺大围水利排涝进行总体规划，中山市人民政府以文件《关于中顺大围排涝规划的批复》（中府办复〔2012〕76 号）对其进行了批复，同意规划成果。规划将中顺大围排涝划分为东西片区和南片区两大片区，其中东西片区可划分为小榄、东升、均安、东河、古镇、横栏、全禄、板芙河西、西河共 9 个分区；南片区可划分为麻子冲、古宥、南镇共 3 个分区。东西分区的东河口分区主要包含火炬开发区、部分城区、部分港口镇以及部分沙溪镇，目前分区内的排涝主要依托于东河口水闸及泵站。为了解决中顺大围的内涝问题，在充分发挥东河泵站排涝效益的同时，避免加大东河泵站排水主干渠——岐江河——的排水压力，拟在白花头涌出口处新建白花头泵站和水闸，将汇入浅水湖上游的来水就近排出，以便给东河泵站腾出足够排涝容量排除中山城区涝水，减轻其排涝压力，从而更好地解决城区内涝的问题。

6.1.1 白花头水利枢纽工程概况

白花头水利枢纽工程位于中顺大围东干堤的白花头涌出口，属于Ⅰ等大（1）型水利工程，主要包括白花头泵站工程、水闸工程以及配套排水主干渠整治工程，泵站、水闸防洪标准按 100 年一遇洪水设计，200 年一遇洪水校核。泵站和水闸分开布置，泵站采用堤后式布置，如图 6.1.2 所示。白花头涌作为泵站排水主干渠，其河道中心线与泵站中心线重合，白花头泵站采用正向进水、侧向出水。泵站副厂房位于主厂房的外河侧，与主厂房联建；安装检修间布置于泵站主厂房西侧，下堤路布置于安装检修间侧。水闸布置于泵站东侧，为改善水闸出水流态，水闸中心线与泵站中心线、白花头涌河道中心线之间均成60°夹角，在泵站与水闸之间设有中心岛，管理区布置于中心岛空地上。

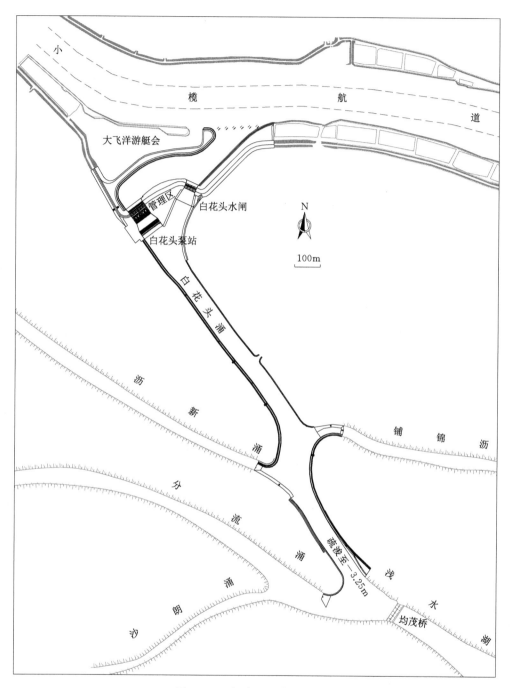

图 6.1.1　拟建工程附近水系图

6.1.1.1　白花头泵站

白花头泵站由引渠、连接桥、清污桥、前池、泵房、出水涵及防洪闸、消力池、海漫等组成，如图 6.1.3 所示。厂房型式为堤后式，主厂房尺寸为 $23.8\text{m} \times 70.2\text{m}$，配备 6 台 3800ZGB45-3 型水泵，单台设计最大扬程为 2.5m，单泵设计流量为 $49.3\text{m}^3/\text{s}$。白花头

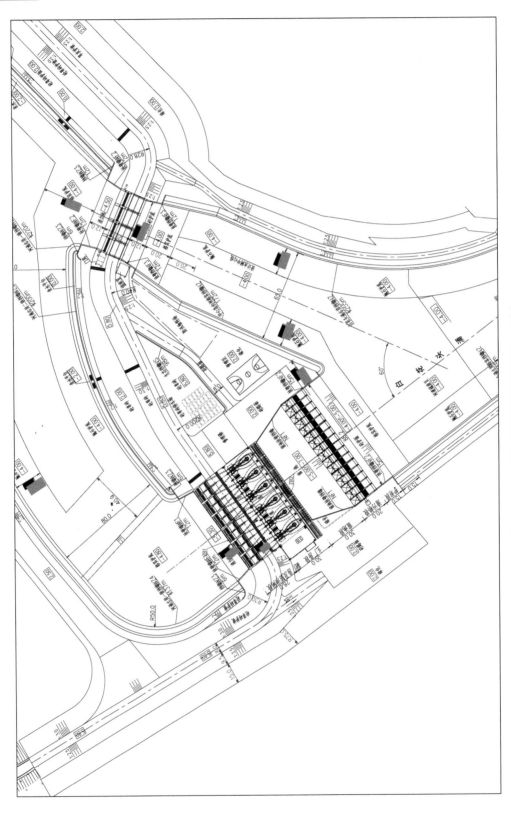

图 6.1.2 白花头水利枢纽平面布置图（单位：m）

泵站设计排水量为 271.9m³/s，设计运行内、外水位分别 0.0m、1.9m，泵站最高运行内、外水位分别为 1.3m、3.8m，泵站最低运行内、外水位分别为 −0.5m、−0.3m。泵站防洪闸校核防洪（潮）水位为 3.94m（$P=0.5\%$），设计防洪（潮）水位为 3.80m（$P=1.0\%$）。

6.1.1.2 白花头水闸

白花头水闸由内河连接段、闸室段、外河连接段组成，如图 6.1.4 所示。水闸闸室总净宽为 40.0m，共 4 孔，2 孔一联，闸室顺水流方向长 18.0m。其中泵站侧边孔为船厂游艇备用出口，最大船型为 27.5m×5.83m，吃水深度 1.0m，其余 3 孔均无过船要求。闸室底板面高程为 −4.0m，闸墩顶高程为 5.8m，闸门槽及启闭房布置于闸室上部外江侧，闸槽中心线布置于闸室外江侧的 7.0m 处。白花头水闸设计最大排水量为 319.9m³/s，校核防洪（潮）水位 3.94m，设计防洪（潮）水位 3.8m。

6.1.1.3 排水渠整治工程

排水渠属于泵站和水闸的配套工程，其整治范围为：起于分流涌口，止于泵站前池和水闸引渠段，总长度为 1.81km，其中白花头涌主干渠 1.61km，水闸排水渠段 0.20km。为保证泵站和水闸排水顺畅，综合考虑现状渠底高程、疏浚工程量、渠底冲刷等因素，初拟起点分流涌涌口河底高程为 −3.25m，到泵站或闸前，河床高程为 −4.00m，分别与泵站清污桥和水闸护坦平顺连接，排水主干渠渠底纵坡为 0.5‰。排水主干渠过流断面为复式断面，主槽宽 65m，主槽岸墙采用直立式岸墙结构，为提高排水渠的亲水性，设宽 2m 亲水平台，平台以上以 1:2 放坡至提顶高程。

6.1.1.4 调度原则和调度方式

1. 调度原则

中顺大围白花头水利枢纽工程为中顺大围重要的排涝工程，主要功能为防洪（潮）、排涝，其调度运用遵循以下原则：

（1）泵站和水闸的调度运用应符合中顺大围洪水调度运用原则，由中山市水务局统一调度、分级管理。

（2）排水期间，外江水位低于内河涌水位时，在保证安全的前提下，通过水闸自排；当外河水位顶托，内河水位无法通过水闸自排时，通过泵站电排。

（3）及时掌握天气及河涌水情变化，在充分掌握受益范围内各行各业对生产、生活用水需求的基础上，确定泵站、水闸具体运行、调度、管理方案。

2. 调度方式

（1）根据天气预报，在暴雨来临前，先将中顺大围各分区内河涌水位通过水闸在外江低潮位时预排至起排水位。

（2）在暴雨来临后，先开启部分机组，将内河涌水位抽排至河涌允许的最低水位 0.0m。

（3）当来水量小于泵站设计排水量时，开启部分机组排水，来多少排多少。

（4）当来水量大于泵站设计排水量时，开启全部机组排水，随着来水量增大，内河涌水位逐渐升高，当内河涌水位高于外江水位时，采用水闸排水，控制内河涌水位不超过区域平均最高水位 1.3m。

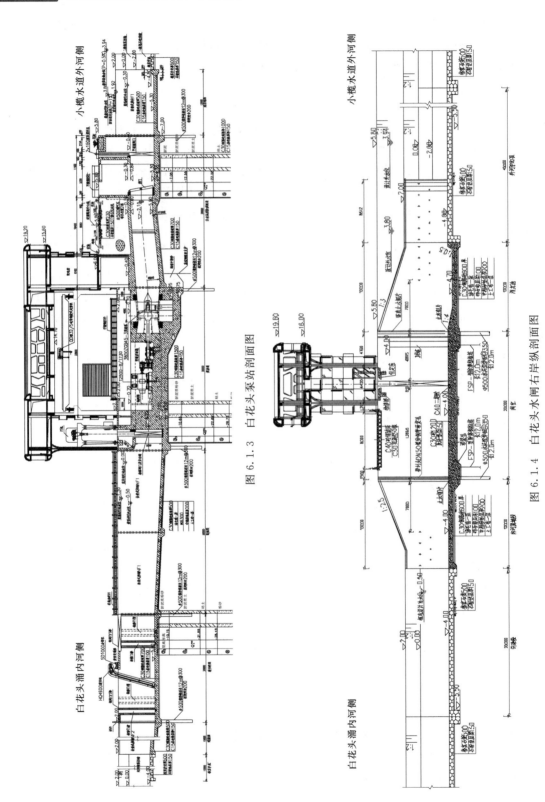

图 6.1.3 白花头泵站剖面图

图 6.1.4 白花头水闸右岸纵剖面图

6.1.1.5　小榄水道通航条件

小榄水道现状航道等级为Ⅲ级，通航1000t级船舶，小榄航道（横门口-中山港大桥）段，维护尺度为：航道水深4m，航宽120m，最小弯曲半径580m。小榄航道（中山港大桥-莺歌咀）段，维护尺度为：航道水深4m，航宽80m，最小弯曲半径480m。根据《广东大飞洋游艇设备有限公司十里堤岸游艇码头通航论证报告》（广东正方圆咨询有限公司，2013年4月），小榄水道工程段最高通航水位为3.29m（20年一遇），最低通航水位为－0.85m（98％保证率）。

6.1.2　汇流口整流方案及优化研究

枢纽排涝对小榄航道通航影响随小榄水道涨落潮流态变化而变化，且小榄水道水位越低影响可能会越大。为偏于安全考虑，试验选取了小榄水道一个完整的枯季代表潮型（"01·2"），配合水闸设计自排流量（$Q=319.9\mathrm{m}^3/\mathrm{s}$），分别进行了24组试水试验，最终确定以下5种典型工况，作为本次试验研究工况。见表6.1.1。

表 6.1.1　　　　　　　　　　　　　小榄水道通航影响试验工况

试验工况	小榄水道上游流量 /(m³/s)	外江水位 /m	闸排流量 /(m³/s)	泵排流量 /(m³/s)
20年一遇设计洪水	3345.0	3.29（最高通航）	0.0	271.9
"01·2"落憩	27.0	－0.85（最低通航）	319.9	0.0
"01·2"转流	0.0	0.00	319.9	0.0
"01·2"涨潮中期	－516	0.29	319.9	0.0
"01·2"涨急	－1109	0.93	319.9	0.0

6.1.2.1　设计方案及通航水流条件

1. 流态分析

图6.1.5～图6.1.14分别为工程前后，小榄水道工程段水流流态。

 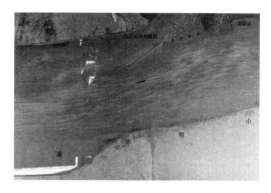

图 6.1.5　工程前小榄水道流态（20年一遇　　　　图 6.1.6　工程后小榄水道流态（20年一遇
设计洪水，最高通航水位）　　　　　　　　　　设计洪水，最高通航水位）

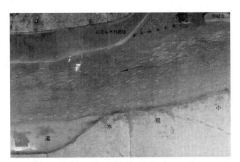

图 6.1.7 工程前小榄水道流态（"01·2"
落憩，最低通航水位）

图 6.1.8 工程后小榄水道流态（"01·2"
落憩，最低通航水位）

图 6.1.9 工程前小榄水道流态
（"01·2"，转流）

图 6.1.10 工程后小榄水道流态
（"01·2"，转流）

图 6.1.11 工程前小榄水道流态
（"01·2"，涨潮中期）

图 6.1.12 工程后小榄水道流态
（"01·2"，涨潮中期）

图 6.1.13 工程前小榄水道流态
（"01·2"，涨急）

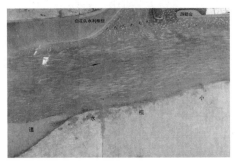

图 6.1.14 工程后小榄水道流态
（"01·2"，涨急）

由图 6.1.5～图 6.1.7 可见，小榄水道为感潮河段，其流向随涨落潮变化而变化。工程前各试验工况下，小榄水道工程段流态平顺，主流位于深槽位置，小榄航道走向基本平行于主流，航道内无明显不利流态。

结合图 6.1.8～图 6.1.14 可见，工程后，白花头水利枢纽出水口主流集中，且主流位置随外江涨落潮变化而变化。具体来看：

（1）当小榄水道以洪为主时枢纽出水口主流主要位于小榄水道下游 5、6 号导流孔（自小榄水道上游至下游导流孔依次编号为 1、2、…、6，图 6.1.5，下同），如图 6.1.6 所示。

（2）当小榄水道以潮为主且处于落憩、转流以及涨潮中期时，枢纽出水口主流集中在 3、4 号导流孔，如图 6.1.8～图 6.1.12 所示。

（3）当小榄水道以潮为主且处于涨急时，枢纽出水口主流集中在上游 1、2 号导流孔，如图 6.1.14 所示。

进一步结合小榄航道控制线位置可以看出，枢纽的排涝对小榄航道流态的影响，也随外江涨落潮变化而不同。具体来看如下：

（1）当小榄水道转流时（由落转涨），枢纽排涝对小榄航道形成顶冲之势，横向流速明显，航道内有大范围回流，该工况下流态对小榄水道通航最为不利，如图 6.1.10 所示。

（2）当小榄水道处于涨潮中期时，枢纽排涝使得小榄航道工程段主流向左岸偏移，枢纽出水口主流与小榄航道夹角约为 60°，大飞洋游艇会进口水域回流明显，可能会影响游艇会的正常运营，如图 6.1.12 所示。

（3）当小榄水道落憩时，枢纽排涝使得小榄航道工程段主流略向左岸偏移，枢纽出水口主流与小榄航道夹角约为 30°，如图 6.1.8 所示。

（4）当小榄水道涨急（图 6.1.14）或者以洪为主时（图 6.1.6），枢纽排涝对小榄航道流态无明显不利影响。

综上，初设方案下，拟建枢纽出水口主流随小榄水道涨落潮变化而变化，枢纽消能设施作用不大，出水口横向流速分布不均匀，水流集中进入小榄水道。

2. 横向流速分析

航道内的横向流速，是指水流流速在航道法线方向上的分量，它是衡量航道水流条件的重要指标之一。目前，针对天然航道内的横向流速大小，我国暂无统一的规范要求，《内河通航标准》（GB 50139—2014）规定Ⅰ～Ⅳ级船闸口门区横向流速一般不宜大于 0.3m/s，Ⅴ～Ⅶ级船闸口门区横向流速一般不宜大于 0.25m/s。以上规定对于天然航道来说过于苛刻，但本次研究从保证工程安全的角度出发，仍采用以上标准作为参照依据。

为了定量分析枢纽排涝后小榄水道工程段横向流速的大小，本次研究在拟建枢纽口门区上下游选取了 8 个断面共计 39 个流速采样分析点，其中 1-2 号～8-2 号位于小榄航道右侧控制线上，1-3 号～8-3 号位于小榄航道中心线上，1-4 号～8-4 号位于小榄航道左侧控制线上，如图 6.1.15 所示。表 6.1.2～表 6.1.6 分别列出了各试验工况下工程前后各采样点横向流速大小及其变化值。

结合表 6.1.2～表 6.1.6 可以看出，工程前小榄航道工程段各采样点横向流速均为 0.00m/s。工程后，枢纽排涝对小榄航道横向流速的影响主要集中在 2 号断面与 5 号断面

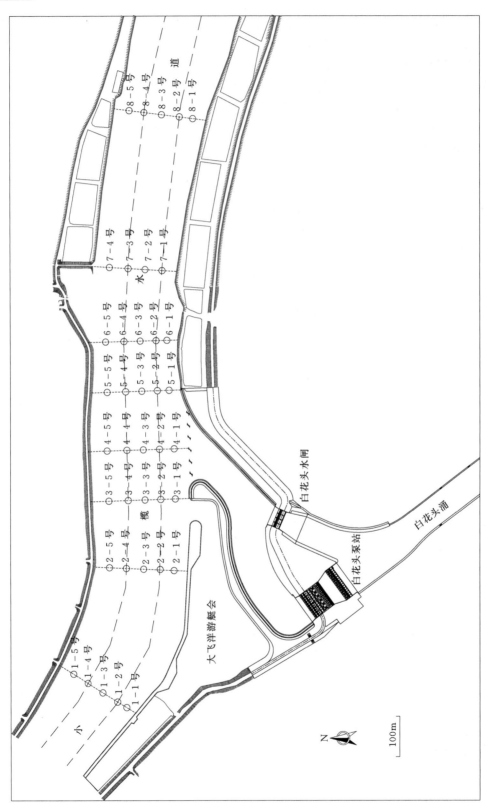

图 6.1.15　小榄水道流速采样点分布图

之间，入小榄航道最大横向流速均出现在小榄航道右侧控制线 4－2 号点处。各试验工况下，入小榄航道最大横向流速出现在小榄水道转流（由落转涨）时刻，约为 0.72m/s（4－2 号点处），是规范上限值的 2.4 倍左右，可能会影响小榄航道的正常通航，见表 6.1.2；其次小榄水道落憩时刻，入小榄航道最大横向流速也可达 0.67m/s，见表 6.1.5；小榄水道涨潮中期以及涨急时刻，入小榄航道最大横向流速分别为 0.62m/s、0.28m/s，见表 6.1.3、表 6.1.4；当小榄水道遭遇 20 年一遇设计洪水时，枢纽排涝对小榄航道通航影响最小，最大横向流速仅为 0.03m/s，见表 6.1.6。

表 6.1.2　　　　工程前后小榄航道横向流速统计成果（"01·2"，转流）

点号	横向流速/(m/s)			点号	横向流速/(m/s)			点号	横向流速/(m/s)		
	工程前	初设方案	变化值		工程前	初设方案	变化值		工程前	初设方案	变化值
1－1 号	0.00	0.00	0.00	3－4 号	0.00	0.00	0.00	6－2 号	0.00	0.00	0.00
1－2 号	0.00	0.00	0.00	3－5 号	0.00	0.00	0.00	6－3 号	0.00	0.00	0.00
1－3 号	0.00	0.00	0.00	4－1 号	0.00	0.87	0.87	6－4 号	0.00	0.00	0.00
1－4 号	0.00	0.00	0.00	4－2 号	0.00	0.72	0.72	6－5 号	0.00	0.00	0.00
1－5 号	0.00	0.00	0.00	4－3 号	0.00	0.54	0.54	7－1 号	0.00	0.00	0.00
2－1 号	0.00	0.00	0.00	4－4 号	0.00	0.34	0.34	7－2 号	0.00	0.00	0.00
2－2 号	0.00	0.00	0.00	4－5 号	0.00	0.12	0.12	7－3 号	0.00	0.00	0.00
2－4 号	0.00	0.00	0.00	5－1 号	0.00	0.12	0.12	8－1 号	0.00	0.00	0.00
2－5 号	0.00	0.00	0.00	5－2 号	0.00	0.06	0.06	8－2 号	0.00	0.00	0.00
3－1 号	0.00	0.05	0.05	5－3 号	0.00	0.05	0.05	8－3 号	0.00	0.00	0.00
3－2 号	0.00	0.02	0.02	5－4 号	0.00	0.07	0.07	8－4 号	0.00	0.00	0.00
3－3 号	0.00	0.08	0.08	5－5 号	0.00	0.06	0.06	8－5 号	0.00	0.00	0.00
				6－1 号	0.00	0.00	0.00				

表 6.1.3　　　　工程前后小榄航道横向流速统计成果（"01·2"，涨潮中期）

点号	横向流速/(m/s)			点号	横向流速/(m/s)			点号	横向流速/(m/s)		
	工程前	初设方案	变化值		工程前	初设方案	变化值		工程前	初设方案	变化值
1－1 号	0.00	0.00	0.00	3－4 号	0.00	0.21	0.21	6－2 号	0.00	0.00	0.00
1－2 号	0.00	0.00	0.00	3－5 号	0.00	0.00	0.00	6－3 号	0.00	0.00	0.00
1－3 号	0.00	0.00	0.00	4－1 号	0.00	0.81	0.81	6－4 号	0.00	0.00	0.00
1－4 号	0.00	0.00	0.00	4－2 号	0.00	0.62	0.62	6－5 号	0.00	0.00	0.00
1－5 号	0.00	0.00	0.00	4－3 号	0.00	0.28	0.28	7－1 号	0.00	0.00	0.00
2－1 号	0.00	0.05	0.05	4－4 号	0.00	0.12	0.12	7－2 号	0.00	0.00	0.00
2－2 号	0.00	0.33	0.33	4－5 号	0.00	0.00	0.00	7－3 号	0.00	0.00	0.00
2－3 号	0.00	0.33	0.33	5－1 号	0.00	0.00	0.00	7－4 号	0.00	0.00	0.00
2－4 号	0.00	0.21	0.21	5－2 号	0.00	0.00	0.00	8－1 号	0.00	0.00	0.00
2－5 号	0.00	0.12	0.12	5－3 号	0.00	0.00	0.00	8－2 号	0.00	0.00	0.00
3－1 号	0.00	0.73	0.73	5－4 号	0.00	0.00	0.00	8－3 号	0.00	0.00	0.00
3－2 号	0.00	0.56	0.56	5－5 号	0.00	0.00	0.00	8－4 号	0.00	0.00	0.00
3－3 号	0.00	0.44	0.44	6－1 号	0.00	0.00	0.00	8－5 号	0.00	0.00	0.00

表 6.1.4　　　　工程前后小榄航道横向流速统计成果（"01·2"，涨急）

点号	横向流速/(m/s)			点号	横向流速/(m/s)			点号	横向流速/(m/s)		
	工程前	初设方案	变化值		工程前	初设方案	变化值		工程前	初设方案	变化值
1-1号	0.00	0.00	0.00	3-4号	0.00	0.12	0.12	6-2号	0.00	0.00	0.00
1-2号	0.00	0.00	0.00	3-5号	0.00	0.00	0.00	6-3号	0.00	0.00	0.00
1-3号	0.00	0.00	0.00	4-1号	0.00	0.56	0.56	6-4号	0.00	0.00	0.00
1-4号	0.00	0.00	0.00	4-2号	0.00	0.28	0.28	6-5号	0.00	0.00	0.00
1-5号	0.00	0.00	0.00	4-3号	0.00	0.10	0.10	7-1号	0.00	0.00	0.00
2-1号	0.00	0.00	0.00	4-4号	0.00	0.00	0.00	7-2号	0.00	0.00	0.00
2-2号	0.00	0.00	0.00	4-5号	0.00	0.00	0.00	7-3号	0.00	0.00	0.00
2-3号	0.00	0.00	0.00	5-1号	0.00	0.00	0.00	7-4号	0.00	0.00	0.00
2-4号	0.00	0.00	0.00	5-2号	0.00	0.00	0.00	8-1号	0.00	0.00	0.00
2-5号	0.00	0.00	0.00	5-3号	0.00	0.00	0.00	8-2号	0.00	0.00	0.00
3-1号	0.00	0.44	0.44	5-4号	0.00	0.00	0.00	8-3号	0.00	0.00	0.00
3-2号	0.00	0.38	0.38	5-5号	0.00	0.00	0.00	8-4号	0.00	0.00	0.00
3-3号	0.00	0.25	0.25	6-1号	0.00	0.00	0.00	8-5号	0.00	0.00	0.00

表 6.1.5　　工程前后小榄航道横向流速统计成果（"01·2"落憩，最低通航水位）

点号	横向流速/(m/s)			点号	横向流速/(m/s)			点号	横向流速/(m/s)		
	工程前	初设方案	变化值		工程前	初设方案	变化值		工程前	初设方案	变化值
1-1号	0.00	0.00	0.00	3-4号	0.00	0.00	0.00	6-2号	0.00	0.00	0.00
1-2号	0.00	0.00	0.00	3-5号	0.00	0.00	0.00	6-3号	0.00	0.00	0.00
1-3号	0.00	0.00	0.00	4-1号	0.00	1.04	1.04	6-4号	0.00	0.00	0.00
1-4号	0.00	0.00	0.00	4-2号	0.00	0.67	0.67	6-5号	0.00	0.00	0.00
1-5号	0.00	0.00	0.00	4-3号	0.00	0.43	0.43	7-1号	0.00	0.00	0.00
2-1号	0.00	0.00	0.00	4-4号	0.00	0.22	0.22	7-2号	0.00	0.00	0.00
2-2号	0.00	0.00	0.00	4-5号	0.00	0.05	0.05	7-3号	0.00	0.00	0.00
2-3号	0.00	0.00	0.00	5-1号	0.00	0.28	0.28	7-4号	0.00	0.00	0.00
2-4号	0.00	0.00	0.00	5-2号	0.00	0.13	0.13	8-1号	0.00	0.00	0.00
2-5号	0.00	0.00	0.00	5-3号	0.00	0.05	0.05	8-2号	0.00	0.00	0.00
3-1号	0.00	0.00	0.00	5-4号	0.00	0.00	0.00	8-3号	0.00	0.00	0.00
3-2号	0.00	0.00	0.00	5-5号	0.00	0.00	0.00	8-4号	0.00	0.00	0.00
3-3号	0.00	0.00	0.00	6-1号	0.00	0.00	0.00	8-5号	0.00	0.00	0.00

表 6.1.6   工程前后小榄航道横向流速统计成果（20 年一遇，最高通航水位）

点号	横向流速/（m/s）			点号	横向流速/（m/s）			点号	横向流速/（m/s）		
	工程前	初设方案	变化值		工程前	初设方案	变化值		工程前	初设方案	变化值
1－1 号	0.00	0.00	0.00	3－4 号	0.00	0.00	0.00	6－2 号	0.00	0.00	0.00
1－2 号	0.00	0.00	0.00	3－5 号	0.00	0.00	0.00	6－3 号	0.00	0.00	0.00
1－3 号	0.00	0.00	0.00	4－1 号	0.00	0.10	0.10	6－4 号	0.00	0.00	0.00
1－4 号	0.00	0.00	0.00	4－2 号	0.00	0.03	0.03	6－5 号	0.00	0.00	0.00
1－5 号	0.00	0.00	0.00	4－3 号	0.00	0.00	0.00	7－1 号	0.00	0.00	0.00
2－1 号	0.00	0.00	0.00	4－4 号	0.00	0.00	0.00	7－2 号	0.00	0.00	0.00
2－2 号	0.00	0.00	0.00	4－5 号	0.00	0.00	0.00	7－3 号	0.00	0.00	0.00
2－3 号	0.00	0.00	0.00	5－1 号	0.00	0.10	0.10	7－4 号	0.00	0.00	0.00
2－4 号	0.00	0.00	0.00	5－2 号	0.00	0.00	0.00	8－1 号	0.00	0.00	0.00
2－5 号	0.00	0.00	0.00	5－3 号	0.00	0.00	0.00	8－2 号	0.00	0.00	0.00
3－1 号	0.00	0.00	0.00	5－4 号	0.00	0.00	0.00	8－3 号	0.00	0.00	0.00
3－2 号	0.00	0.00	0.00	5－5 号	0.00	0.00	0.00	8－4 号	0.00	0.00	0.00
3－3 号	0.00	0.00	0.00	6－1 号	0.00	0.00	0.00	8－5 号	0.00	0.00	0.00

综上，设计方案枢纽排涝对小榄航道的影响主要与小榄水道过流量有关，过流量越大影响越小，过流量越小则影响越大。小榄水道转流时（瞬时过流量为 0），枢纽排涝对小榄航道形成顶冲之势，航道内最大横向流速达 0.72m/s，此时，枢纽排涝对小榄航道的通航影响最大。

3. 纵向流速分析

航道内的纵向流速，是指水流流速在航道平行线方向上的分量，它也是衡量航道水流条件的指标之一。目前，针对天然航道内的纵向流速大小，我国暂时也没有统一的规范要求，根据《内河通航水力学研究》（饶冠生，长江出版社），天然航道内的纵向流速一般不宜大于 3.0m/s。本次研究就采用该经验值作为参照依据。

表 6.1.7～表 6.1.11 分别列出了各试验工况下工程前后各采样点纵向流速大小及其变化值，采样点位置如图 6.1.15 所示。

工程后各试验工况下，小榄航道内最大纵向流速出现在最高通航水位条件下（表 6.1.11），7－2 号测点，约为 2.22m/s，小于 3.00m/s，因此不会影响小榄航道正常通航。

6.1.2.2   优化方案及通航水流条件

1. 优化措施

设计方案枢纽出口段导流墩作用不明显、流速横向分布不均匀、主流集中进入小榄水道，当遭遇小榄水道转流时，排涝主流对小榄航道形成顶冲，从而对小榄航道通航构成不利影响。针对以上问题，拟通过增加出口段水深、优化导流构筑物设计、增设导流构筑物数量、比选导流构筑物走向的方法，以达到分散出口段水流、降低水流流速、消除不利回流，从而消除对小榄航道通航影响的目的。

表 6.1.7　　　　工程前后小榄航道纵向流速统计成果（"01·2"，转流）

点号	纵向流速/(m/s)			点号	纵向流速/(m/s)			点号	纵向流速/(m/s)		
	工程前	初设方案	变化值		工程前	初设方案	变化值		工程前	初设方案	变化值
1-1 号	0.08	0.58	0.50	3-4 号	0.03	0.52	0.49	6-2 号	0.08	0.00	−0.08
1-2 号	0.10	0.51	0.41	3-5 号	0.03	0.66	0.63	6-3 号	0.13	0.11	−0.02
1-3 号	0.13	0.58	0.45	4-1 号	0.07	0.14	0.07	6-4 号	0.10	0.06	−0.05
1-4 号	0.05	0.40	0.35	4-2 号	0.10	0.20	0.10	6-5 号	0.05	0.00	−0.05
1-5 号	0.05	0.40	0.35	4-3 号	0.15	0.20	0.05	7-1 号	0.06	0.06	0.00
2-1 号	0.08	0.32	0.24	4-4 号	0.05	0.08	0.03	7-2 号	0.06	0.06	0.00
2-2 号	0.12	0.44	0.32	4-5 号	0.01	0.10	0.09	7-3 号	0.13	0.13	0.00
2-3 号	0.13	0.63	0.50	5-1 号	0.08	0.04	−0.04	7-4 号	0.06	0.06	0.00
2-4 号	0.05	0.49	0.44	5-2 号	0.10	0.05	−0.05	8-1 号	0.06	0.06	0.00
2-5 号	0.05	0.91	0.86	5-3 号	0.14	0.10	−0.04	8-2 号	0.06	0.06	0.00
3-1 号	0.08	0.11	0.03	5-4 号	0.05	0.00	−0.05	8-3 号	0.13	0.13	0.00
3-2 号	0.12	0.21	0.09	5-5 号	0.05	0.02	−0.03	8-4 号	0.05	0.05	0.00
3-3 号	0.14	0.38	0.24	6-1 号	0.03	0.00	−0.03	8-5 号	0.03	0.03	0.00

表 6.1.8　　　　工程前后小榄航道纵向流速统计成果（"01·2"，涨潮中期）

点号	纵向流速/(m/s)			点号	纵向流速/(m/s)			点号	纵向流速/(m/s)		
	工程前	初设方案	变化值		工程前	初设方案	变化值		工程前	初设方案	变化值
1-1 号	0.45	0.51	0.06	3-4 号	0.50	1.23	0.73	6-2 号	0.50	0.46	−0.04
1-2 号	0.55	0.64	0.09	3-5 号	0.48	1.10	0.62	6-3 号	0.66	0.47	−0.20
1-3 号	0.50	0.65	.15	4-1 号	0.50	0.72	0.22	6-4 号	0.67	0.44	−0.23
1-4 号	0.44	0.63	0.19	4-2 号	0.55	0.82	0.27	6-5 号	0.43	0.49	0.06
1-5 号	0.43	0.63	0.20	4-3 号	0.61	1.23	0.62	7-1 号	0.60	0.54	−0.07
2-1 号	0.52	0.70	0.18	4-4 号	0.50	1.25	0.75	7-2 号	0.62	0.49	−0.13
2-2 号	0.67	0.92	0.25	4-5 号	0.48	1.13	0.65	7-3 号	0.58	0.49	−0.10
2-3 号	0.62	0.90	0.28	5-1 号	0.55	0.50	−0.05	7-4 号	0.58	0.55	−0.03
2-4 号	0.52	1.13	0.61	5-2 号	0.60	0.45	−0.15	8-1 号	0.40	0.37	−0.04
2-5 号	0.60	0.91	0.31	5-3 号	0.62	0.51	−0.11	8-2 号	0.40	0.39	−0.01
3-1 号	0.51	0.52	0.01	5-4 号	0.52	0.45	−0.07	8-3 号	0.55	0.51	−0.04
3-2 号	0.60	0.77	0.17	5-5 号	0.48	0.44	−0.04	8-4 号	0.55	0.51	−0.04
3-3 号	0.58	1.12	0.54	6-1 号	0.50	0.46	−0.04	8-5 号	0.53	0.49	−0.05

表 6.1.9　　　工程前后小榄航道纵向流速统计成果 （"01·2"，涨急）

点号	纵向流速/(m/s)			点号	纵向流速/(m/s)			点号	纵向流速/(m/s)		
	工程前	初设方案	变化值		工程前	初设方案	变化值		工程前	初设方案	变化值
1-1号	0.69	0.70	0.01	3-4号	0.68	1.32	0.64	6-2号	0.82	0.77	−0.05
1-2号	0.70	0.73	0.03	3-5号	0.68	1.18	0.50	6-3号	0.80	0.77	−0.03
1-3号	0.72	0.80	0.08	4-1号	0.36	0.26	−0.10	6-4号	0.80	0.77	−0.04
1-4号	0.75	0.96	0.21	4-2号	0.63	0.53	−0.10	6-5号	0.72	0.68	−0.04
1-5号	0.68	0.94	0.26	4-3号	0.77	0.66	−0.11	7-1号	1.32	1.25	−0.08
2-1号	0.70	0.84	0.14	4-4号	0.75	0.66	−0.09	7-2号	1.32	1.32	0.00
2-2号	0.82	0.96	0.14	4-5号	0.62	0.50	−0.12	7-3号	1.25	1.24	−0.01
2-3号	0.82	1.31	0.49	5-1号	0.71	0.62	−0.09	7-4号	1.31	1.29	−0.02
2-4号	0.73	1.22	0.49	5-2号	0.92	0.80	−0.13	8-1号	0.75	0.68	−0.08
2-5号	0.68	1.20	0.52	5-3号	0.92	0.88	−0.04	8-2号	0.92	0.89	−0.04
3-1号	0.68	0.88	0.20	5-4号	0.85	0.79	−0.06	8-3号	0.85	0.83	−0.02
3-2号	0.87	0.92	0.05	5-5号	0.81	0.79	−0.02	8-4号	0.79	0.77	−0.02
3-3号	0.82	1.08	0.26	6-1号	0.75	0.70	−0.05	8-5号	0.82	0.80	−0.03

表 6.1.10　工程前后小榄航道纵向流速统计成果 （"01·2"落憩，最低通航水位）

点号	纵向流速/(m/s)			点号	纵向流速/(m/s)			点号	纵向流速/(m/s)		
	工程前	初设方案	变化值		工程前	初设方案	变化值		工程前	初设方案	变化值
1-1号	0.11	0.11	0.00	3-4号	0.11	0.09	−0.02	6-2号	0.22	0.39	0.17
1-2号	0.38	0.34	−0.04	3-5号	0.11	0.10	−0.02	6-3号	0.30	0.51	0.21
1-3号	0.33	0.30	−0.03	4-1号	0.12	0.55	0.43	6-4号	0.25	0.46	0.21
1-4号	0.30	0.25	−0.05	4-2号	0.25	0.48	0.23	6-5号	0.20	0.44	0.24
1-5号	0.10	0.07	−0.03	4-3号	0.30	0.48	0.18	7-1号	0.10	0.42	0.32
2-1号	0.11	0.18	0.07	4-4号	0.18	0.48	0.30	7-2号	0.33	0.33	0.01
2-2号	0.28	0.25	−0.04	4-5号	0.15	0.36	0.21	7-3号	0.34	0.39	0.05
2-3号	0.15	0.12	−0.03	5-1号	0.12	0.56	0.44	7-4号	0.25	0.32	0.07
2-4号	0.15	0.14	−0.01	5-2号	0.28	0.47	0.19	8-1号	0.14	0.32	0.18
2-5号	0.08	0.07	−0.01	5-3号	0.22	0.44	0.22	8-2号	0.28	0.42	0.14
3-1号	0.15	0.00	−0.15	5-4号	0.22	0.33	0.11	8-3号	0.33	0.44	0.11
3-2号	0.21	0.13	−0.08	5-5号	0.08	0.33	0.25	8-4号	0.33	0.39	0.06
3-3号	0.21	0.15	−0.06	6-1号	0.12	0.35	0.23	8-5号	0.22	0.42	0.20

表 6.1.11   工程前后小榄航道纵向流速统计成果（20 年一遇，最高通航水位）

点号	纵向流速/(m/s)			点号	纵向流速/(m/s)			点号	纵向流速/(m/s)		
	工程前	初设方案	变化值		工程前	初设方案	变化值		工程前	初设方案	变化值
1-1 号	0.65	0.65	0.00	3-4 号	1.40	1.43	0.03	6-2 号	2.15	2.19	0.04
1-2 号	1.44	1.44	0.00	3-5 号	1.01	1.03	0.02	6-3 号	1.92	1.96	0.04
1-3 号	2.01	2.01	0.00	4-1 号	1.40	1.50	0.10	6-4 号	1.71	1.74	0.03
1-4 号	1.70	1.70	0.00	4-2 号	1.62	1.72	0.10	6-5 号	1.52	1.56	0.03
1-5 号	1.84	1.84	0.00	4-3 号	1.41	1.63	0.22	7-1 号	2.15	2.20	0.04
2-1 号	1.34	1.34	0.00	4-4 号	1.41	1.38	-0.03	7-2 号	2.17	2.22	0.04
2-2 号	1.65	1.65	0.00	4-5 号	1.01	1.23	0.22	7-3 号	1.96	2.01	0.04
2-3 号	1.58	1.58	0.00	5-1 号	1.82	1.91	0.09	7-4 号	1.87	1.91	0.04
2-4 号	1.65	1.65	0.00	5-2 号	1.87	1.95	0.08	8-1 号	1.72	1.76	0.04
2-5 号	1.48	1.48	0.00	5-3 号	1.82	1.88	0.06	8-2 号	2.13	2.17	0.04
3-1 号	1.33	1.39	0.06	5-4 号	1.75	1.72	-0.03	8-3 号	2.26	2.31	0.05
3-2 号	1.42	1.48	0.06	5-5 号	1.48	1.48	0.00	8-4 号	2.08	2.12	0.04
3-3 号	1.53	1.58	0.05	6-1 号	1.80	1.84	0.04	8-5 号	1.82	1.86	0.04

根据以上优化思路并经过多次模型试验对比，将设计方案作以下 3 方面优化：

（1）将口门区排水渠底高程由 -4.0m 进一步浚深至 -6.0m，并与小榄水道 -6.0m 等深线衔接。

（2）将初设方案的导流墩调整为 W 型走向，并在口门区上游进一步增加一排放射状分布的导流墩。

（3）浚深后若口门区导流构筑物仍采用导流墩，施工难度大，围堰可能会影响小榄水道的通航，且导流墩背水面回流明显不利于结构稳定。因此，建议将导流墩改为直径约为 0.8m、间距约 0.2m 的排桩。小榄水道最高通航水位为 3.29m，排桩顶高程定为 3.5m。

初设及优化方案布置如图 6.1.16、图 6.1.17 所示，初设导流墩尺寸及优化排桩布置如图 6.1.18、图 6.1.19 所示。

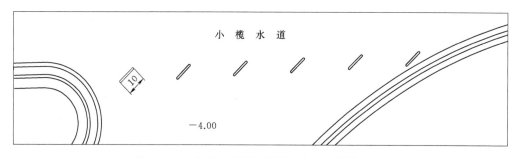

图 6.1.16   初设方案导流墩平面布置（单位：m）

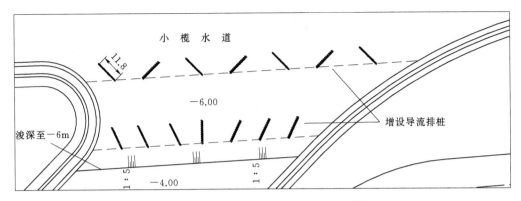

图 6.1.17 优化方案疏浚及排桩布置示意（单位：m）

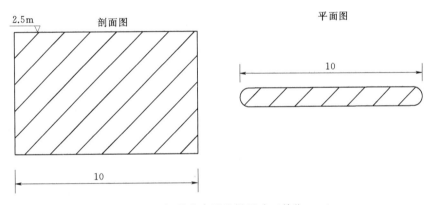

图 6.1.18 初设方案导流墩尺寸（单位：m）

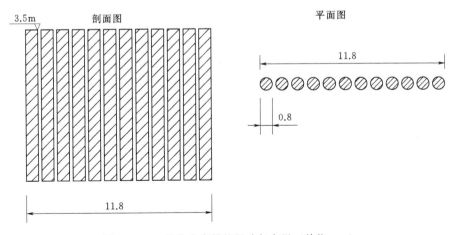

图 6.1.19 优化方案排桩尺寸与布置（单位：m）

2. 流态分析

图 6.1.20～图 6.1.24 为优化方案各试验工况下，小榄水道工程段流态照片。

对比图 6.1.22、图 6.1.10，最不利工况下（小榄水道由落转涨），优化方案枢纽出水口主流分散，进入小榄航道后流速较小，且无明显回流区，不会影响小榄航道的正常通航。

图 6.1.20　优化方案小榄水道流态（20 年　　　　图 6.1.21　优化方案小榄水道流态（"01·2"
一遇设计洪水，最高通航水位）　　　　　　　　　　落憩，最低通航水位）

小榄水道落憩、涨潮中期时，小榄航道的流态也得到进一步改善，大飞洋游艇会进口水域回流强度明显削弱（图 6.1.21、图 6.1.24），枢纽排涝不再影响游艇进出港安全。小榄水道处于涨急时刻或者遭遇 20 年一遇洪水时，优化方案流态与初设流态相似，均不会对小榄航道水流条件造成明显不利影响。

图 6.1.22　优化方案小榄水道流态　　　　　图 6.1.23　优化方案小榄水道流态（"01·2"，
（"01·2"，转流）　　　　　　　　　　　　　　　　涨潮中期）

图 6.1.24　优化方案小榄水道流态
（"01·2"，涨急）

3. 横向流速分析

表 6.1.12～表 6.1.16 列出了各试验工况下初设方案与优化方案横向流速及其变化值。

由表，最不利工况下（表 6.1.12），入小榄航道最大横向流速出现在 3-2 号位置处，约为 0.27m/s，较初设方案削减了 62.5%，满足《内河通航标准》 （GB 50139—2014）对Ⅰ～Ⅵ级船闸口门区横向流速的要求（不宜大于 0.3m/s）。其他试验工况下，优化方案最大横向流速一般出现在 3 - 2 号、4 - 2 号位置处，均在 0.25m/s 以内，较初设方案都有不同程度的减小。因此对拟建枢纽出口段优化后，入小榄航道最大横向流速显著减小，枢纽排涝不会影响小榄航道的正常通航。

表 6.1.12　　初设与优化方案小榄航道横向流速对比（"01·2"，转流）

点号	横向流速/(m/s)			点号	横向流速/(m/s)			点号	横向流速/(m/s)		
	初设方案	优化方案	变化值		初设方案	优化方案	变化值		初设方案	优化方案	变化值
1 - 1 号	0.00	0.00	0.00	3 - 4 号	0.00	0.00	0.00	6 - 2 号	0.00	0.00	0.00
1 - 2 号	0.00	0.00	0.00	3 - 5 号	0.00	0.00	0.00	6 - 3 号	0.00	0.00	0.00
1 - 3 号	0.00	0.00	0.00	4 - 1 号	0.87	0.39	-0.48	6 - 4 号	0.00	0.00	0.00
1 - 4 号	0.00	0.00	0.00	4 - 2 号	0.72	0.25	-0.47	6 - 5 号	0.00	0.00	0.00
1 - 5 号	0.00	0.00	0.00	4 - 3 号	0.54	0.17	-0.37	7 - 1 号	0.00	0.00	0.00
2 - 1 号	0.00	0.00	0.00	4 - 4 号	0.34	0.13	-0.21	7 - 2 号	0.00	0.00	0.00
2 - 2 号	0.00	0.00	0.00	4 - 5 号	0.12	0.00	-0.12	7 - 3 号	0.00	0.00	0.00
2 - 3 号	0.00	0.00	0.00	5 - 1 号	0.12	0.06	-0.06	7 - 4 号	0.00	0.00	0.00
2 - 4 号	0.00	0.00	0.00	5 - 2 号	0.06	0.13	0.07	8 - 1 号	0.00	0.00	0.00
2 - 5 号	0.00	0.00	0.00	5 - 3 号	0.05	0.07	0.02	8 - 2 号	0.00	0.00	0.00
3 - 1 号	0.05	0.11	0.06	5 - 4 号	0.07	0.00	-0.07	8 - 3 号	0.00	0.00	0.00
3 - 2 号	0.02	0.27	0.25	5 - 5 号	0.06	0.00	-0.06	8 - 4 号	0.00	0.00	0.00
3 - 3 号	0.08	0.25	0.17	6 - 1 号	0.00	0.00	0.00	8 - 5 号	0.00	0.00	0.00

表 6.1.13　　初设与优化方案小榄航道横向流速对比（"01·2"，涨潮中期）

点号	横向流速/(m/s)			点号	横向流速/(m/s)			点号	横向流速/(m/s)		
	初设方案	优化方案	变化值		初设方案	优化方案	变化值		初设方案	优化方案	变化值
1 - 1 号	0.00	0.00	0.00	3 - 4 号	0.21	0.00	-0.21	6 - 2 号	0.00	0.00	0.00
1 - 2 号	0.00	0.00	0.00	3 - 5 号	0.00	0.00	0.00	6 - 3 号	0.00	0.00	0.00
1 - 3 号	0.00	0.00	0.00	4 - 1 号	0.81	0.34	-0.47	6 - 4 号	0.00	0.00	0.00
1 - 4 号	0.00	0.00	0.00	4 - 2 号	0.62	0.23	-0.39	6 - 5 号	0.00	0.00	0.00
1 - 5 号	0.00	0.00	0.00	4 - 3 号	0.28	0.14	-0.14	7 - 1 号	0.00	0.00	0.00
2 - 1 号	0.05	0.00	-0.05	4 - 4 号	0.12	0.00	-0.12	7 - 2 号	0.00	0.00	0.00
2 - 2 号	0.33	0.25	-0.08	4 - 5 号	0.00	0.00	0.00	7 - 3 号	0.00	0.00	0.00
2 - 3 号	0.33	0.16	-0.17	5 - 1 号	0.00	0.00	0.00	7 - 4 号	0.00	0.00	0.00
2 - 4 号	0.21	0.00	-0.21	5 - 2 号	0.00	0.00	0.00	8 - 1 号	0.00	0.00	0.00
2 - 5 号	0.12	0.00	-0.12	5 - 3 号	0.00	0.00	0.00	8 - 2 号	0.00	0.00	0.00
3 - 1 号	0.73	0.24	-0.49	5 - 4 号	0.00	0.00	0.00	8 - 3 号	0.00	0.00	0.00
3 - 2 号	0.56	0.25	-0.31	5 - 5 号	0.00	0.00	0.00	8 - 4 号	0.00	0.00	0.00
3 - 3 号	0.44	0.18	-0.26	6 - 1 号	0.00	0.00	0.00	8 - 5 号	0.00	0.00	0.00

表 6.1.14　　　　初设与优化方案小榄航道横向流速对比（"01·2"，涨急）

点号	横向流速/(m/s)			点号	横向流速/(m/s)			点号	横向流速/(m/s)		
	初设方案	优化方案	变化值		初设方案	优化方案	变化值		初设方案	优化方案	变化值
1-1号	0.00	0.00	0.00	3-4号	0.12	0.00	−0.12	6-2号	0.00	0.00	0.00
1-2号	0.00	0.00	0.00	3-5号	0.00	0.00	0.00	6-3号	0.00	0.00	0.00
1-3号	0.00	0.00	0.00	4-1号	0.56	0.41	−0.15	6-4号	0.00	0.00	0.00
1-4号	0.00	0.00	0.00	4-2号	0.28	0.10	−0.18	6-5号	0.00	0.00	0.00
1-5号	0.00	0.00	0.00	4-3号	0.10	0.06	−0.04	7-1号	0.00	0.00	0.00
2-1号	0.00	0.00	0.00	4-4号	0.00	0.00	0.00	7-2号	0.00	0.00	0.00
2-2号	0.00	0.00	0.00	4-5号	0.00	0.00	0.00	7-3号	0.00	0.00	0.00
2-3号	0.00	0.11	0.11	5-1号	0.00	0.00	0.00	7-4号	0.00	0.00	0.00
2-4号	0.00	0.11	0.11	5-2号	0.00	0.00	0.00	8-1号	0.00	0.00	0.00
2-5号	0.00	0.00	0.00	5-3号	0.00	0.00	0.00	8-2号	0.00	0.00	0.00
3-1号	0.44	0.19	−0.25	5-4号	0.00	0.00	0.00	8-3号	0.00	0.00	0.00
3-2号	0.38	0.18	−0.20	5-5号	0.00	0.00	0.00	8-4号	0.00	0.00	0.00
3-3号	0.25	0.19	−0.06	6-1号	0.00	0.00	0.00	8-5号	0.00	0.00	0.00

表 6.1.15　初设与优化方案小榄航道横向流速对比（"01·2"落憩，最低通航水位）

点号	横向流速/(m/s)			点号	横向流速/(m/s)			点号	横向流速/(m/s)		
	初设方案	优化方案	变化值		初设方案	优化方案	变化值		初设方案	优化方案	变化值
1-1号	0.00	0.00	0.00	3-4号	0.00	0.00	0.00	6-2号	0.00	0.00	0.00
1-2号	0.00	0.00	0.00	3-5号	0.00	0.00	0.00	6-3号	0.00	0.00	0.00
1-3号	0.00	0.00	0.00	4-1号	1.04	0.51	−0.53	6-4号	0.00	0.00	0.00
1-4号	0.00	0.00	0.00	4-2号	0.67	0.17	−0.50	6-5号	0.00	0.00	0.00
1-5号	0.00	0.00	0.00	4-3号	0.43	0.09	−0.34	7-1号	0.00	0.00	0.00
2-1号	0.00	0.00	0.00	4-4号	0.22	0.00	−0.22	7-2号	0.00	0.00	0.00
2-2号	0.00	0.00	0.00	4-5号	0.05	0.00	−0.05	7-3号	0.00	0.00	0.00
2-3号	0.00	0.00	0.00	5-1号	0.28	0.08	−0.20	7-4号	0.00	0.00	0.00
2-4号	0.00	0.00	0.00	5-2号	0.13	0.07	−0.06	8-1号	0.00	0.00	0.00
2-5号	0.00	0.00	0.00	5-3号	0.05	0.00	−0.05	8-2号	0.00	0.00	0.00
3-1号	0.00	0.15	0.15	5-4号	0.00	0.00	0.00	8-3号	0.00	0.00	0.00
3-2号	0.00	0.08	0.08	5-5号	0.00	0.00	0.00	8-4号	0.00	0.00	0.00
3-3号	0.00	0.09	0.09	6-1号	0.00	0.00	0.00	8-5号	0.00	0.00	0.00

表 6.1.16　　初设与优化方案小榄航道横向流速对比（20 年一遇，最高通航水位）

点号	横向流速/(m/s)			点号	横向流速/(m/s)			点号	横向流速/(m/s)		
	初设方案	优化方案	变化值		初设方案	优化方案	变化值		初设方案	优化方案	变化值
1-1 号	0.00	0.00	0.00	3-4 号	0.00	0.00	0.00	6-2 号	0.00	0.00	0.00
1-2 号	0.00	0.00	0.00	3-5 号	0.00	0.00	0.00	6-3 号	0.00	0.00	0.00
1-3 号	0.00	0.00	0.00	4-1 号	0.10	0.08	-0.02	6-4 号	0.00	0.00	0.00
1-4 号	0.00	0.00	0.00	4-2 号	0.03	0.00	-0.03	6-5 号	0.00	0.00	0.00
1-5 号	0.00	0.00	0.00	4-3 号	0.00	0.00	0.00	7-1 号	0.00	0.00	0.00
2-1 号	0.00	0.00	0.00	4-4 号	0.00	0.00	0.00	7-2 号	0.00	0.00	0.00
2-2 号	0.00	0.00	0.00	4-5 号	0.00	0.00	0.00	7-3 号	0.00	0.00	0.00
2-3 号	0.00	0.00	0.00	5-1 号	0.10	0.00	0.00	7-4 号	0.00	0.00	0.00
2-4 号	0.00	0.00	0.00	5-2 号	0.00	0.00	0.00	8-1 号	0.00	0.00	0.00
2-5 号	0.00	0.00	0.00	5-3 号	0.00	0.00	0.00	8-2 号	0.00	0.00	0.00
3-1 号	0.00	0.00	0.00	5-4 号	0.00	0.00	0.00	8-3 号	0.00	0.00	0.00
3-2 号	0.00	0.00	0.00	5-5 号	0.00	0.00	0.00	8-4 号	0.00	0.00	0.00
3-3 号	0.00	0.00	0.00	6-1 号	0.00	0.00	0.00	8-5 号	0.00	0.00	0.00

4. 纵向流速分析

表 6.1.17～表 6.1.21 列出了各试验工况下初设方案与优化方案纵向流速及其变化值。

表 6.1.17　　　　初设与优化方案小榄航道纵向流速对比（"01·2"，转流）

点号	纵向流速/(m/s)			点号	纵向流速/(m/s)			点号	纵向流速/(m/s)		
	初设方案	优化方案	变化值		初设方案	优化方案	变化值		初设方案	优化方案	变化值
1-1 号	0.58	0.58	0.00	3-4 号	0.52	0.46	-0.06	6-2 号	0.00	0.00	0.00
1-2 号	0.51	0.51	0.00	3-5 号	0.66	0.54	-0.13	6-3 号	0.11	0.11	0.00
1-3 号	0.58	0.58	0.00	4-1 号	0.14	0.00	-0.14	6-4 号	0.06	0.06	0.00
1-4 号	0.40	0.40	0.00	4-2 号	0.20	0.00	-0.20	6-5 号	0.00	0.00	0.00
1-5 号	0.40	0.40	0.00	4-3 号	0.20	0.00	-0.20	7-1 号	0.06	0.06	0.00
2-1 号	0.32	0.32	0.00	4-4 号	0.08	0.00	-0.08	7-2 号	0.06	0.06	0.00
2-2 号	0.44	0.44	0.00	4-5 号	0.10	0.09	-0.01	7-3 号	0.13	0.13	0.00
2-3 号	0.63	0.63	0.00	5-1 号	0.04	0.04	0.00	7-4 号	0.06	0.06	0.00
2-4 号	0.49	0.49	0.00	5-2 号	0.05	0.00	-0.05	8-1 号	0.06	0.06	0.00
2-5 号	0.91	0.91	0.00	5-3 号	0.10	0.00	-0.10	8-2 号	0.06	0.06	0.00
3-1 号	0.11	0.11	0.00	5-4 号	0.00	0.00	0.00	8-3 号	0.13	0.13	0.00
3-2 号	0.21	0.32	0.11	5-5 号	0.02	0.05	0.03	8-4 号	0.05	0.05	0.00
3-3 号	0.38	0.36	-0.02	6-1 号	0.00	0.00	0.00	8-5 号	0.03	0.03	0.00

表 6.1.18 初设与优化方案小榄航道纵向流速对比 （"01·2"，涨潮中期）

点号	纵向流速/(m/s)			点号	纵向流速/(m/s)			点号	纵向流速/(m/s)		
	初设方案	优化方案	变化值		初设方案	优化方案	变化值		初设方案	优化方案	变化值
1-1 号	0.39	0.51	0.22	3-4 号	1.23	1.17	−0.06	6-2 号	0.46	0.46	0.00
1-2 号	0.46	0.64	0.18	3-5 号	1.10	0.99	−0.12	6-3 号	0.47	0.47	0.00
1-3 号	0.65	0.65	0.00	4-1 号	0.72	0.00	−0.70	6-4 号	0.44	0.44	0.00
1-4 号	0.63	0.63	0.00	4-2 号	0.82	0.40	−0.42	6-5 号	0.49	0.49	0.00
1-5 号	0.63	0.63	0.00	4-3 号	1.23	0.52	−0.71	7-1 号	0.54	0.54	0.00
2-1 号	0.70	0.70	0.00	4-4 号	1.25	0.44	−0.81	7-2 号	0.49	0.49	0.00
2-2 号	0.92	0.92	0.00	4-5 号	1.13	0.51	−0.62	7-3 号	0.49	0.49	0.00
2-3 号	0.90	0.90	0.00	5-1 号	0.50	0.49	−0.01	7-4 号	0.55	0.61	0.06
2-4 号	1.13	1.13	0.00	5-2 号	0.45	0.51	0.06	8-1 号	0.37	0.37	0.00
2-5 号	0.91	0.91	0.00	5-3 号	0.51	0.56	0.05	8-2 号	0.39	0.39	0.00
3-1 号	0.52	0.52	0.00	5-4 号	0.45	0.49	0.04	8-3 号	0.51	0.51	0.00
3-2 号	0.77	0.77	0.00	5-5 号	0.44	0.51	0.07	8-4 号	0.51	0.51	0.00
3-3 号	1.12	1.12	0.00	6-1 号	0.46	0.46	0.00	8-5 号	0.49	0.49	0.00

表 6.1.19 初设与优化方案小榄航道纵向流速对比 （"01·2"，涨急）

点号	纵向流速/(m/s)			点号	纵向流速/(m/s)			点号	纵向流速/(m/s)		
	初设方案	优化方案	变化值		初设方案	优化方案	变化值		初设方案	优化方案	变化值
1-1 号	0.70	0.70	0.00	3-4 号	1.32	1.27	−0.05	6-2 号	0.77	0.77	0.00
1-2 号	0.73	0.67	−0.06	3-5 号	1.18	1.17	−0.01	6-3 号	0.77	0.77	0.00
1-3 号	0.80	0.80	0.00	4-1 号	0.26	0.00	−0.26	6-4 号	0.77	0.77	0.00
1-4 号	0.96	0.96	0.00	4-2 号	0.53	0.59	0.06	6-5 号	0.68	0.68	0.00
1-5 号	0.94	0.94	0.00	4-3 号	0.66	0.72	0.06	7-1 号	1.25	1.25	0.00
2-1 号	0.84	0.84	0.00	4-4 号	0.66	0.72	0.06	7-2 号	1.32	1.32	0.00
2-2 号	0.96	0.96	0.00	4-5 号	0.50	0.87	0.37	7-3 号	1.24	1.24	0.00
2-3 号	1.31	1.31	0.00	5-1 号	0.62	0.65	−0.03	7-4 号	1.29	1.29	0.00
2-4 号	1.22	1.22	0.00	5-2 号	0.80	0.80	0.00	8-1 号	0.68	0.68	0.00
2-5 号	1.20	1.20	0.00	5-3 号	0.88	0.94	0.06	8-2 号	0.89	0.89	0.00
3-1 号	0.88	0.70	−0.18	5-4 号	0.79	0.84	0.05	8-3 号	0.83	0.87	0.04
3-2 号	0.92	0.68	−0.24	5-5 号	0.79	0.79	0.00	8-4 号	0.77	0.77	0.00
3-3 号	1.08	1.06	−0.02	6-1 号	0.70	0.70	0.00	8-5 号	0.80	0.80	0.00

表 6.1.20　初设与优化方案小榄航道纵向流速对比（"01·2"落憩，最低通航水位）

点号	纵向流速/(m/s)			点号	纵向流速/(m/s)			点号	纵向流速/(m/s)		
	初设方案	优化方案	变化值		初设方案	优化方案	变化值		初设方案	优化方案	变化值
1-1 号	0.11	0.11	0.00	3-4 号	0.09	0.13	0.04	6-2 号	0.39	0.39	0.00
1-2 号	0.34	0.42	0.08	3-5 号	0.10	0.10	0.00	6-3 号	0.51	0.51	0.00
1-3 号	0.30	0.39	0.09	4-1 号	0.55	0.00	-0.55	6-4 号	0.46	0.46	0.00
1-4 号	0.25	0.42	0.17	4-2 号	0.48	0.48	0.00	6-5 号	0.44	0.44	0.00
1-5 号	0.07	0.13	0.06	4-3 号	0.48	0.48	0.00	7-1 号	0.42	0.42	0.00
2-1 号	0.18	0.18	0.00	4-4 号	0.48	0.35	-0.14	7-2 号	0.33	0.32	-0.01
2-2 号	0.25	0.37	0.12	4-5 号	0.36	0.20	-0.16	7-3 号	0.39	0.39	0.00
2-3 号	0.12	0.18	0.03	5-1 号	0.56	0.21	-0.35	7-4 号	0.32	0.32	0.00
2-4 号	0.14	0.16	0.02	5-2 号	0.47	0.38	-0.09	8-1 号	0.32	0.32	0.00
2-5 号	0.07	0.13	0.06	5-3 号	0.44	0.32	-0.12	8-2 号	0.42	0.42	0.00
3-1 号	0.00	0.00	0.00	5-4 号	0.33	0.30	-0.03	8-3 号	0.44	0.44	0.00
3-2 号	0.13	0.13	0.00	5-5 号	0.31	0.28	0.00	8-4 号	0.39	0.39	0.00
3-3 号	0.15	0.15	0.00	6-1 号	0.35	0.35	0.00	8-5 号	0.42	0.42	0.00

表 6.1.21　初设与优化方案小榄航道纵向流速对比（20年一遇，最高通航水位）

点号	纵向流速/(m/s)			点号	纵向流速/(m/s)			点号	纵向流速/(m/s)		
	初设方案	优化方案	变化值		初设方案	优化方案	变化值		初设方案	优化方案	变化值
1-1 号	0.65	0.65	0.00	3-4 号	1.43	1.43	0.00	6-2 号	2.19	2.19	0.00
1-2 号	1.44	1.44	0.00	3-5 号	1.03	1.03	0.00	6-3 号	1.96	1.96	0.00
1-3 号	2.01	2.01	0.00	4-1 号	1.50	1.45	-0.05	6-4 号	1.74	1.74	0.00
1-4 号	1.70	1.70	0.00	4-2 号	1.72	1.65	-0.08	6-5 号	1.56	1.56	0.00
1-5 号	1.84	1.84	0.00	4-3 号	1.63	1.46	-0.18	7-1 号	2.20	2.20	0.00
2-1 号	1.34	1.34	0.00	4-4 号	1.38	1.43	0.05	7-2 号	2.22	2.22	0.00
2-2 号	1.65	1.65	0.00	4-5 号	1.23	1.01	-0.22	7-3 号	2.01	2.01	0.00
2-3 号	1.58	1.58	0.00	5-1 号	1.91	1.86	-0.05	7-4 号	1.91	1.91	0.00
2-4 号	1.65	1.65	0.00	5-2 号	1.95	1.91	-0.04	8-1 号	1.76	1.76	0.00
2-5 号	1.48	1.48	0.00	5-3 号	1.88	1.86	-0.02	8-2 号	2.17	2.17	0.00
3-1 号	1.39	1.39	0.00	5-4 号	1.72	1.79	0.07	8-3 号	2.31	2.31	0.00
3-2 号	1.48	1.48	0.00	5-5 号	1.48	1.51	0.03	8-4 号	2.12	2.12	0.00
3-3 号	1.58	1.58	0.00	6-1 号	1.84	1.84	0.00	8-5 号	1.86	1.86	0.00

　　方案优化后，小榄航道最大纵向流速仍然出现在小榄水道最高通航水位下（表 6.1.21），7-2 号测点处，约为 2.22m/s，与初设方案相同，不会影响其正常通航。其他试验工况下，方案优化后，小榄航道最大纵向流速一般都在 1.5m/s 以内，也不会对通航造成不利影响。

6.2 应用效果分析

　　潮汐河口区联围排涝泵闸流量汇入航道与其他工程的情况相比更为复杂，由于航道内为潮汐往复流，水流流速流向时刻都在变化而非恒定过程，因此很难通过调整汇流口角度来改善水流条件。通常联围内的闸泵流量相对于外江的流量是很小的，弗劳德数低、流速亦不是很大，闸泵入流在汇入口随外江潮汐而动，很难均匀扩散，这是问题的核心所在。采用 W 形排桩可以将集中的水流分散成多股，每股水流又有部分透过排桩形成很多小股射流，W 形的排桩设置可以让相邻排桩后的小股射流互相碰撞，自损能量，达到均匀出流的目的。根据水流流量和水流集中程度 W 形排桩可以多排布置。

　　白花头水利枢纽原设计方案整流措施采用同向的整流墩布置，水流绕过整流墩后重新集中，进入小榄水道航道后横向流速超标。推荐方案采用两排 W 形排桩整流，不仅满足水流航道水流条件要求，而且不需做围堰，施工简单方便。

第7章

结　语

目前的整流技术有很多种，通过合理的组合应用基本能够解决工程中的水流条件问题，排桩整流技术的目的并不只是获得更好的水流条件，简化施工、降低成本更是其在工程应用中的优势所在。结合不同类型的工程研究和发展不同的排桩布置型式，这是下一步研究的方向。

从原理上讲，排桩整流与透空式导航墙非常类似，都是通过结构空隙引入射流，与目标区域内的回流形成碰撞，从而消除不利流态。从水流过程来讲，它们还是有所差别的，透空式导航墙的射流只能从底部引入，排桩则是表和底同时引入，消浪效果会相对逊色。目前的几项工程应用中，目标水域距离消能工均较远，波浪已衰减到很小的幅度，因此没有波浪问题，但对于消能工消能效果不好且目标水域距离消能工又较近时，消浪问题还是应有所考虑。从结构上来看，排桩可以通过顶部挂梁来使得射流潜入水底，从而解决波浪问题，这样挂梁高度以及相应的排桩间距如何调整等尚值得深入研究。

参 考 文 献

[1] HANS - WERNER PARTENSCKY（德国）. 内河船闸附属设施结构设计和水力学计算 [M]. 丁晓渔，胡苏萍，译. 南京：河海大学出版社，1998.

[2] 王诘昭，张元禧，译. 美国陆军工程兵团. 水力设计准则 [M]. 北京：水利电力出版社，1989.

[3] 涂启明. 船闸总体设计中的通航水流条件 [J]. 水运工程，1985（10）：16-21.

[4] 凌贤宗，等. 铜鼓滩枢纽通航条件的试验研究 [C]. 武汉：长江科学院，1987.

[5] 陈桂馥，张晓明，王召兵. 船闸导航墙建筑物透空型式对通航水流条件的影响 [J]. 水运工程，2004（6）：56-58.

[6] 刘洋，尹崇清. 船闸导航墙透空型式的试验研究 [J]. 东北水利水电，2007，25（6）：58-72.

[7] 周家俞，尹崇清，段金曦. 渠江风洞子船闸导航墙透空型式效果研究 [J]. 中国水运，2010（10）：184-185.

[8] 孟祥玮，李金合，李焱. 导航堤开孔对通航水流条件影响的研究 [J]. 水道港口，1998（2）：17-24.

[9] 黄碧珊，张绪进，舒荣龙. 新政电航枢纽船闸引航道口门区通航条件研究 [J]. 重庆交通学院院报，2003，22（3）：120-124.

[10] 陆宏健. 那吉航运枢纽总平面布置与连接段航道设计研究 [J]. 企业科技与发展，2009（20）：123-125.

[11] 周家俞，尹崇清，王兆兵. 赣江石虎塘航电枢纽船闸引航道口门区通航水利条件试验研究 [J]. 红水河，2012（6）：57-61.

[12] 李金合，李君涛，郝媛媛. 湘江长沙综合枢纽通航水流条件及改善措施研究 [J]. 水道港口，2008，29（6）：414-418.

[13] 李君涛，张公略，冯小香. 导流墩改善口门水流条件机理研究 [J]. 中国港湾建设，2011（2）：1-3.

[14] 李君涛，普晓刚，张明. 导流墩对狭窄连续弯道枢纽船闸引航道口门区水流条件改善规律研究 [J]. 水运工程，2011（6）：100-105.

[15] 郝品正，李伯海，李一兵. 大源渡枢纽通航建筑物优化布置及通航水流试验研究 [J]. 水运工程，2000（10）：29-33.

[16] 朱红. 导流墩改善船闸引航道口门区水流条件的试验研究 [D]. 长沙：长沙理工大学，2006.

[17] 曹玉芬，周华兴. 船闸布置在弯道凹凸岸附近是通航条件分析 [J]. 水利水运工程学报，2012（4）：77-80.

[18] 姜伯乐，徐刚，李静. 银盘水电站引航道水力学设计与试验研究 [J]. 人民长江，2008，39（4）：74-76.

[19] 潘雅真，罗序先，李穗清. 贵港航运枢纽船闸引航道回门区水流条件的研究 [J]. 水运工程，1996，7：30-35.

[20] 韩昌海，王溥文. 飞来峡水利枢纽下游引航道口门区通航条件改善途径探讨 [J]. 水运工程，1996，12：26-29.

[21] 巩宪春，梁汉寿，莫伟弘，等. 长洲水利枢纽工程通航水流条件试验研究 [J]. 红水河，2008，10：70-74.